Dietrich Tiedeman.

Untersuchungen über den Menschen

Dietrich Tiedemann

Untersuchungen über den Menschen

ISBN/EAN: 9783741184659

Hergestellt in Europa, USA, Kanada, Australien, Japan

Cover: Foto ©Klaus-Uwe Gerhardt /pixelio.de

Manufactured and distributed by brebook publishing software
(www.brebook.com)

Dietrich Tiedemann

Untersuchungen über den Menschen

Untersuchungen

über

den Menschen

von

Dieterich Tiedemann

Profeßor der alten Sprachen am Collegio
Carolino zu Caßel.

Anderer Theil.

Leipzig,
bey Weidmanns Erben und Reich. 1777.

Amadé Primbs de l'ordre des Citeaux d'Aldersbach , confeiller ecclefiaftique actuel , Docteur en Theologie et Philofophie, Profef- feur en Philofophie à Ingolftadt .

Vorrede.

Der andere Theil dieser Untersuchungen sollte versprochenermaßen von den Sinnen handeln, und dieses Versprechen erfülle ich jetzt. Wie er mit dem vorhergehenden zusammenhängt, ist schon in der Vorrede des ersten Theiles gesagt worden, ich habe also weiter nichts nöthig, als den Zusammenhang der einzelnen Materien anzuzeigen.

Erstes Hauptstück, vom Idealismus. Alle Erfahrungen sagen uns, daß wir einen Körper haben; subtiles metaphysisches Raisonnement aber sagt, daß wir keinen haben. Wem soll man am meisten trauen?

trauen? Um dies auszumachen, werden zuerst die Berkeleyschen und Humischen Gründe geprüft, und dann ihnen andere entgegengestellt. Man hat bisher die Idealistischen Beweise für so unüberwindlich gehalten, daß man den Weg des Raisonnements ganz verlaßen, und sie blos mit der Uebereinstimmung des menschlichen Geschlechts, unter dem neuen Nahmen Menschen-Verstand bestritten hat. Reid und Oswald haben dadurch, ohne es zu merken, den Idealisten den Sieg zugestanden, denn, sind ihre Gründe durch Raisonnement unumstößlich; so wird gewiß jene Appellation an den allgemeinen Glauben des menschlichen Geschlechts, sie bey dem scharfen Denker nicht verdächtig machen. Stehen Raisonnement und gemeiner Menschen-Verstand einander gerade entgegen, wem soll man glauben? Entweder dem Raisonnement, oder keinem von beyden;

dem

dem erstern, weil die Authorität des Men=
schen = Verstandes noch immer auf sehr
schwachen Füßen steht; keinem von beyden,
weil sie doch die Stärke der unwiderleglichen
demonstrativen Beweise nicht überwiegen
kann, wenn sie auch noch fester gestellt wür=
de, als sie von den Engelländern gestellt
ist. Ueber demonstrative unwiderlegliche
Beweise geht nichts, und kann nichts ge=
hen, man verfällt in einen völligen Skep=
ticismus, wenn man diesen ihr Ansehen
nimmt. Nicht also gemeinen Menschen=
Verstand; sondern Raisonnement habe ich
den Idealisten entgegen setzen zu müßen ge=
glaubt. Man hat schon viel gewonnen,
wenn man ihnen zeigt, daß ihre Beweise
das lange nicht darthun, was sie darthun
sollen; und man hat ganß gewonnen, wenn
man ihnen nun noch andere stärkere Grün=
de entgegensetzt. Beydes habe ich mich
zu thun bemüht, und ich schmeichele mir
dadurch,

daburch, diese Streitigkeit ihrem Ende ein wenig näher gebracht zu haben.

Anderes Hauptstück, Materialismus. Die Frage, ob der Körper durch seinen Mechanismus, oder ein vom Körper unterschiedenes Wesen durch seine geistige Kraft denkt, schien mir hier an ihrem eigentlichen Orte zu stehen. Gemeiniglich wißen die Psychologen nicht, wo sie sie hin bringen sollen, und sie sieht unter den übrigen Lehren aus, als ob sie vom Himmel gefallen wäre. Zwar hat sie auch hier dieses Ansehen, wenn man sie so abgerißen betrachtet; allein man erwäge nur folgendes, und urtheile. Aus dem vorhergehenden Hauptstücke ist gewiß, daß wir einen Körper haben; aus dem ganzen ersten Theile aber, daß wir denkende Wesen sind; es frägt sich also, wer denkt? der Körper, oder nicht der Körper? Es war um desto nothwendiger diese Frage hier zu untersuchen,

suchen, da sich von der Natur der Sensationen nichts bestimmtes sagen ließ, wenn nicht vorher ausgemacht war, welchem Subjekte sie eigentlich zukommen? Auch diese Frage hat große und heftige Streitigkeiten, und diese Streitigkeiten haben bey mir den Wunsch veranlaßt, sie so aufs Reine zu bringen, 'daß entweder eine Parthey offenbahr die Oberhand behält, oder doch wenigstens daß man entscheiden kann, ob diese Frage von uns jetzt mit völliger Zuversicht beantwortet, oder nicht beantwortet werden kann. Die Haupt-Ursachen dieses immer neu wieder entstehenden Streites schienen mir folgende: man hat mehrere von einander verschiedene Fragen verwechselt: man hat Gründe und Gegen-Gründe nicht genug gegen einander abgewogen: man hat aus Erfahrungen zu viel geschloßen. Sie zu heben, war also das natürlichste Mittel, die verschiedenen

a 4   Fra=

Fragen mit ihren verschiedenen Gründen nach einander zu unterſuchen. Dieſe Fragen nun ſind folgende: 1) denkt die Organiſation? 2) wenn nicht die Organiſation, denkt denn ein einfaches, unausgedehntes Weſen? So viel ich gekonnt habe, habe ich alle nur einigermaßen ſcheinbare Gründe zuſammengeſucht; ſollte mir aber dennoch einer und der andere entwiſcht, oder nicht in ſeinem ganzen Lichte erſchienen ſeyn: ſo werde ich mich demjenigen ſehr verbunden erkennen, der ihn mir mittheilen wird. Da wir jetzt aus der Phyſik, Anatomie, und den mediciniſchen Beobachtungen Grund-Sätze ziehen können, an die die vorigen Jahrhunderte nicht denken konnten; da dieſe Frage eine der wichtigſten in der Philoſophie iſt: ſo wäre es eine der Ehre unſers Zeit-Alters würdige Unternehmung, hier einmahl aufzuräumen, und zu verſuchen, wie weit wie hier

zur

zur Gewißheit kommen können. Wenn
benkende Männer von den verschiedenen
Partheyen ihre Kräfte gegen einander ver=
suchten, und mit logischer Schärfe und
Kaltblütigkeit ihre Gründe gegen einander
vortrügen: so ließe sich das Ende des
Streites bald erwarten. Nur müßte man
die Religion nicht darein zu verwickeln
suchen, man müßte blos von der Philo=
sophie allein die Entscheidung erwarten,
und nur da, wo sie nichts entscheiden kann,
wo sie ihre eigene Schwäche gesteht und
einsieht, aus höhern Gründen den Aus=
spruch thun.

Drittes Hauptstück, Sitz der Seele.
In etwas verschiedener, und doch im
Grunde gleicher Bedeutung werfen beyde,
der Materialist und Nicht=Materialist, die
Frage vom Sitze der Seele auf. Der
erste, wenn er frägt, an welchem Orte des
Körpers sich das gemeinschaftliche Senso=

rium,

rium; die Werkstädte der denkenden Kraft,
befindet? Der andere, wenn er wißen
will, an welcher Stelle des Körpers alle
Organe so eingerichtet sind, daß das den=
kende Wesen daselbst seine Geschäffte ver=
richten kann. Auf beyde Fälle habe ich
diese Untersuchung eingerichtet, und nach
Betrachtung einiger der angesehensten Hy=
pothesen, festzusetzen gesucht, daß unsere
bisherigen Versuche und Beobachtungen
noch nicht hinreichen, dies zu bestimmen.
So viel ist indeßen ausgemacht, daß das
Gehirn der Wohnsitz der denkenden Kräfte
ist, und dies mußte hier berühret werden,
weil sich sonst von der Art, wie Sensatio=
nen entstehen, nichts bestimmtes sagen ließ.

Viertes Hauptstück, von den sinn=
lichen Werkzeugen. Die Empfindun=
gen gelangen durch gewiße Canäle zur See=
le, und diese Canäle sind die Nerven. Hier
wird allgemein untersucht, wie die Nerven

beschaf=

beſchaffen ſind, ob ſie für ſich empfinden, welches an ihnen das eigentliche Inſtrument der Empfindung iſt, und warum wir nicht mehr als fünf Sinne anzunehmen berechtigt ſind.

Fünftes Hauptſtück, von der Empfindung. Der Eindruck auf die äuſern Organe gelangt zur Seele, und wird da Empfindung. Hier entſtehen die Fragen; wo iſt der Siß der Empfindung, in der berührten Stelle des Organs, oder im Gehirn? Wenn ſie im Gehirn iſt, iſt ſie an einem einzigen, oder an mehreren Punkten des Gehirns? Wie gelangt ſie zum Gehirn? Durch eine ſubtile in den Nerven befindliche Flüßigkeit, oder durch Vibration, Oſcillation der Nerven? Wie modificieren die Nerven die Seele? Wie kann einerley Organ eine ſo große Menge verſchiedener Empfindungen erregen? Der größte Theil dieſer Fragen wird, nach vor

herge-

hergegangener Prüfung ihrer Auflösungen,
und der dazu gemachten Hypothesen, durch
das alte non liquet beantwortet. Die wenigsten unserer Philosophen werden mit
dieser Antwort zufrieden seyn, weil die
meisten sich an eine der vorhandenen Hypothesen gewöhnt, oder selbst ihre eigenen
erfunden haben. Allein sie alle erkennen
sie als Hypothesen, und dies ist mir genug, sie von der Zahl bewiesener und zuverläßiger Sätze auszuschließen. Denn
nicht alles zu erklären; sondern das gegrün-
dete von dem ungegründeten zu unterscheiden, und auf das hinzuweisen, was in
unserer Erkenntniß noch mangelhaft ist,
um eine Ergänzung zu veranlaßen, zu
welcher ich mich selbst nicht fähig fühle,
ist eine meiner Haupt-Absichten. Man
weiß schon viel, wenn man nur genau das
weiß, was man nicht weiß; und man ist
begierig nach reellern und nützlichern Un-
tersuchun-

terſuchungen, wenn man ſieht, daß ein
großer Theil von denen, welchen das Anſehen ihrer Erfinder, und eine ſtillſchwei-
gende Einwilligung des Zeit-Alters einen blendenden Schein von Realität gegeben hat, nichts mehr als Muthmaßungen ſind.

Sechſtes Hauptſtück, Geſetze der
Senſationen. Die Beſchaffenheit der
Senſationen richtet ſich nach dem Zuſtande
des Gehirns, der Nerven, der äuſern Organe, des Mediums, und der Wirkung
des Gegenſtandes. Von jedem wird das
nöthige geſagt, und am Ende noch die
Frage aufgeworfen, woher kommt es,
daß, da die empfindenden Nerven doppelt
ſind, doch die Empfindung nur einfach iſt?

Siebentes Hauptſtück, vom Gefühle. Nachdem bis hieher das betrach-

tet

tet worden ist, was sich allgemein von den Sensationen sagen läßt: so werden nun die fünf Sinne nach einander untersucht. Das Gefühl macht den Anfang, weil es als das bekannteste Organ, den Weg zu den unbekanntern bahnt. Das Organ, der Gegenstand, und die Art, wie dieser Gegenstand die Nerven modificiert, werden angezeigt; und darauf die verschiedenen durchs Gefühl erkannten Haupt = Eigenschaften der Körper, nebst der Art, wie sie durch diesen Sinn erkannt werden, auseinandergesetzt. Dann von einigen vorzüglich wichtigen Gefühl-Empfindungen, und endlich den außerordentlichen Erscheinungen des Gefühls.

Achtes Hauptstück, vom Geschmacke. Nach eben der Methode wird hier dieser Sinn, im

Neunten Hauptstücke, der des Geruches, im

Zehn-

Zehnten, der des Gehöres, und im
Eilften, der des Gesichtes, unter=
sucht. Die Erklärungen, die bisher über
die mancherley Phänomene der Sinne ge=
geben sind, werden dabey auseinanderge=
setzt, und in das allgemeine Resultat auf=
gelöset, daß wir im allgemeinen zwar
manches unbestimmt anzeigen können, daß
aber alle unsere Philosophie und Physiolo=
gie uns verlaßen, so bald vom Detail die
Rede ist. Dies war vorzüglich deswe=
gen zu erinnern nöthig, weil manche Phi=
losophen sehr geneigt scheinen, sich bey
solchen vagen Allgemein=Plätzen zu beruhi=
gen, und weil sie, um nicht das mangel=
hafte ihrer Grund=Sätze aufzudecken, den
Detail gern stillschweigend vorbey gehen.
Junge Leute begnügen sich vorzüglich gern
mit Allgemein=Sätzen, indem ihr Ge=
dächtniß noch nicht individuelle Erfahrun=
gen genug aufgesammlet hat, um mit den
allge=

allgemeinen Sätzen in das einzelne herab-
zustrigen.. Ich glaube also, ihnen einen
nicht unangenehmen Dienst dadurch gethan zu haben, daß ich die Gränzen unserer Erkenntniß vorgezeichnet habe; denn
nun können sie die Lücke gleich bemerken,
und ihren Geist zu ihrer Ergänzung anstrengen, oder ihn auch auf wichtigere Untersuchungen lenken.

Zwölftes Hauptstück, vom Be-
truge der Sinne. Aus dem allem,
was über die Sinne bisher gesagt ist,
leuchtet die Folgerung hervor, daß sie
nicht allemahl wahre und zuverläßige
Boten sind. So unbestimmt ausgedrückt giebt dieser Satz zu manchen schlim-
men Consequenzen Anlaß, und so unbestimmt ausgedrückt haben ihn auch die
Skeptiker gemißbraucht. Es war also
nöthig zu fragen, in wie fern trügen die
Sinne? Das ist 1) in wie fern ist in

den

den Senſationen Realität? 2) und in
wiefern iſt überhaupt dem Zeugniße der
Sinne, auch in blos relativen Empfindungen zu trauen? Durch die Beſtim-
mung dieſer Fragen werden die Haupt=Ein-
würfe der Pyhrrhoniſten gegen die Autori-
tät der Sinne auf eine ſehr leichte Art aus
dem Wege geſchoben.

Dreyzehntes Hauptſtück, von den
angenehmen und unangenehmen Sen=
ſationen. Dieſe konnten nicht eher betrachtet werden, als bis ſchon alle Sinne
nach einander bekannt waren, weil die Frage, welche Sinne geben angenehmē Senſationen? ſich nicht eher beantworten ließ.
Daraus wird gezeigt, daß wir die eigentliche Urſache des angenehmen und unangenehmen in den Senſationen nicht kennen;
daß endlich dieſe Empfindungen manchen
Abwechſelungen unterworfen ſind.

Vier-

Vierzehntes Hauptſtück, vom Ein-
fluſſe zwiſchen Leib und Seele. Aus
manchen einzelnen vorher gemachten Beobachtungen, und der ganzen Theorie der
Sinne überhaupt entſpringt die Folgerung, daß Leib und Seele auf einander
wirken. Nachdem vorher die Gränzen
dieſes Einfluſſes beſtimmt ſind, werden
die verſchiedenen Hypotheſen über ſeine
Erklärungs-Art betrachtet, und endlich
der, vom phyſiſchen Einfluße der Vorzug zugeſtanden, doch mit der Einſchränkung, daß auch ſie nicht hinreicht, alle einzelne Fälle vollkommen zu erklären.

Funfzehntes Hauptſtück, von den
angebohrnen Ideen. Daß uns die
Sinne manche Kenntniße geben, iſt aus
dem vorhergehenden klar; es entſteht alſo
die Frage, wie viel? Um dieſe gründlich zu beantworten, mußte vorher bewieſen

fen werden, daß alle ünfere Kenntniße er=
worbene find. Daraus folgte natürlich,
daß innere und äufere Empfindung die ein=
zigen Quellen find, und hieraus ferner,
daß die äufere Empfindung die erfte Quelle
aller unferer Ideen ift.

Ueber die abgehandelten Materien habe
ich meine Meynung frey, und ohne An=
fehen der Perfon gefagt. Sollte fich etwa
jemand finden, der diefen oder jenen Aus=
druck etwas zu hart fände, weil er gegen
feine Meynung gerichtet ift: fo bitte ich
ihn zu erwägen, daß der Ausdruck die
Sache, und nicht die Perfon angeht; daß
der Tadel der Meynung auf mich zurück=
fällt, wenn ich zu leichtfinnig, und ohne
gute Gründe geurtheilt habe. Darauf
alfo kommt es an, ob ich gut und richtig
bewiefen habe, und dies wünfchte ich vor=
nemlich von Kennern zu erfahren. Die

Sachen

Sachen sind zu wichtig, und zu lange ein Gegenstand mancher Streitigkeiten gewesen, als daß nicht jeder rechtschaffen denkende Philosoph, und warum nicht auch jeder rechtschaffen denkende Mensch? ihre endliche Entscheidung sehnlich wünschen sollte. Ich habe mich aus allen Kräften bemüht, das meinige dazu beyzutragen, und werde aus den Urtheilen des Publikums sehen, in wie fern ich mich über diesen Gebrauch meiner Kräfte zu freuen habe.

Erstes

❀❊❀❊❀❊❀❊❀❊❀❊❀❊❀

Erstes Hauptstück.

Vom Idealismus.

Daß wir nicht blos denkende Wesen sind; sondern auch einen Körper mit uns herumtragen, hatte man seit Erschaffung der Welt als eine unleugbare Wahrheit angenommen. Und in der That ist auch diese Meynung uns so natürlich, so sehr in alle unsere Erfahrungen und Beobachtungen verwebt, daß es uns ungereimt vorkommt, daran zweifeln zu wollen, einfältig, einen Beweis davon zu verlangen, und sinnlos, es gar zu leugnen. Gegen alle diese Empörungen angewohnter und ohne hinlänglichen Beweis angenommener Meynungen bewaffnet sich der feste Ueberzeugung suchende Philosoph mit Gründen, und aus Gründen wagt er es, auf die Gefahr dem großen Haufen lächerlich zu werden, deßen Lieblings-Meynungen zu bestreiten. Der gewöhnliche Denker sieht diese Gründe nicht, weil sie zu sehr außer dem Gesichts-Kreise

II. Theil.   A   des

des gewöhnlichen Denkers liegen, und da er
sie nicht sieht: so verrichtet er sie, wenn sie
ihm dargestellt werden, weil der Mensch
überhaupt alles, was mit seiner Denkungs-
Art keine Verwandschaft hat, entweder gar
nicht zu achten, oder zu verachten gewohnt
ist. Kein Wunder also, daß der Idealismus so viele Gegner, und unter ihnen so
wenige genau mit ihm bekannte Gegner gehabt hat. Kein Wunder, daß man subtilen Schlüßen, bloße Deklamationen; ruhi-
gen Untersuchungen, heftige Beschuldigun-
gen entgegengesetzt hat.

Aber ist es nicht offenbarer Mißbrauch
der Vernunft, sie zur Bestreitung der ein-
leuchtendsten, und beynahe vom ganzen
Menschen = Geschlechte angenommenen Meynungen anzuwenden? —

Ist es nicht vielmehr guter Gebrauch des
Raisonnements, das gewiße vom ungewißen, das bewiesene vom unbewiesenen
abzusondern, und überall die größte mögliche
Schärfe der Beweise zu suchen? —

Ist es nicht unleugbare Verirrung des
menschlichen Geistes, vorsetzliche Neuerungs-
Sucht, den Menschen die Evidentz der Sinne,

und

und gar die Exiſtenz ihres Körpers wegphi‐
loſophieren zu wollen? —

Iſt es nicht im Gegentheil Pflicht des
Philoſophen, die Beobachtungen und Erfah‐
rungen ſo weit zu verfolgen, als ſie nur
immer reichen wollen, ohne ſich um das an‐
ſcheinende ungereimte und lächerliche zu be‐
kümmern? —

Und welche können die dem Idealismus
günſtigen Beobachtungen ſeyn? Kann die
menſchliche Vernunft ſich in ihren erſten
und wichtigſten Kenntnißen ſelbſt wider‐
ſprechen? —

Hier iſt die Folge dieſer Beobachtungen
und Erfahrungen, damit man auch daraus
den Gang des menſchlichen Geiſtes, und zu‐
gleich dies erkennen möge, daß der Idealis‐
mus ſo gar wider die Natur nicht iſt, als
er es bey dem erſten Anblicke ſcheint. De‐
mokrit empfieng von ſeinen Vorgängern der
Italiäniſchen Schule den Satz, daß die Sin‐
ne uns oft betrügen, dehnte ihn bis dahin
aus, daß er die Realität aller unſrer Ideen,
außer denen von Figur, Solidität, und
Ausdehnung, leugnete, und wurde über‐
hört; Anaxagoras empfieng eben dieſe Beob‐

A 2 achtung

achtung von seinen Vorgängern der Joni-
schen Schule; behauptete, daß der Schnee
schwarz wäre, und wurde ausgelacht; die
Pyrrhonisten nahmen beyder Lehren zusammen, folgerten daraus, daß alle unsere
sinnlichen Ideen uns nichts wahres und
reelles lehrten; und wurden mit Verachtung
abgewiesen; Gorgias von Leontium fieng
diese Sätze auf, gab subtile Beweise, daß
gar nichts existierte, und wurde gar nicht
angehört. So viel blieb indeßen von den
Beobachtungen und Schlüßen dieser Männer in den Köpfen aller Philosophen übrig,
daß man den Sinnen nicht unumschränkt
mehr traute, und die Realität mancher bis
dahin auf Glauben angenommene Begriffe
für verdächtig hielt. Cartesius verfolgte
die Untersuchungen der Alten weiter, zeigte,
daß sehr viele unserer sinnlichen Ideen nicht
nur ihren Gegenständen und Ursachen nicht
vollkommen ähnlich, sondern so gar gäntzlich unähnlich wären; und wurde mit Aufmerksamkeit und Beyfall angehört. Locke
nahm dies von ihm an, dehnte es auf alle
sinnlichen Ideen, die Ausdehnung, Figur,
und Solidität ausgenommen, aus; und
wurde

wurde von den meiſten bewundert. Nun»
mehr fieng es in der Philoſophie an als
Grund = Satz zu gelten, daß man die Sinne
und ihre Vorſtellung bey Auffuchung der
Wahrheit nicht befragen müße; und Malle»
branche ſprach den Sinnen das Vermögen
ab, uns Ideen zu geben, weil nur der gött»
liche Verſtand allein den menſchlichen zu er»
leuchten fähig ſey. Eben dies lehrte auch
zu derſelben Zeit Leibnitz in einer etwas ver»
änderten Bedeutung; er erklärte die Körper»
Welt für nichts als Phänomen, leugnete,
daß wir irgend eine Idee durch die Sinne
empfiengen, und behauptete mit Carteſius,
daß es angebohrne Ideen gäbe, jedoch mit
der Erweiterung, daß alle unſere Kennt»
niße, ſie mögen Nahmen haben wie ſie wol»
len, in der Seele ſelbſt von ihrem erſten Ur»
ſprunge an verborgen liegen, ohne von
außen durch die Sinne hinein gekommen
zu ſeyn.

Schon Mallebranche erklärte, daß die
Exiſtenz der Körper = Welt nicht anders, als
durch die Offenbahrung bewieſen werden
könnte; und allein aus dieſem Grunde be»
hauptete er ſie auch. Leibnitz ſprach von der

A 3   mate»

materiellen Welt, so wie alle davon sprachen, ohne jedoch wie alle davon zu denken; beyde wurden daher auch nicht als Lehrer sonderbarer und dem Menschen-Verstande entgegengesetzter Meynungen betrachtet, weil man nicht gewahr wurde, daß sie den Idealismus nur blos den Worten nach nicht vertheidigten.

Den kleinen Schritt, der nun noch zu thun übrig war, that Berkeley, er stellte die Lehren seiner Vorgänger näher zusammen, nahm die Nicht-Realität der sinnlichen Ideen vom Locke, und Cartesius; die Unrichtigkeit der Begriffe der Ausdehnung, Solidität, Figur, von den Pyrrhonisten, und Mallebranche, und folgerte daraus, daß gar keine Materie, sondern lauter einfache und geistige Wesen existieren, mit Leibnitz; daß alle unsere Ideen uns von Gott unmittelbar mitgetheilt werden, mit Mallebranche; und daß wir endlich gar keinen Körper haben, und daß gar nichts einen Körper ähnliches, auch nicht als Phänomen würklich existiert; nach der Kette seiner eigenen Schlüße.

So

So entwickelte ſich alſo aus der einzigen
Beobachtung, daß die Sinne trügen, ein
Syſtem, welches nicht nur den Sinnen
ſelbſt, ſondern auch allen bis dahin mit uner-
ſchütterlicher Ueberzeugung geglaubten Sätzen
gefährlich wurde, und ſo erhellet, daß eine
Lehre, die bey dem erſten Anblicke aller Vernunft, aller Erfahrung gerade entgegenge-
ſetzt zu ſeyn ſcheint, doch aus Erfahrung
entſtanden, auf Erfahrung gebauet, und
mit vieler Feinheit der Vernunft-Schlüße
gebauet iſt.

Man höre zum nähern Beweiſe dieſes
Satzes, folgende Gründe Berkeleys 1) daß
wir die Exiſtenz der Körper glauben, kömmt
daher, daß wir ſie zu empfinden glauben,
und dies iſt falſch; denn wir empfinden nicht
die Körper ſelbſt, ſondern nur ihre Farbe,
Geruch, Ausdehnung, Solidität, und ihre
übrigen ſinnlichen Eigenſchaften. Dieſe
aber ſind nichts als Modifikationen unſerer
Seele, nichts als Vorſtellungen, weil wir
nichts als unſere eigenen Modifikationen,
unſere eigenen Vorſtellungen denken können.
Sie haben folglich ihr Daſeyn nur in unſerer Seele, und ſind außer ihr eben ſo wenig

A 4   etwas

etwas reelles, als es die Phantaseen der Träumenden sind. Angenehme und unangenehme Empfindungen begleiten fast immer jeden sinnlichen Eindruck, wir schmecken, riechen, fühlen, hören, und sehen fast nichts, ohne es entweder angenehm oder unangenehm zu finden. Daß das angenehme und unangenehme außer der es empfindenden Seele Nichts ist, ist allgemein ausgemacht, und daher muß dies auch von allen übrigen Sensationen gelten, weil das angenehme und unangenehme ein Theil davon ist, und was vom Theile gilt, auch vom Ganzen gelten muß. Widersprechende Eigenschaften kann ein Körper unmöglich zugleich haben, wenn uns also unsere Sinne sagen, daß er sie hat: so folgt unwidersprechlich, daß alle diese sinnlichen Eindrücke uns nichts würklich außer uns vorhandenes vorstellen. Nun aber ist ein und derselbe Körper, mit der einen Hand angefühlt, warm, mit der andern, kalt, einerley Speise ist dem einen brennend heiß, dem andern laulicht; dem einen süß, dem andern bitter; folglich sind alle diese Ideen, nicht Abdrücke würklich außer uns vorhandener Eigenschaften

ten der Körper, sondern bloße Modifikationen der Seele. Aber die Ideen von Ausdehnung, Solidität, und Figur, sind die
nicht wenigstens Vorstellungen reeller Gegenstände? Keinesweges, weil auch von ihnen die Berichte der Sinne widersprechend
sind; in verschiedenen Entfernungen sieht
man einerley Körper größer und kleiner, in
verschiedenen Umständen fühlt man ihn
weicher und härter; in verschiedenen Ge-
sichts-Punkten, sieht man ihn runder oder
eckigter. Es ist also unleugbar gewiß, daß
alles, was wir von körperlichen Eigenschaften kennen, nichts als Modifikation unserer
selbst ist; es ist gewiß, daß diese Modifikationen nirgends als in unserer Seele existieren; es ist folglich auch gewiß, daß kein
Körper existiert; denn wenn die sinnlichen
Eigenschaften dem Körper genommen werden: so bleibt von ihm nichts mehr übrig.
Nichts? Nicht die abstrakte allgemeine Idee
des Körpers? Bilden wir nicht die, wenn
wir alles individuelle sinnliche wegnehmen?
Aber abstrakte allgemeine Dinge existieren
ja nicht; und wenn also auch die noch nach-

A 5   bleibt:

bleibt: so bleibt doch nichts würklich exiſtiè-
rendes zurück. *)

II) Schon Mallebranche hat uns gelehrt,
daß wir alles in Gott ſehen, das iſt, daß
uns Gott ſelbſt alle unſere Ideen giebt; daß
wir folglich ohne das Daſeyn der Materie
alle unſere Kenntniße durch die unmittelbare
Einwirkung Gottes erlangen können. Und
dieſer Satz läßt ſich auch von keinem, der
nur einigermaßen die unendliche Macht dieſes über alles erhabenen Weſens kennt, in
Zweifel ziehen. Wozu ſollte denn nun Gott
die Materie erſchaffen haben? Hätte er
nicht etwas ſehr überflüßiges, ſehr entbehr-
liches in ihr hervorgebracht? Und kann
man von einem weiſen, ich ſage nicht einmal höchſt weiſen Weſen, erwarten, daß es
irgend etwas umſonſt hervorbringt? **)

III) Es iſt unleugbar, daß wir nichts
expercipieren als unſere eigenen Ideen; es
iſt über allen Zweifel, daß Ideen nicht anders als durch einen Geiſt hervorgebracht
werden können; es iſt unbeweglich gewiß,
daß

*) Berkeley Dialogues entre Hylas et Philonous
p. 12. ſqq.

**) Ebendaſ. p. 132. ſqq.

daß die Materie ein Wesen ohne Thätigkeit, ohne Denkkraft ist: es ist also auch unmöglich, daß unsere Ideen, von Körpern außer uns hervorgebracht werden, und daß folglich Körper existieren. *)

IV) Wir appercipieren nichts als unsere eigenen Modifikationen; daß diese von Gegenständen außer uns herkommen, ist ein Faktum, und kann nicht anders als durch die Erfahrung bewiesen werden. Nun aber kann die Erfahrung hierüber nichts sagen, weil die Seele nichts als ihre Perceptionen erkennen kann, folglich nimmt man ohne Grund an, daß die Perceptionen von unsern Gegenständen herkommen. **)

Was sollen wir zu diesen Gründen sagen? daß sie nie einen Menschen im Ernst von der Nicht = Existenz der Materie, und seines eigenen Körpers überzeugen können? daß der Glaube an das Daseyn der Materie uns so tief eingepflanzt ist, daß kein Raisonnement ihn zu erschüttern im Stande ist? daß wir unserm gesunden Verstande entsa-

*) Ebendas. p. 192. sqq.

**) Hume Essais philosophiques, essay XII. partie I.

entsagen müßen, um an der Exiſtenz unſers Körpers auch nur zu zweifeln? Mit
einem Worte, ſollen wir an den gemeinen
Menſchen = Verſtand appellieren?

Dann hätte der Idealiſt Recht uns aus=
zulachen, uns Anhänglichkeit an grundloſe
Vorurtheile; eigenſinnige Beharrlichkeit bey
Meynungen, deren Falſchheit erwieſen iſt;
und die Aengſtlichkeit kleiner Geiſter vorzu=
werfen, denen jede Unterſuchung und Ab=
weichung von geheiligten Volks = Meynun=
gen, Gewißens = Pein verurſacht. Er hätte
Recht uns vorzuwerfen, daß wir ihn vor
einen ſo oft ſchon von großen Geiſtern ver=
worfenen, ſo oft ſchon von blinden Vorur=
theilen beſtochenen, ſo oft ſchon partheyiſch
befundenen Richterſtuhl fordern; und zu
ſagen, daß wir ſeinen Gründen einen Rich=
ter aufbringen, der gleich einen Proteus,
unter allen Himmelsſtrichen in verſchiedener
Geſtalt erſcheint, daß das, was wir Ver=
ſtand nennen, in China, und unter den
Irokeſen Unverſtand iſt; uns darzuthun,
daß wir ſelbſt nicht eigentlich wißen, was
wir mit unſerm gemeinen Menſchen = Ver=
ſtande wollen, daß es, alles genau abge=
wogen,

wogen, und unterſucht, gar keinen gemeiⸯ
nen Menſchen=Verſtand giebt; und uns
aufzufordern, ſeinen Gründen andere be⸗
ſtimmte entgegenzuſtellen, und ihre Fehler zu
zeigen.

Sind denn aber auch würklich die Ideali⸗
ſtiſchen Gründe ſo furchtbar, als ſie bey dem
erſten Blicke ausſehen? Manchen Raiſon⸗
nements, darf man, gleich manchen Fein⸗
den nur gerade und ſcharf unter die Augen
ſehen, um ſie aus ihrer Faßung zu bringen;
und manche Schlüße ſind durch öftere Wie⸗
derhohlung, und die Schwäche ihrer Geg⸗
ner ſchrecklicher geworden, als ſie es an ſich
ſind. Wie wenn dies gerade hier der Fall
wäre? Berkeley will beweiſen, daß keine
Körper, auch der unſrige nicht, würklich
exiſtiert; und führt den Grund an, daß
die Ideen, durch die wir uns Körper vor⸗
ſtellen, nichts als unſere eigene Modifikatio⸗
nen ſind, die außer unſerer Seele keine Exi⸗
ſtenz haben. Folgt das ſo gantz richtig und
unleugbar? Ich denke Nein, denn wer hat
uns je berechtigt ſo zu ſchließen: eine Sache
iſt das nicht, was wir ſie zu ſeyn glauben,
alſo

alſo iſt ſie gar nicht? Oder, eine Sache
kann das nicht ſeyn, was ſie uns zu ſeyn
ſcheint, alſo kann ſie gar nicht ſeyn? Nach
der genaueſten Strenge hat er weiter nichts
dargethan (wenn man ihm alle ſeine Vor-
der-Sätze zugeſteht) als dies: das, was
wir für Körper halten, und was uns unter der Geſtalt der Körper erſcheint, iſt
würklich kein Körper; und daraus folgt
noch lange nicht, daß gar kein Körper iſt.

Aber die göttliche Weisheit? Sie würde
ſehr viel beweiſen, wenn wir nur erſt wü-
ſten, ob ſie hier auch zum Beweiſe gebraucht
werden darf. Es läſt ſich durch ſie ſo viel
und ſo mancherley beweiſen, daß man Urſache hat zu fürchten, es möchte ſich a priori
aus ihr gar nichts beweiſen laßen. Denn
wer ſind wir, daß wir der göttlichen Weisheit Geſetze vorſchreiben wollen? und was
ſagen unſere auf ſie gebaute Schlüße anders
als dies: wir ſehen kein beßeres und beque-
meres Mittel zu einer gewißen Abſicht, alſo
iſt dies das allerbeſte; wir würden in dieſem Falle dies und jenes gethan haben;
alſo hat es auch Gott thun müßen; unſere

Weis-

Weisheit erfordert dies, oder jenes, also auch die göttliche? Nur dann läßt sich mit einigem Zutrauen von unserer Weisheit auf die göttliche schließen, wenn wir deutlich alle mögliche Fälle übersehen, alle Absichten, alle Mittel genau kennen; und nun überzeugend erkennen, daß unter ihnen allen nur eins den Vorzug verdient. Und dies ist hier der Fall wol nicht, denn wir wißen noch nicht ob der einzige Zweck der Existenz der Materie der ist, uns Ideen zu geben; ob es der Majestät Gottes anständiger ist, uns allein durch seine unmittelbare Einwirkung, oder durch Mittel=Ursachen zu erleuchten.

Die Materie kann uns ja aber unmöglich Ideen geben! — Es sey; aber folgt daraus, daß sie gar nicht existiert? kann sie nicht auch existieren, ohne sich uns bekannt zu machen?

Der Theil also des Berkeleyschen Satzes, welcher die Existenz aller Materie leugnet, ist offenbahr nicht hinlänglich bewiesen; und das ist sein erster Haupt=Fehler, daß er sich für größer und sonderbarer ausgiebt, als er würklich ist. So bleibt denn aber noch dem nach, daß das, was wir für Körper und

Materie

Materie halten, es nicht würklich ist; und
daß wir folglich von dem Daseyn der Materie durch unsere Sinne gar keine Kenntniß
haben! wenn dieser richtig bewiesen ist: so
hat der Idealist doch wenigstens darin ge-
siegt, daß er eine vorhin mit Gewißheit ge-
glaubte Sache zweifelhaft gemacht hat.

Ja freylich, wenn — aber ich fürchte,
er hat nun gezeigt, daß es nicht unmöglich
ist, daß wir alle Ideen von sinnlichen Gegenständen haben können, ohne daß Materie da ist; nicht aber daß dies würklich
so ist. Und wenn dies ist: so hat er uns
gegen unsern zu leichten Glauben ein heilsa-
mes Mißtrauen eingeflößt, uns genöthigt,
beßere Beweise von der Existenz der Materie
zu suchen, und folglich unsern gründlichen
Kenntnißen mehr genutzt, als geschadet.

Unsere Ideen von körperlichen Beschaffenheiten, sagt er, sind nichts als unsere eigenen Modifikationen, die folglich kein Daseyn
außer der sie sich vorstellenden Seele haben.
Daraus folgt im strengen Verstande weiter
nichts, als daß die Ideen als Ideen außer
der Seele nicht existieren; und daß wir Ideen
von Gegenständen haben können, ohne daß
biese

diese Gegenstände wirklich da sind; aber daß
würklich unsere Ideen keine äusere Gegenstände haben, das folgt nicht. — Aber
unsere Ideen widersprechen sich ja, und kein
Körper kann widersprechende Eigenschaften
haben, folglich ist es ja sonnenklar, daß
diese Ideen nicht von würklich vorhandenen
Körpern uns mitgetheilt werden. : Zu voreilig geschloßen! Kann denn nicht dieser Widerspruch von der verschiedenen Beschaffenheit des percipierenden Subjektes entstehen?
und mußte denn nicht das Argument, um
vollkommen zu schließen, so lauten: einerley Gegenstand giebt uns verschiedene und
widersprechende Ideen zu einer Zeit; dieser
Widerspruch kommt nicht von dem Gegenstande selbst, auch nicht von der verschiedenen Beschaffenheit des percipierenden Sub-
jekts, folglich sind diese widersprechenden
Ideen nichts als leere Phantome, ohne alle
Realität?

Aber die Ideen können ja nicht anders
als durch einen Geist hervorgebracht werden, und folglich kann die Einwirkung der
Körper uns keine Ideen geben! — Nicht
anders als durch einen Geist? das ist zwey-

II. Theil.   B   deutig;

deutig; denn es heißt einmahl, kein anderes
Wesen als ein Geist kann Ideen haben;
und zweytens, kein anderes Wesen als ein
Geist kann einem andern Wesen Ideen mittheilen. Welche Bedeutung soll hier die
richtige seyn? die erste? die thut hier gar
nichts zur Sache, denn daraus, daß kein
anderes Wesen als ein Geist Ideen haben
kann, folgt noch lange nicht, daß auch kein
anderes als ein Geist Ideen mittheilen
kann. — Kann man denn etwas geben,
welches man selbst nicht hat? Kann also die
ideenlose Materie Ideen an einem Geiste hervorbringen?— Dies ist doch wol offenbahr
Sophisterey, und Berkeley würde es gewiß
Niemanden vergeben, der so schließen wollte: Thorheit enthält keine Klugheit; also
kann auch die Betrachtung fremder Thor-
heiten nicht klug machen, weil die Thorheit
das nicht geben kann, was sie nicht hat;
oder der folgenden Schluß machte: der Wein
macht trunken, also giebt er Trunkenheit,
also hat er Trunkenheit, also ist der Wein
trunken. Und so fällt also auch die andere
Bedeutung weg.

Allein

Allein die Materie ist ja von Natur un=
thätig! — Und welche Materie? die erste
ursprüngliche Materie (materia prima)?
oder diejenige, die wir jetzt in verschiedene
Körper=Gestalten geformt sehen? Ob die
erste es ist, darüber wird noch gestritten,
und wenn sie es auch wäre: so thäte das
zur Sache nichts, denn hier ist nur von der
Erscheinung der Körper durch die Sinne die
Rede. Daß aber die geformte Materie un=
thätig ist, erfordert einen noch weit stärkern
Beweis, als daß es die erste ist, die sich
aber Berkeley zu ersparen für gut gefun=
den hat.

Auch das also beweisen Berkeleys Grün=
de nicht, daß die Körper, so wie wir
sie zu empfinden glauben, nicht existieren,
und dies ist der andere Haupt=Fehler der
idealistischen Demonstrationen. Nur das
folgt höchstens aus ihnen, daß wir Ideen
von Körpern und der ganzen Körper=
Welt haben könnten, ohne daß irgend et=
was diesen Ideen ähnliches außer uns vor=
handen wäre.

So müssen wir denn wenigstens an der
Existenz der Körper=Welt zweifeln, und alle

Hoff=

Hoffnung aufgeben, je einen überzeugenden
Beweis davon führen zu können, da auch
die Erfahrung, unsere zuverläßigste Lehrerin,
uns hier gänzlich verläßt! Von dieser Seite
ist das idealistische System das furchtbarste,
und von dieser Seite haben es alle diejenigen
angesehen, die es als unüberwindlich entweder vertheidigt oder angegriffen haben.
Die Erfahrung verläßt uns hier, sagt Hume, aber welche? Einige, oder alle?
Einige freylich, denn wir können nicht sagen, wir erfahren, fühlen, empfinden, daß
wir einen Körper haben, also haben wir einen; aber nicht alle; denn wir können doch
sagen: daß wir gewiße Empfindungen nicht
haben könnten, wenn wir keinen Körper hätten; sagen, daß das Verhältniß zwischen
Ursache und Wirkung zu gewißen Empfindungen nothwendig Körper erfordert; sagen,
daß manche Fakta und Erfahrungen auch
durch Raisonnement bestätigt werden können; sagen, daß das idealistische System
nicht nur manchen einzelnen, sondern auch
manchen zusammenverbundenen Erfahrungen widerspricht.

Zwo

Zwo Anmerkungen fließen unmittelbar
aus dieser Untersuchung, die erste: das
idealistische System, wenn es die dogma-
tische Miene annimmt, und behaupten will,
entweder daß gar keine Körper existieren,
oder daß sie nicht das sind, was wir dafür
ansehen, ist noch sehr weit entfernt unumstößlich gewiß, auch nur einigermaßen richtig
bewiesen zu seyn. Die andere: gesetzt auch es
wäre eben so gewiß als es ungewiß ist: so
würde es doch weiter nichts als bloße leere
Spekulation seyn. Der Idealist muß so
gut eßen, trinken, schlafen, seine bürger-
lichen Geschäffte und Arbeiten, seine Pflich-
ten gegen andere, so gut verrichten als der
Nicht-Idealist; in das Leben der Menschen
hat diese Meynung nicht den geringsten Einfluß, es kann also jedem, und muß jedem
gleichgültig seyn, ob sie wahr oder nicht
wahr ist.

Sollte es denn aber gar keine Gründe geben, das Daseyn der Körper zu beweisen?
Sollten wir in dieser so nahe an uns grän-
zenden Sache, zu einer ewigen Unwißenheit, einem ewigen Zweifel verurtheilt seyn?

Da

Da Locke *) und Cartesius **) den Beweis
von den Sensationen auf die Existenz der
empfundenen Gegenstände nicht so geführt
haben, daß alle Zweifel dadurch gehoben
sind; sollten wir da an der Auffindung
brauchbarerer Gründe gäntzlich verzweifeln?
Ferne sey eine solche Kleinmuth, die zu weiter nichts dient, als dem menschlichen Geiste
da Schranken zu setzen, wo vielleicht noch
keine von der Natur gelegt sind; es ist erlaubt, zu versuchen, ob man nicht die Klip-
pen, an welchen jene großen Geister sche-
terten, glücklich vermeiden könne.

1) Die Frage, giebt es eine Körper-
Welt? hängt mit der, haben wir selbst einen
Körper? unzertrennlich zusammen; so bald
es ausgemacht ist, daß wir nicht blos einfache Wesen sind, so bald ist es auch entschieden, daß es außer uns noch andere
Körper giebt, weil wir alsdann diese äusere Körper nicht anders, als durch ihre
Wirkung auf den unsrigen erkennen können.
Von diesen beyden Fragen beantworte ich
diese-

*) Locke Essay B. IV. ch. 11. §. 4. sqq.
**) Cartes. Meditat. VI. Princip. philos. p. 33.

diejenige, die ich am leichteſten und überzeugendſten beweiſen zu können glaube, zuerſt, und das iſt die, ob wir einen Körper
haben. Wir ſind, ſagt, und muß der Idealiſt ſagen, nichts als einfache unkörperliche
Weſen; dies, ſage ich, widerſpricht manchen
unſerer unleugbarſten, und zuverläßigſten
Empfindungen. Kein Idealiſt kann leugnen, daß er körperliche und geiſtige Vergnügen und Schmerzen, das Süße des Honigs,
von der berauſchenden Wonne einen lange
entfernt geweſenen Freund unvermuthet
wieder zu ſehen; das Stechen einer Nadel,
von der Empfindung einer plötzlichen Stachel-
Rede ſehr genau unterſcheidet. Kein Idealiſt kann leugnen, daß beyde Arten von Empfindungen weſentlich verſchieden ſind, ſo
daß die eine mit der andern nicht die geringſte Aehnlichkeit hat, weder in Anſehung des
Eindruckes auf ſeine Seele, noch des ſie ver-
urſachenden Gegenſtandes, noch auch ihrer
Wirkungen und Folgen. Kein Idealiſt kann
endlich leugnen, daß der Unterſchied beyder
Empfindungen in ihrer Natur ſelbſt, und
ihrem Weſen liegt; ſollte er alſo wol leugnen
können, daß beyde ganz verſchiedene Ur-

B 4 ſachen,

sachen, gantz verschiedene Subjekte haben
müßen? wol leugnen können, daß die Art,
die ich körperliche Empfindung genannt habe, in einem Körper und durch einen Körper geschehen muß; dahingegen die andere
Art in dem einfachen Wesen der Seele selbst
ihren Sitz hat? Daß wir dem Körper
manche Empfindungen zueignen, ist Täuschung, kann er zwar sagen; aber auch mit
Grunde sagen? Bey den körperlichen Empfindungen können wir allemahl einen gewißen Punkt an uns selbst bestimmen, an
welchem sie geschieht, und wir unterscheiden
das Stechen an der Hand, von dem am
Fuße, und an jedem andern Orte sehr genau und deutlich. Soll dies Täuschung
seyn: so muß das einfache empfindende Wesen mehrere Punkte an sich zu haben, das
ist, ausgedehnt zu seyn glauben. Wir können an verschiedenen Orten, als am Kopfe,
den Füßen, den Armen, zugleich Stechen
empfinden; ja nicht nur zugleich Stechen,
sondern auch an einem Orte Stechen, an
dem andern Kützel, an dem dritten Brennen,
empfinden. Soll das Täuschung seyn: so
muß das einfache Wesen an mehreren Punk-

ten

ten zugleich zu empfinden glauben, da es
doch nur würklich an einem einzigen empfindet. Die Empfindung des Sehens glauben wir nicht anders als an dem Punkte zu
haben, wo das Auge liegt; die des Hörens
nur an dem, wo sich das Ohr befindet, und
so glauben wir für jede Art von Empfindung
einen eigenen unveränderlichen Platz an uns
zu tragen. Soll dies Täuschung seyn: so
muß das einfache Wesen verschiedene Arten
von Empfindungen an verschiedenen Orten
zu empfinden glauben, die es doch würklich
nur an einem einzigen empfängt. Wie lassen sich diese Widersprüche denken? — Wie
läßt sich eine Täuschung denken, die die ganze Natur der Dinge umkehrt? — Gottes
Macht ist groß genug, auch das uns unmöglich scheinende zu bewerkstelligen — Ja
wenn es nur so schiene; wie aber wenn es
würklich wäre? Ein einfaches Wesen, das
sich seiner bewußt ist, und also sich auch bewußt ist, einfach zu seyn, wie kann das
durch Täuschung ausgedehnt zu seyn glauben? Wie zugleich sich einfach fühlen, und
doch ausgedehnt glauben, das ist sich für
einfach und nicht einfach halten? Oder soll

es

es etwa einfach ſeyn, und doch nicht wißen, daß es einfach iſt? Soll es an einem einzigen Punkte würklich empfinden, und doch glauben, es empfinde an verſchiedenen? An einem und demſelben Orte hören, riechen, ſehen, ſchmecken, und doch ſich vorſtellen, es höre im Ohre, rieche in der Naſe, ſehe im Auge, ſchmecke in der Zunge? Man ſetzt der göttlichen Macht keine Gränzen, wenn man ſagt, daß ſie das Unmögliche nicht möglich machen kann; und man beleidigt die Majeſtät des höchſten Weſens nicht, wenn man behauptet, daß eine ſolche Täuſchung der Natur der Dinge widerſpricht.

II) Allgemeine und auch den Jdealiſten unleugbare Erfahrungen ſagen uns, daß wir in unſern Geiſtes-Kräften Unordnungen bemerken, ſo oft wir zu viel geiſtige Getränke, oder Opium in einer gewißen Quantität, zu uns genommen zu haben glauben. Dieſe Unordnung woher kommt ſie? von der bloßen Jdee der geiſtigen Getränke, und des Opiums? Wir können Tage lang dieſe Dinge uns vorſtellen, auch ſo gar ſehen und riechen, und doch wird unſer Verſtand ſo geſund bleiben, wie er vorher war. Von

der

der Vorstellung, daß wir sie genoßen haben? Auch das können wir uns immer, und auch im Traume mit der vollkommenſten Lebhaftigkeit vorstellen, und werden doch unſern Verſtand unverletzt behalten. Von der unmittelbaren Einwirkung Gottes? So macht uns alſo Gott ſelbſt unſinnig; er ſelbſt iſt es, der, vielleicht um ſich an den ungereimten Phantaſien verwirrter Köpfe zu ergötzen, uns durch Darſtellung der Ideen von ſtarken Getränken, und Opium, des Gebrauches ſeines vorzüglichſten Geſchenkes beraubt. Dies iſt, dünkt mich, höchſt ungereimt; und nicht nur ungereimt, ſondern auch unmöglich. Daß eine Idee eine andere hervorbringen kann, läßt ſich begreifen, aber daß eine Idee den ganzen Verſtand in Unordnung bringen, alle ſeine Verrichtungen verwirren, nicht nur verwirren, ſondern auch unwiderſtehlich ſtören; nicht nur ſtören, ſondern auch gänzlich aufheben, und den vernünftigſten Menſchen zu dem gedankenloſeſten Thiere machen kann, überſteigt alles, was man ſich von Verbindung zwiſchen Urſachen und Wirkungen vorſtellen kann. Wenn alſo nicht die bloße Idee dieſer

ser Dinge, nicht die bloße Vorstellung ihres
Genußes, nicht die göttliche Einwirkung
durch diese Ideen, den Verstand in Unordnung bringt; und wenn nun nichts mehr
übrig bleibt, als daß es die Sachen selbst
thun: so folgt, daß es der wirkliche Genuß
thut, das ist, daß wir einen Körper haben,
durch den wir sie genießen, daß diese Dinge
würklich existieren, die wir genießen, daß es
also außer uns würklich Körper giebt.

III.) Wir empfinden Hunger und Durst,
und diese Empfindungen enthalten unzertrennlich das Bewußtseyn des Mangels gewißer Dinge in sich, die zu unserer Erhaltung unentbehrlich sind. Kann ein einfaches Wesen, welches keiner Nahrung bedarf, dieser Empfindung fähig seyn? Kann
ein Wesen, dem nichts abgeht und hinzu-
gesetzt wird, bis zu dem Punkte getäuscht
werden, daß es den Mangel gewißer Dinge
empfinde, und durch diese Empfindung in
die äuserste Unruhe versetzt werde? — Aber
die Abwesenheit einer Idee kann es beunru-
higen — die Abwesenheit? So kann die
Abwesenheit einer Ursache Wirkungen hervorbringen? Und beunruhigt uns wol die

Abwe-

Abwesenheit irgend eines Dinges, wenn wir
nicht fühlen, daß seine Gegenwart uns unentbehrlich ist? Wem hat es je wehe gethan, daß er eine gewiße Idee nicht hatte,
wenn ihn nicht ein gewißes Bedürfniß erin-
nerte, daß er sie haben mußte? Hunger und
Durst bringen ferner die Empfindung einer
gewißen Schwäche und Kraftlosigkeit hervor, wenn sie nicht zur rechten Zeit gestillet
werden, so wie im Gegentheil ihre Hebung
uns mit Vorstellungen und Empfindungen
von Kraft, Munterkeit, und Zufriedenheit
erfüllet. Wie ist dies zu erklären? Durch
den Mangel gewißer Ideen? Daß wir eine
gewiße Idee nicht haben, soll uns aller unserer übrigen Kräfte berauben, uns zu allem
unfähig, dann sinnlos, dann rasend, und
endlich gar todt machen können! Dadurch
daß Gott durch den Mangel dieser Ideen
uns entkräftet? Er also soll den Menschen
nach Gutdünken, durch die Entziehung einiger Ideen aller Kräfte, und gar des Lebens
berauben! Was bleibt also anders übrig,
als daß diese Erscheinungen aus dem Mangel würklicher Nahrungs-Mittel entstehen,
das ist, daß wir einen Körper haben, der

zu seiner Erhaltung anderer Körper bedarf? Endlich, die Empfindungen des Hungers und Durstes werden allemahl gehoben, so bald wir gewiße körperliche Dinge zu genießen glauben; so bald unsere Empfindung uns sagt, daß wir fremde Körper an den Mund bringen; daß wir ihren verschiedenen Geschmack durch die Zunge gewahr werden; daß wir ihr Daseyn und ihren Eindruck an einem andern Orte, den wir den Magen nennen, bemerken. Sind alle diese Dinge nicht würklich das, was wir sie zu seyn glauben: so müßen wir sagen: der Genuß gewißer Ideen macht uns satt, und löscht unsern Durst, die Idee der Speise und des Trankes kützelt die Idee des Mundes und der Zunge; und füllt die Idee des Magens aus. Wenn sie das kann, wenn ein Idealist sich an Ideen satt eßen und trinken; sich durch Ideen mit neuen Kräften beleben kann: so mag er immerhin von Ideen leben; immerhin in der Idee die köstlichsten Weine, und die ausgesuchtesten Speisen genießen; und erfahren, wie lange ihn seine Ideen vor Hunger und Durst schützen werden.

IV) Die

IV) Die Ideen, sagt Berkeley, werden uns von Gott gegeben. Und welche? Solche die er selbst hat? So sieht also Gott die rothe Farbe, schmeckt den Cyper-Wein, hört das Bachische Concert, gerade so wie wir, das heißt, er hat eben dieselben Empfindungen, eben dieselben eingeschränkten Ideen, die wir haben? Oder solche, die er nicht hat? So kann er uns also Ideen mittheilen, die er selbst nicht hat, die er gar nicht kennt? Nicht Gott ist es also, der uns Ideen giebt; sondern die Gegenstände selbst bringen sie in uns hervor.

V) Die Ideen der Farben, der Gerüche, der Gefühle, schließen nicht nur die Idee eines Körpers in sich, durch den sie empfunden werden, sondern auch eines Körpers, in dem sie als Eigenschaften existieren, und durch den sie auf den unsrigen Eindruck machen. Keine unkörperliche Farbe, kein unkörperlicher Geruch, kein unkörperliches Gefühl läßt sich denken; auch keine unkörperliche Art Farben, Gerüche, Gefühle, so wie wir, zu empfinden, läßt sich denken. Wenn uns also Gott selbst diese Ideen giebt: so betrügt er uns unaufhörlich; er betrügt uns nicht

nicht nur, er schadet uns auch; indem er
den Säufer, oder Freßer die Ideen des
Trinkens und Eßens bis zum krank werden,
oft auch bis zum Tode darreicht; er schadet
uns nicht nur: sondern er verfährt auch auf
eine unvernünftige Art mit uns, indem er
dem Sokrates, weise, dem Nero, blutdür-
stige, dem Swift unsinnige, dem Sardana-
pal schändliche Ideen giebt. Und das sollte
Gott thun können? Er uns betrügen?

Er betrügt uns auch nicht, denn warum
sind wir so einfältig, und glauben dem
Scheine? *)

Einfältig? Ich dächte nur der wäre einfältig, der sich mit offenen Augen blind machen, und sich da hintergehen läßt, wo er
den Irrthum leicht erkennen konnte. Wir
armen Erden-Söhne, die wir durch die
Natur unserer Empfindungen selbst; durch
die deutlichsten und von unserer Natur un-
zertrennlichsten Eindrücke; durch alle unsere
fünf Sinne zusammen; durch Hunger,
Durst, Krankheit, Sinn und Unsinn; von
der Existenz unsers Körpers überführt werden, wir sollen einfältig seyn, daß wir so
vielen

*) Le Theisme tom. I. p. 153.

vielen Zeugnißen glauben? Einfältig, daß wir nicht aus der Beobachtung von dem Truge der Sinne, so gleich den subtilen Schluß ziehen, also trügen sie uns immer? Einfältig, daß wir nicht aus einigen Fällen gleich auf alle schließen, da wir noch Gründe zu haben glauben, dies nicht zu thun? Der Mann bedachte nicht was er sagte, und um Gott zu vertheidigen, schob er die Schuld auf die unschuldigen Menschen.

Allein, sagt ein anderer, die Sensationen trügen doch manchmahl, es ist also der Größe Gottes nicht entgegen, uns manchmahl zu betrügen, warum sollte er denn nicht zugeben dürfen, daß es immer geschehe? *)

Ist es denn der Größe Gottes entgegen, das unmögliche nicht möglich zu machen? Kann es sinnliche Werkzeuge geben, die unter allen möglichen Umständen, Entfernungen, Richtungen, Krankheiten, die Sachen als einerley darstellen? Als Mathematiker und

*) d'Alembert Melanges de Litterature tom. IV. p. 52. Hume Essais philosph. Essay 12. partie I.

II. Theil.　　　　　C

und Optiker vorzüglich hätte er sich die Frage vorlegen sollen, ob ein Auge möglich ist,
das in allen Entfernungen einen Thurm
viereckt, gleich groß, gleich gefärbt, gleich
deutlich zeigen kann? Und wenn er gefunden hätte, daß dies unmöglich ist: so hätte
er schließen sollen, daß gantz untrügliche
Sinne unmöglich sind; daß man es folglich
Gott nicht als Mangel an Weisheit, Macht,
oder Güte anrechnen darf, wenn uns die
Sinne manchmahl trügen; daß man endlich daraus nicht schließen darf, also widerspricht es den göttlichen Eigenschaften nicht,
uns immer zu betrügen.

Die Wahrhaftigkeit Gottes, sagt er ferner, kann hier nicht gebraucht werden, weil
man alsdann das ungewiße durch das ungewiße, die Existentz Gottes durch die Existentz der Körper, und die Existentz der Körper durch die Existentz Gottes beweiset. *)

Man sehe doch den Schluß! und den
machte ein Metaphysiker, der aus jedem
Compendio wißen mußte, daß man zwar
die Existentz der Körper-Welt zum Beweise
des

*) d'Alembert Melanges tom. IV. p. 51.

des Daseyns Gottes gebraucht, daß aber
dies nicht der einzige Beweis dieser Wahrheit ist; und daß schon Cartesius das Daseyn Gottes blos aus seinem eigenen herzu-
leiten versucht hatte. So weit verführt die
Liebe zum Sonderbaren, daß man das zu
Einwürfen macht, was gar nicht dazu dienen kann, wenn es nur einen gewißen blendenden Schein hat!

Anderes Hauptstück.

Ueber den Materialismus.

Wenn es denn also ausgemacht ist, daß
wir einen Körper haben und zugleich
denken: so frägt es sich, ob es unser Körper selbst, oder ein von ihm verschiedenes Wesen ist, welches das Denken verrichtet? So lange philosophiert worden
ist, hat diese Frage die Weltweisen beschäff-
tiget, und getheilt; man hat es sich nicht
einfallen laßen, vorher zu fragen, ob diese
Frage auch angenommen werden dürfte?
weil man sich von beyden Seiten Kräfte genug zutraute, sie zu beantworten. Vor

noch

noch) nicht gar zu langer Zeit aber hat erst
ein Philosoph sich bemühet zu zeigen, daß sie
ganz und gar zurückgewiesen werden müßte,
weil wir von der Substanz der Seele an
sich gar keine Ideen haben, und haben
können. *)

Daß wir uns die Seele als Substanz
nicht vorstellen können, geben alle zu, und
gerade deswegen haben alle die Frage über
ihre Natur aufgeworfen, um diese Dunkelheit einigermaßen aufzuklären. Wüßten
wir anschaulich, was die Seele ist: so würden wir wahrscheinlich nicht darüber streiten, würden auch nicht fragen, was ist sie?
Auch darin hat er Recht, daß er behauptet,
durch alle unsere Untersuchungen können wir
nie zu einer genugthuenden Idee der Seele
gelangen: Unrecht aber unstreitig, wenn er
will, daß wir deswegen die ganze Untersuchung auf die Seite legen sollen. Wir
wißen unstreitig mehr von der Seele, wenn
wir sagen können, sie ist nicht die Organisation, oder sie ist die Organisation, als wenn
wir auch dies nicht anzugeben im Stande
sind.

*) Hume Treatise of human Nature tom. I.
  p. 406. sqq.

sind. Und wenn wir gleich dies nicht aus
der unmittelbaren Idee der Seele entscheiden können: so können wir es doch vielleicht
aus einigen Wirkungen der Seele und Organisation schließen; so wie wir aus den Wirkungen der magnetischen und elektrischen
Materie manche ihrer Eigenschaften folgern
können, ohne daß wir irgend einen vollstän-
digen und vollkommen befriedigenden Begriff
von der Natur und Beschaffenheit beyder
Materien haben, und vielleicht auch je haben können.

Aber, fährt er fort, *) die Frage, ob
unsere Perceptionen sich in einem materiellem,
oder unmateriellem Wesen aufhalte? läßt
sich durchaus nicht beantworten, weil nichts
erfodert wird, um eine Perception zu un-
terstützen.

So kann denn eine Perception durch sich
selbst bestehen? Ich gestehe gern, daß ich
die Stärke dieses Schlußes nicht einsehe,
und verspare es daher, ihn zu beantworten,
bis ich jemand finden werde, der ihn mir
einleuchtender macht.

C 3　　Ich

*) Hume Treatise of human Nature tom. I.
p. 407.

Ich frage alſo noch einmahl I) das We=
ſen, welches bey uns das Denken, Em=
pfinden, Wollen verrichtet, iſt es von der
Organiſation unſers Körpers verſchieden,
oder nicht?

Daß es von der Organiſation nicht ver=
ſchieden iſt, beweiſen folgende aus Erfah=
rungen und Beobachtungen hergenommene
Gründe:

1) Nach allen unſern Erfahrungen kön=
nen wir nicht anders ſagen, als daß die
Seele ſich in allen Stücken nach der Beſchaf=
fenheit unſers Körpers richtet. In der
Kindheit iſt der Körper ſchwach, das Ge=
hirn, die Knochen, die Nerven ſind weich;
alle Theile ſind noch unausgebildet und roh;
die Seele iſt in eben dieſem Alter zur Ver=
nunft und zum Verſtande unfähig, ihr Den=
ken iſt phantaſieren, ihr Schließen, radotie=
ren, und ihre ganze Beſchäfftigung, träu=
men. Nach und nach bildet ſich der Körper
aus, das Gehirn entwickelt ſich, die Ner=
ven bekommen Feſtigkeit und Stärke; die
Seele folgt dieſer Ausbildung Schritt vor
Schritt nach, die Ideen werden fixiert, Ue=
berlegung und Nachdenken tritt an die Stelle
der

der Phantasie, und Grund = Sätze an die
Stelle der wilden Einfälle. Nach dem höch=
sten Punkte seiner Stärke nimmt der Körper
wieder ab, das Gehirn wird entweder; zu
hart, oder verwandelt sich in eine wäßrige
Materie, die Nerven werden unempfindlich,
und die Mußkeln steif; die Seele verliehrt
eine Fähigkeit nach der andern; das Ge=
dächtniß nimmt ab, Affekten und Leidenschaf=
ten verschwinden; der Verstand wird dunkel,
und geht endlich in Albernheit über. Eine
gewiße Portion Bella = Donna, ein wenig
zu viel Wein, ein verdorbener Magen, in
dem Unterleibe zurückgehaltene oder unor=
dentlich bewegte Auswürfe, machen aus
dem verständigsten Manne den ausschwei=
fendsten Thoren, aus dem Philosophen ei=
nen Candidaten des Tollhauses, und aus
dem sanften einen Wüterich. Haben wir
unsern Körper durch starke Arbeiten ermü=
det: so sinkt auch die Seele in Unthätigkeit,
und der schärfste Witz wird stumpf; haben
wir ihn in langer Zeit nicht durch Nahrung
gestärkt: so sehen wir Erscheinungen, oder
werden für Hunger rasend; haben wir un=
ser Blut durch Wachen, oder zu starke Be=

wegung

wegung überhitzt: so nimmt uns ein fieberhafter Wahnwitz allen Verstand. Mit einem Worte, alle Erfahrungen und Beobachtungen gehen dahinaus, daß unsere Seele
von dem jedesmahligen Zustande der Organisation, so gäntzlich abhängt, daß sie ohne
Organisation nichts, mit ihr alles kann. *)
Und diese Seele soll ein von der Organisation verschiedenes Wesen seyn? Soll ihre
eigene Kräfte und Vermögen für sich haben?
Soll ein Geist seyn? Wenn das nicht Widerspruch ist: so sehe ich nicht was Widerspruch ist. Ist die Seele eine Substantz für
sich: so muß sie auch nothwendig ihre Kräfte
und Eigenschaften für sich haben; also für
sich denken, für sich vernünftig seyn; für
sich ihre Geschäffte verrichten. Der Einfluß
des Körpers kann ihr alsdenn weder schaden
noch helfen; weil sie seiner zur Ausübung
ihrer wesentlichen Kräfte nicht bedarf, weil
sie in sich selbst Stoff genug zu ihren Ge-
schäften

*) La Mettrie l'homme Machine p. 14. 61.
Raisonnement d'un esprit fort in dem Nou-
veau systeme concernent les etres spirituels
Tom. II. p. 180, 184.

ſchäften hat. *) Ja wenn noch der Körper
ſie in einigen ihrer Neben = Arbeiten hinder-
te: ſo ließe ſich bies noch verdauen: aber
da er ihr ihre ganze Thätigkeit giebt und
nimmt: ſo kann ſie unmöglich etwas eigen-
thümliches beſitzen. Ein wenig zu viel Blut
abgezapft nimmt alles Bewußtſeyn, und
macht die Seele ganz unthätig; ein wenig
ausgetretene Feuchtigkeit im Gehirn macht
eine unüberwindliche Schlafſucht und Dumm-
heit; ein bloßer Druck auf das Gehirn beraubt aller nicht nur Denkkraft, ſondern
auch Empfindung. Und dieſe ſo gänzlich
vom Körper abhängende Seele, ſoll eine
vom Körper verſchiedene Subſtanz ſeyn?
Man zeige eine einzige Wirkung auf, die die
Seele ohne den Körper verrichtet, und wir
wollen unſere Sache verlohren geben. Man
ſage uns, was die Seele in einer langen
Ohnmacht, in einem feſten traumloſen
Schlafe, in dem manchmahl vier und zwanzig Stunden langen Zeitraume denkt, da ſie
durch die Beraubung der Luft unter dem

C 5   Waßer

---

*) Les progrès de la Raiſon ouvrage poſthume
de M. Helvetius p. 41. ſqq.

Waßer bey faſt Ertrunkenen, ihr Bewußtſeyn verliehrt, in der oft Monate langen
Schlaf-Sucht, denkt; und wir wollen zugeben, daß ſie nicht die Organiſation iſt.
Hat man aber dies bisher nicht gekonnt,
und wird man es auch nach Jahrtauſenden
nicht können, da man es vor Jahrtauſenden
nicht gekonnt hat: ſo höre man auf, gegen
die einleuchtendſten Erfahrungen die Seele
für ein von der Organiſation verſchiedenes
Weſen; höre auf, ſie für etwas vor ſich be-
ſtehendes zu halten; da ſie keine einzige Ei-
genſchaft einer Subſtanß, wohl aber alle
Eigenſchaften eines Modus an ſich trägt. *)

2) Es iſt eine unleugbare Erfahrung,
daß der Mangel an Nahrung die körperlichen
ſo gut als geiſtigen Kräfte ſchwächt; die
Nahrung hingegen beyde ſtärkt. Es iſt alſo
auch durch Erfahrung gewiß, daß die Seele
ſelbſt durch Nahrung, das iſt, durch Körper
geſtärkt und erquicket wird. Wie kann ſie
aber durch Körper geſtärkt werden, ohne
ſelbſt Körper zu ſeyn? Wie ein von der Organiſation verſchiedenes Weſen ſeyn, da
nur

*) Search after Souls operations p. 44.

nur biefe burch die Nahrung geftärkt
wird? *)

3) Jft die Seele ein von der Organi‐
fation verfchiedenes Wefen: fo muß fie den
Körper, wo nicht beherrfchen, doch wenig‐
ftens ihm nicht dienen: den körperlichen Rei‐
zungen und Trieben widerftehen, und fich
von ihnen nicht zu ihr unanftändigen, oft
auch von ihr felbft als fchädlich erkannten
Handlungen hinreißen laßen. Eine Seele,
die ihrer felbft fo wenig mächtig ift, daß fie
von jeder Anreizung körperlicher Wolluft un‐
widerftehlich überwältigt wird; fo wenig ih‐
ren beften Einfichten zu folgen fähig, daß
fie von jedem finnlichen Kützel gegen alle ihre
Grund‐Sätze empört wird; fo wenig ihr
eigen, daß jede körperliche Gewohnheit je‐
des kleine körperliche Bedürfniß, alle ihre
Entfchlüße vernichtet; kann unmöglich ein
vom Körper verfchiedenes Wefen, ein We‐
fen feyn, welches unabhängig vom Körper
fein Dafeyn hat, und eine befondere Sub‐
ftanz ausmacht. **)

4) Man

*) Obfervations upon a Sermon intituled Con‐
futation of Atheifts p. 13.

**) Search after Souls operations p. 13.

44

4) Man findet überall, wenige Fälle
ausgenommen, den Satz durch die Erfahrung bestätigt, daß die Kinder ihren Eltern
nicht nur in Ansehung körperlicher Züge;
sondern auch in Ansehung des Charakters,
der Sitten, des Betragens, und der Den-
kungs-Art ähnlich sind. Man folgert daraus mit Recht, daß Eltern solche Kinder
zeugen, die mit ihnen ähnliche Seelen haben. Wie läßt sich dies denken, wenn nicht
die Seelen materiell, und die Organisation
selbst sind? Wie begreifen, daß eine imma-
terielle Seele die andere erzeuge? Wie annehmen, daß die Seelen der Kinder den Seelen ihrer Eltern von Gott selbst ähnlich gemacht werden? *)

5) Die Beobachtung der Alten, daß
alle Dinge in der Natur mit einander verkettet sind, ist durch die Untersuchungen der
Neuern in der Natur-Geschichte, nicht nur
bestätigt; sondern auch außer allem Zweifel
gesetzt worden. Vermöge dieser Verkettung
steigt die Natur allemahl von dem weniger
vollkommenen, zu dem vollkommenern hinauf, so daß allemahl Aehnlichkeit der Substanz

*) Ebendaselbst p. 172.

ſtantz beybehalten wird. Alle Seelen müſſen folglich einander ähnlich, alle von einerley Natur: folglich alle entweder einfach oder zuſammengeſetzt ſeyn. Einfach können unmöglich alle ſeyn; denn ſo müſſen es auch die Seelen der Polypen, der Meer-Neßeln, und anderer Zoophyten ſeyn. Und eine einfache Polypen-Seele, wer kann ſich die vorſtellen? Wer ſich vorſtellen, daß eine einfache Seele in jedem Theile des Körpers gantz wohne, ſich zertheilen laße, und wachſe? Gleichwohl thut dies die Polypen-Seele; ein jedes abgeſchnittenes Stück vom Polypen lebt, wächſt, und wird zu einem neuen Polypen; es hat alſo ſeine ganze Seele; und dieſe ganze Seele iſt ein Stück desjenigen Polypen, von dem das Stück zuerſt abgeſchnitten wurde. Oder wollen wir etwa ſagen, daß jedes Stück eines Polypen eine eigene Seele habe? Wahrhaftig, die Natur müßte ſehr zur Unzeit mit den Seelen verſchwenderiſch geweſen ſeyn, wenn ſie dem ſo wenig beträchtlichem Geſchöpfe eine ſo ungeheure Menge Seelen, und dem weit wichtigern, ich meyne dem Menſchen, welches ihrer weit mehr bedürfte, nur eine gegeben hätte!

hätte! Und diese Legion Seelen in einem
einzigen Polypen, wie vertragen sich die mit
einander? Empfindet jede für sich? So
kann der Polyp nie mit sich selbst einig seyn,
nie einerley Sache zugleich begehren, einerley Sache zugleich verrichten, er muß nothwendig gleich nach seiner Entstehung umkommen, weil jede Seele nach ihrer Empfindung wird verfahren wollen; und weil so
viele tausend Seelen an verschiedenen Stellen des Polypen unmöglich zu gleicher Zeit
gleiche Empfindungen haben können. Oder
empfindet von der großen Anzahl Seelen nur
die jedesmahl, die ein glücklicher Zufall in
das Gehirn des Polypen gepflanzt hat?
So sind alle übrigen unthätig, überflüßig,
entbehrlich; so muß eine einfache Seele existieren können, ohne zu wirken, das ist, ohne
Seele zu seyn. Hierzu kommt noch, daß
zwischen einfachen und zusammengesetzten
Seelen gar keine Verkettung, gar keine Aehnlichkeit möglich ist; daß folglich, wenn es
einfache Seelen giebt, die Natur in ihren
Werken eine große Lücke gelaßen hat, die
durch nichts ausgefüllt werden kann. Wenn
also Polypen-Seelen nicht einfach sind: so
sind

ſind es auch die menſchlichen nicht; und
wenn bey den Polypen nichts als die Organiſation empfindet, begehret, will: ſo thut
ſie es auch bey den Menſchen. *)

6) Die allgemeine Erfahrung lehrt uns,
daß die bloße Zuſammenſetzung verſchiedener
Arten von Körper, ihnen neue Eigenſchaften
giebt, oder alle raubt, daß folglich alle Arten körperlicher Eigenſchaften und Kräfte
aus der Verſchiedenheit der Zuſammenſetzung,
und der Verſchiedenheit der zuſammengeſetz-
ten Materien entſtehen. Warum wollen wir
von dieſem allgemeinen Natur-Geſetze die
Kraft zu empfinden und zu denken ausneh-
men? Warum ſoll ſie allein das unerwie-
ſene Vorrecht haben, nicht aus der Zuſammenſetzung zu entſtehen? Oder wißen wir
etwa nicht gewiß genug, daß dieſe Kraft
nie anders als bey einer gewißen animali-
ſchen Struktur der Körper angetroffen wird?
Nicht gewiß genug, daß man noch nie einen
empfindenden Stein, einen empfindenden
Baum geſehen hat? Nicht gewiß genug,
daß das Vermögen zu empfinden mit der

Orga-

*) Anmerkungen und Zweifel über das Weſen der
menſchlichen und thieriſchen Seele.

Organiſation aufhört, ſo wie es mit ihr
entſteht? Nicht gewiß genug, daß das
Küchlein im Ey, der Embryo im Mutterleibe blos deswegen noch nicht empfinden,
weil ihre Organiſation noch nicht ausgebil-
det iſt; daß das todte Thier blos deswegen
zu empfinden aufhört, weil die Organiſation
zerſtört iſt? Folgt nicht hieraus nothwendig, daß Empfindung eine Folge der Organiſation, nicht die Kraft eines vom Körper
verſchiedenen Weſens iſt? *)

7) Denken iſt ein Modus des Menſchen; ein Modus kann der eine Subſtanz,
ein vom Körper verſchiedenes Weſen ſeyn? **)

Dies ſind die vornehmſten Gründe, die
ich bisher vor die Denkkraft der Organiſation gefunden, und ſo wie ich ſie gefunden,
am überzeugendſten gefunden, vorzuſtellen
mich bemühet habe. Man weiß, daß die
Gegen-Parthey bey ihnen noch manches zu
erinnern findet, daß ſie folglich bey weitem
noch nicht das Anſehen unwiderleglicher Beweiſe erhalten haben. Auch in dieſer Streitigkeit

---

*) Helvet. de l'homme tom. I. p. 89. ſqq.
**) Ebendaſelbſt p. 96.

tigkeit würde man dem Punkte der Entscheidung näher gerückt seyn, wenn man sie or-
dentlich geführet, und Gründe und Gegen-
gründe richtig und scharf gegen einander abgewogen hätte. So aber, da ein großer
Theil der Materialisten zu bequem gewesen
ist, die Einwendungen ihrer Gegner gehörig
zu untersuchen; zu sektirerisch sie anders als
durch Spöttereyen zu beantworten; da ein
kleinerer Haufe wegen ihrer eigenen Ruhe zu
furchtsam gewesen ist, sich in diesen Streit
einzulaßen; so, sage ich, stehen wir noch
immer fast so gut als am Eingange dieser
Untersuchung, und werden wahrscheinlich
nicht eher weit darin fortrücken, als biß die
Religion und ihre Diener entweder gar keine
Philosophen, oder zu gute Philosophen seyn
werden, um von einer metaphysischen Spekulation auf die ewige Verdammniß; von
einem bloß theoretischem Satze, auf die Ver-
derbniß des Herzens zu schließen. Was
man diesen materialistischen Schlüßen entgegen setzen kann, will ich jetzt vorlegen; und
dann die Folgerung ziehen, die nach der jetzigen Lage der Sachen nicht nur die richtigere,
sondern auch die billigere scheinen wird.

II. Theil.   D   Die

Die Seele, sagte man, richtet sich in allen Stücken nach dem Körper, sie kann nichts ohne den Körper; sie hängt also gänzlich vom Körper ab; sie ist also vom Körper nicht verschieden — Diesen Schluß würde ich für vollkommen überzeugend halten, wenn nicht folgende unausgemachte Säße darin angenommen würden: zwo Erscheinungen, die sich vollkommen nach einander richten, setzen Identität der Substanz voraus; die Sympathie des Körpers und der Seele kann nicht anders Statt finden, als wenn beyde nur eine Substanz sind; die Seele selbst leidet an ihren Kräften durch die Beschädigung des Körpers.

Wein und Waßer werden zusammengegoßen, leiden in dieser Vermischung beyde einerley Veränderungen zu gleicher Zeit; das Waßer bewegt sich nicht ohne den Wein, erwärmt sich nicht ohne den Wein, gefriert nicht ohne den Wein; ist darum das Waßer Wein? Zwo durch die engste Freundschaft, oder die aufrichtigste gegenseitige Liebe verbundene Persohnen, freuen sich mit einander, betrüben sich mit einander, haben einerley Freunde, und Feinde; mit einem
Worte,

Worte, scheinen eine Seele in zween Kör=
pern zu seyn; sind sie darum eine oder zwo
Persohnen? Kann man also schließen: die
Seele richtet sich nach den Veränderungen
des Körpers, also ist sie vom Körper nicht
unterschieden? Muß man nicht vielmehr
den Schluß, wenn er vollkommen schließend
seyn soll, so einrichten: die Seele richtet sich
nach den Veränderungen des Körpers, dies
aber ist nicht möglich, wenn nicht die Seele
der Körper selbst ist, also besteht die Seele
in weiter nichts als der Organisation?

Diesen Satz; die genaue Sympathie der
Seele mit dem Körper kann nicht anders
gedacht werden, als wenn die Seele die Or=
ganisation selbst ist, nimmt man stillschwei=
gend an, aber ohne ihn im geringsten zu be=
weisen, vielleicht weil man fühlt, daß er sich
nicht mit aller Strenge beweisen läßt. Kann
denn nicht der Körper auf die Seele wirken?
nicht die Seele so beschaffen seyn, daß sie
zur Perception, gewißer körperlicher Ein=
drücke bedarf? daß sie ihre Kräfte nicht
anders als durch gewiße körperliche Werk=
zeuge ausüben kann? Welcher Materialist
würde den Schluß billigen; der Bildhauer

kann

kann ohne Meißel nichts, er arbeitet schlecht,
wenn seine Werkzeuge stumpf, gut, wenn
sie scharf sind; mit einem Worte, seine Arbeit richtet sich vollkommen nach seinen Werkzeugen; also sind Bildhauer und Meißel eine
und dieselbe Sache?

Aber die Seele ist einfach, kann als einfaches Wesen vom Körper nichts leiden!
So schließt man fast immer, und glaubt
nun siegreich erwiesen zu haben, daß eine
so genaue Sympathie nicht anders seyn
kann, als wenn die Seele die Organisation
ist. Sahe man denn nicht, oder wollte
man denn nicht sehen, daß hieraus weiter
nichts folgt, als daß die Seele nicht einfach
seyn kann; aber bey weitem noch nicht, daß
sie die Organisation seyn muß? War es
möglich, die ungeheure Lücke in der Folgerung nicht gewahr zu werden: die Seele sim-
pathisiert mit dem Körper, dies kann eine
einfache Seele nicht, also ist die Seele nicht
von der Organisation verschieden?

Allein die Seele soll ja eine Substanz
seyn; sie muß ja also auch ihre Kräfte für
sich haben, für sich wirken, und da sie das
nicht

nicht kann: so ist sie auch keine Substantz. Der Bildhauer ist ja eine Substantz, muß also auch für sich seine Kräfte haben, für sich wirksam seyn können; und da er ohne Werkzeuge nichts kann: so ist er auch keine Substantz. Er kann aber ohne Werkzeuge andere Dinge verrichten. — Als Bildhauer nicht, und folglich ist er als Bildhauer eine Modifikation seiner Instrumente. Eben so kann auch die Seele als Seele, als Seele eines solchen Körpers, nichts ohne diesen Körper, ohne daß sie darum eine Modifikation dieses Körpers nothwendig seyn muß.

Etwas muß sie doch wenigstens für sich verrichten können, nicht so gantz von dem Körper in ihren eigenthümlichen Kräften gehindert, und geschadet werden — Und wer sagt denn, daß sie würklich durch körperliche Krankheiten beschädigt wird? — die Erfahrung — die Erfahrung? die sagt so manches, was man sie gern will sagen laßen, und wovon ihr gar nicht eine Sylbe eingefallen ist: sollte das nicht auch hier der Fall seyn? Daß die Seelen-Kräfte nicht so gut wie sonst wirken, wenn der Körper krank oder schwach ist, daß manche Verrich-

tungen

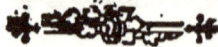

tüngen der Seele gantz gehemmt werden,
wenn der Körper beschädigt wird; das sagt
die Erfahrung; aber daß die Seele selbst beschädigt wird, davon sagt sie kein Wort. —
Wenn die Hinderung der wesentlichsten Seelen-Kräfte nicht Beschädigung der Seele
selbst ist, so weiß ich nicht was Beschädigung ist — Wenn die Hinderung der
Schwere, durch Aufhängung des schweren
Körpers, nicht Beschädigung der Schwere
selbst ist: so weiß ich nicht was Beschädigung ist — Aber Verrückungen, Verlust
des Gedächtnißes, Tollheit, sind doch wol
Beschädigungen der Seele? — Gehalten
werden sie freylich dafür; aber ob sie es sind,
das ist noch eine andere Frage?

Wie wenn man die Aufhebung des Denkens und Bewußtseyns bey gewißen körperlichen Beschädigungen auf folgende Art erklärte? Gedanken sind nichts als Modifikationen der Seele; Modifikationen kann
sich die Seele nicht selbst geben, sie muß sie
sich durch eben die Werkzeuge geben laßen,
durch die sie zuerst von außen Eindrücke bekömmt. Alle Gedanken also müßen nothwendig aufhören, so bald das Gehirn durch
gewiße

gewiße äußere Ursachen in Unthätigkeit versetzt wird, und diejenigen Bewegungen nicht
annehmen kann, die dazu erfordert werden,
Vorstellungen in der Seele hervorzubringen.
Die Seele selbst wird durch die Hemmung
aller ihrer Gedanken durch körperliche Ursachen eben so wenig beschädigt, als ein
Spiegel etwas von seinen eigenthümlichen
Kräften, und wesentlichen Eigenschaften ver-
liert, wenn man ihn durch einen Hauch
außer Stand setzt, die Bilder fremder Gegenstände darzustellen.

In der Verrückung des Verstandes aber
werden doch unleugbar wesentliche Kräfte der
Seele, und also auch die Seelen selbst beschädigt! Keinesweges; denn die Seele
fährt fort Ideen zu haben, zu denken, zu
urtheilen, zu schließen; nur die Ordnung
und Verbindung der Gedanken unterscheidet
den wahnsinnigen von den vernünftigen.
Er urtheilt und schließt entweder nach falschen Grund-Sätzen richtig; oder er geht
von einer Sache zur andern über, ohne die
Mittel-Ideen zu berühren, die in den Köpfen anderer Menschen zwischen den beyden
äußersten liegen. Beydes kann ohne die ge-

D 4   ringste

ringste Beschädigung der Substanz der Seele, blos durch die unordentliche Bewegung gewißer Organe geschehen, beydes muß nothwendig ohne Beschädigung der Seele geschehen, so bald man annimmt, daß die Seele nur durch gewiße Organe Ideen erhalten kann. Denn man laße sich diese Organe durch körperliche Unordnungen unordentlich bewegen: so muß die Seele, nothwendig die ihnen entsprechenden Vorstellungen erhalten, muß folglich unordentlich, oder nach falschen Grund-Sätzen schließen. Soll aber die Seele dieß nicht, soll sie gar von den Unordnungen des Körpers nichts leiden: so muß man sie als ganz vom Körper unabhängig annehmen, annehmen, daß die Sinne nicht unvermeidlich Eindrücke auf sie machen, annehmen, daß die Organe ihr nur dann Ideen mittheilen müßen, wenn sie es für gut findet, welche anzunehmen; kurz, annehmen, daß sie ganz frey und durch keine physische Bande genöthigt ihren Körper bewohne, das ist, nicht Seele dieses Körpers, nicht mit diesem Körper wider ihren Willen verbundene Seele sey.

Die

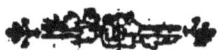

Die Seele wird ja aber durch Körper gestärkt! — Die Seele? — Davon sagt keine Erfahrung, und kann keine Erfahrung
sagen — Doch die Kräfte der Seele? —
Auch davon sagt keine Erfahrung, sie sagt
nichts mehr und nichts weniger, als daß
wir uns munterer fühlen, beßer und leichter
denken, wenn wir unsern gehörigen Unter-
halt haben, als wenn wir fasten. Und dies
kann entweder daher kommen, daß die Seele
selbst durch die Nahrung gestärkt wird, oder
auch daher, daß die Werkzeuge der Seele
aufgefrischt, und zu neuen Bewegungen geschickt gemacht werden. Der Materialist
zeige, daß das letzte nicht ist, und wir wollen ihm das erste einräumen.

Die Seele steht unter der Herrschaft körperlicher Leidenschaften und Begierden! —
Das muß sie als Seele dieses Körpers, und
wenn sie auch mehr als ein Engel wäre.
Um vor die Erhaltung des Körpers zu sorgen, muß sie seine Bedürfniße fühlen, sich
von diesem Gefühle zu ihm gemäßen Handlungen bewegen laßen, also der mächtigern
Stimme körperlicher Anreizungen folgen —
Folgen zwar, aber nicht sklavisch folgen,

D 5 nicht

nicht gegen ihre beßern Einsichten folgen. —
Also muß sie ganz frey seyn, es muß in ihrer Macht stehen, körperliche Gefühle zu
schwächen, zu stärken, zu hindern; denn
sonst ist es unmöglich, daß sie sich nicht von
dringenden Bedürfnißen des Körpers hinreißen, und von lebhaften Empfindungen
besiegen laße. Und wenn sie denn nun so
ganz frey ist; so ist sie nicht Seele dieses
Körpers, nicht Fürsorgerin und Beherrsche-
rin dieser Maschine mehr.

Eltern zeugen Kinder, die ihnen am Leib
und Seele ähnlich sind — Ich fürchte, in
den meisten Fällen wird diese Beobachtung
nicht Probe halten, in den meisten Fällen
werden die Kinder großer Leute, gewöhnliche
Köpfe, die Kinder gewöhnlicher oft auch
einfältiger Leute, große Genies; die Kinder
ehrlicher Leute, Betrüger, und die Kinder
der Betrüger, ehrliche Leute seyn. Wäre
dies nicht: so müßten große Geistes-Gaben,
große moralische Tugenden; so wie im Gegentheil Einfalt und Bosheit in den Fami-
lien erblich seyn. Und gesetzt auch, die
Aehnlichkeit zwischen Eltern und Kindern ist
so groß, als sie nur immer der Materialist
anneh-

annehmen kann; so hat er noch nichts für
seine Sache gewonnen; denn es frägt sich
noch immer, ob sie angeerbt, oder angenommen ist? Das letzte möchte aber noch immer das wahrscheinlichste bleiben, da wir so
unzählige viele Beyspiele haben, daß Kinder
und junge Leute sich nach den Mustern derer
bilden, mit denen sie am meisten umgehen,
und die sie am vorzüglichsten hochschätzen.
Gesetzt aber auch, dies wäre falsch: so ent-
stünde noch die Frage, ob diese Aehnlichkeit
von der Organisation, oder der Seele selbst
käme? Eltern, würde man sagen, übertragen in die Körper ihrer Kinder eine Aehnlichkeit der Organisation, und nach dieser
Organisation richten und bilden sich die Seelen der Kinder.

Polypen leben und empfinden durch die
bloße Organisation, also auch die Menschen. — Die Folgerung möchte ich gern
schärfer erwiesen sehen; denn von einem
Polypen auf den Menschen, von einem Wesen, dessen würkliche mit Bewußtseyn verbundene Empfindung noch bezweifelt wird,
auf ein Wesen, das unleugbar mit Bewußtseyn empfindet; von einem Wesen, das allen
Erfah-

Erfahrungen nach nur empfindet, auf ein
Wesen, welches auch zugleich denkt, zu
schließen, das dürfte doch nach den Vorschriften einer rechtgläubigen Logik ein wenig zu rasch seyn — Die Verkettung aller
Wesen in der Natur rechtfertigt diese Folgerung — Diese Verkettung, deren Gränzen und Gesetze man nicht genau kennt, von
der man nicht weiß, ob sie auch durchgängig
in allen Theilen des großen Weltgebäudes
hat beobachtet werden sollen; ob sie auch
würklich in der Natur so ist, als unsere Abstraktion sie uns vorstellt; ob sie mehr ein
Hirngespinst des überall Aehnlichkeit suchen-
den und findenden Geistes, als ein Werk der
Natur ist; diese Verkettung, sollte zum strengen Beweise eines vielen Zweifeln ausgesetz-
ten Satzes dienen können! O Logik, und
Aristoteles! Vernünftig und unvernünftig,
sind einander gerade entgegengesetzt, können
also nicht verkettet werden; also sind auch
die Menschen nicht vernünftig, weil es die
Polypen nicht sind; oder umgekehrt, also
sind auch die Polypen vernünftig, weil es
die Menschen sind! Einfache und zusammengesetzte Seelen sind entgegengesetzt, kön-

nen

nen also nicht verkettet werden, also find
Menschen-Seelen zusammengesetzt, weil es
Polypen-Seelen sind. O Logik und Ari-
stoteles!

Ist es denn aber auch schon so gantz gewiß, daß im Polypen nichts als die Organisation lebt, nichts als die Organisation
empfindet? Ist es so gantz ungereimt und
lächerlich zu sagen, daß in einem Polypen
mehrere Seelen wohnen? *) Zwar sonderbar, unbegreiflich für uns, die wir nur eine
Seele haben, in allen uns mehr bekannten
Thieren nur eine Seele beobachten; nicht
begreifen können, wie und wozu in einem
einzigen Körper Legionen Seelen wohnen
können; aber darum auch unmöglich? Laßt
uns sehen! Der Polyp muß als organisierte
und empfindende Materie doch allemahl einen gewißen Mittelpunkt aller Empfindungen, einen Ort an sich haben, wo alle von
außen gemachte Eindrücke hingetragen wer-
ben; das ist, ein Gehirn, oder etwas dem
Gehirne ähnliches. Denn gantz Gehirn
kann er unmöglich seyn, weil Empfindungen
des

*) Bonnet Confiderations fur les Corps orga-
niſés tom. II. chap. 3.

des Hungers, der herannahenden Beute,
und des Lichtes, bey ihm, so wie bey uns
und andern Thieren, verschieden seyn müß-
sen, um die verschiedenen ihnen angemeße-
nen Bewegungen in ihm hervorzubringen:
weil folglich auch die Canäle dieser Empfindungen von einander verschieden, und an
verschiedenen Orten des Körpers befindlich
seyn müßen. Und diese verschiedenen Empfindungen müßen sich an einem gemeinschaftlichen Platze versammlen, weil er sonst
sich nicht nach ihnen richten kann, weil sein
Magen Nahrung begehren würde, ohne daß
die Arme sich nach ihr ausstreckten, oder die
Arme Nahrung haschen, und dem Munde
zuführen würden, ohne daß der Magen sie
verlangte. Ein solches gemeinschaftliches
Sensorium kann bey jedem einzelnen Polypen nur eins, aus dem eben angeführten
Grunde, gedacht werden. Nun zerschnei-
det man den Polypen, und siehe aus jedem
Stücke wird ein neuer Polyp, der gleichfalls
sein eigenes gemeinschaftliches Sensorium
hat. Wie ist dies zu erklären? Offenbahr
nicht anders, als daß in jedem abgeschnitte-
nem Theile schon die Anlage zu einem künftig
aus-

auszubildenden Sensorio lag. Der Polyp
ist also eine Sammlung von Keimen und
Anlagen künftiger Empfindungs-Mittel-
punkte; und da er das ist, warum soll er
nicht auch eine Sammlung sich künftig entwickelnder Seelen seyn? So ungereimt es
ist, ein Thier zu denken, das in jedem seiner
Theile einen Keim zu einem gemeinschaftlichen Sensorio enthält; eben so ungereimt
ist es auch, ein Thier zu denken, das Sa-
mien sich künftig entwickelnder Seelen in sich
schließt. Und da man das erste annehmen
muß, warum will man sich gegen das letzte
sträuben? Aber die unnöthige Verschwendung der Seelen! — Und die unnöthige
Verschwendung der allgemeinen Sammel-
plätze der Empfindung! So wenig wir berechtigt sind, es der Natur als unnöthige
Verschwendung anzurechnen, daß sie Sen-
soria schuf, die sich vielleicht nie ausbilden,
Saamen von Pflanzen, die nie Pflanzen werden; Eyer von Fischen und Thieren; die
sich nie zu Fischen und Thieren entwickeln;
eben so wenig dürfen wir es ihr zum Fehler
machen, daß sie einem Thiere eine Menge
Seelen gab, davon sich vielleicht nicht die

Hälfte

Hälfte zu empfindenden Seelen hinauf
schwingt. Wir machen immer eine sehr
elende Figur, wenn wir von den Fehlern
der Natur reden, und meßen ihre unermeß-
lichen Plane mit dem verjüngtem, sehr oft
auch verkehrtem Maaßstabe, unserer kleinen
einseitigen Ideen.

Die Zusammensetzung der Materie giebt
und nimmt körperliche Kräfte. — Das mag
sie immerhin, immerhin noch weit mehrere
und wunderbarere Kräfte geben, als wir je
mit unsern myopischen Augen übersehen
können; folgt denn schon daraus, daß sie
einige Kräfte giebt, dies, daß sie alle
giebt? — Das Leben und Empfinden findet sich aber nur bey Körpern von einer gewißen Zusammensetzung! — Weil nur
Körper von einer gewißen Zusammensetzung
ein gemeinschaftliches Sensorium, Beweglichkeit und Biegsamkeit genug zur Empfan-
gung und Fortpflanzung der von außen gemachten Eindrücke haben können; nicht aber,
weil gerade eine solche Zusammensetzung das
Vermögen zu empfinden hervorbringt. —
Die Empfindung entsteht und vergeht mit
der Organisation — Weil durch die Bil-

dung

dung und Vernichtung dieser Organisation
die Aufnahme und Fortpflanzung der Eindrücke zum gemeinschaftlichem Sensorio be-
fördert, oder aufgehoben wird, nicht weil
von dieser Organisation die Empfindung
selbst, und das Bewußtseyn abhängen.

Denken ist ein Modus des Menschen,
und ein Modus ist keine Substanz. — Das
soll er auch nicht seyn. Wer hat denn je
gelehrt, daß das Denken eine Substanz ist?
So soll, wie der angebliche Helvetius am
oben angeführten Orte sagt, ein Engelländer
geschloßen haben; mir ist es immer wahrscheinlicher, daß es ein Franzose war. Doch
vielleicht liegt der Sinn dieses Schlußes
tiefer, als man es anfangs vermuthen sollte; vielleicht wollte sein Erfinder damit so
viel sagen: denken ist ein Modus des Menschen; der Mensch ist Materie, also denkt
die Materie. Oder so viel: denken ist ein
Modus des Menschen; ein Modus ist keine
Substanz, also dürfen wir nicht fragen, ob
eine von der Organisation verschiedene Substanz denkt. Aber auch so würde dieser
Schluß mehr eines Sophisten würdig seyn,
der Verblendung, als eines gründlichen

II. Theil.   E   Den-

Denkers, der Ueberzeugung sucht. Denn
da noch darüber gestritten wird, ob der
Mensch gantz Materie ist, oder nicht: so
kann man unmöglich aus dem streitigen das
streitige beweisen, ohne in jenen großen Fehler zu verfallen, den schon Aristoteles peti-
tio principii genannt hat. Und da noch
nicht ausgemacht ist, ob der Mensch weiter
nichts als organisierte Materie, oder auch
zugleich ein aus organisierter Materie, und
einem von der Organisation verschiedenen
Wesen besteht: so dürfen wir diese Untersuchung nicht mit einem schnöden, das Denken ist ein Modus des Menschen, zurück-
weisen.

So sind denn also die materialistischen
Beweise nicht das, wofür man sie gemeiniglich ausschreit, nicht unwiderlegliche, auf
Erfahrungen unmittelbar und unbeweglich
gebaute Schlüße; oder wenn sie es sind; so
sind sie doch wenigstens in dieser Gestalt,
noch von denen, die ich bisher gelesen habe,
noch nicht in dieser Gestalt aufgeführt worden. Das, glaube ich, erhellet aus den
bisherigen Betrachtungen, daß sie zwar
Schein, blendenden Schein für sich haben;

daß

daß wir ihnen trauen könnten, wenn ihnen nicht andere, wo nicht noch wichtigere, doch wenigstens eben so wichtige Gründe entgegen stünden. Und diese Gründe, die da beweisen, oder wenn man lieber will, zu beweisen scheinen, daß nicht die Organisation allein in uns denkt, sind folgende:

1) Wir sind uns bewußt, daß wir seit vielen Jahren noch eben diejenigen sind, die ehemahls gewiße Handlungen verrichteten, und gewiße Schickfale erfuhren. *) Falsch, sagt man, dies Bewußtseyn einer vollkommenen Identität haben wir nicht, und wir betrügen uns selbst, wenn wir es zu haben glauben. **) Falsch, sage ich auch; denn auf das Bewußtseyn einer vollkommenen Identität baue ich hier nichts; nur das wünschte ich mir nach allen Erfahrungen eingeräumt, daß wir mit vollkommener Ueberzeugung wißen, daß wir selbst, und keine andern Persohnen es waren, die vor zehn, zwanzig, oder mehr Jahren an dem

E 2 und

*) Reimarus natürl. Religion. Abhandl. VI. §. 2. sqq. gebraucht diesen Beweis gleichfalls, aber auf eine etwas andere Art.

**) Meiners vermischte Schriften, Band II.

und dem Orte waren, mit den und den Gegenſtänden ſich beſchäftigten; unter ſolchen
und ſolchen Umſtänden lebten. In der
Reihe von Jahren, die zwiſchen gewißen
Begebenheiten unſers Lebens verfloßen ſind,
ſind in und an uns große Veränderungen
vorgegangen; wären dieſe ſo allgemein, daß
an uns von unſern ehmahligen Theilen nichts
übrig geblieben wäre: ſo könnten wir uns
unmöglich überzeugen, daß wir ſelbſt es ſind,
die ehemahls dies oder jenes vornahmen,
wie könnte dieſe Ueberzeugung fortdauern,
wenn alle diejenigen Theile von uns, in denen und durch die wir ſie hatten, verlohren
gegangen ſind? Sollen ſich etwa immer
neu hinzu kommende Theile an die Stelle
der abgehenden unvermerkt ſetzen, und dadurch das Andenken an unſere vormaligen
Begebenheiten erhalten? Sagen läßt ſich
dies leicht, aber ſchwer begreiflich machen,
und noch ſchwerer beweiſen. Denn vermöge des Geſetzes des Nicht zu unterſcheidenden,
werden nicht gerade dieſelben Theile an die
Stelle der abgehenden, nicht gerade in derſelben Ordnung und Verbindung mit den
angränzenden, an ihre Stelle geſetzt: ſie
kön-

können also auch nicht das Andenken an dieselbe Sache erhalten. Geſetzt diejenigen Theile von mir, die ſo geſtellt, als ſie jetzt liegen, das Andenken von dem aufbewahren, was ich geſtern gethan und gedacht habe, gehen nach einigen Jahren verlohren; es kommen neue, aber nicht dieſelben, und nicht in derſelben Stellung, an ihren Platz, kann da noch das Andenken an die Begebenheiten dieſes Tages erhalten werden? Iſt es möglich mich zu erinnern, daß ich gerade um dieſe Zeit an dieſe Materie dachte, von dieſer Materie ſchrieb? Es iſt alſo unmöglich, daß wir uns an unſere vorigen Jahre erinnern, und mit vollkommener Ueberzeugung wißen können, daß wir diejenigen ſind, die vormahls dies oder jenes thaten, wenn nicht in uns etwas iſt, das unter allen unſern Veränderungen immer unverändert fortdauert. Nun aber iſt dies nicht unſer Körper, denn der verändert ſich nach Sanktorius Beobachtungen, und Bernoullis genauern Berechnungen in 11 Jahren ſo ſehr, daß nicht der 50ſte Theil des vorigen Körpers übrig bleibt. *) Alle 11 Jahre alſo

E 3　　　　　mußten

*) Reimarus natürl. Religion Abhandl. VI. p. 435.

müßten wir eine neue Periode des Lebens
anfangen; alle 11 Jahre uns gantz neue
Wesen zu seyn glauben; alle 11 Jahre unsere vorigen Schickfale gantz vergeßen: und
wir erinnern uns doch der Dinge, die vor
20, 30, und mehr Jahren mit uns vorgegangen sind; wißen gantz genau, daß sie
mit uns selbst, nicht mit einer andern fremden Persohn sich zugetragen haben, wißen
dies so fest, als ob es erst heute geschehen
wäre? Es folgt also, daß das Wesen in
uns, welches dies alles weiß, immer unverändert dasselbe bleibt, das ist, daß es von
dem Körper und seiner Organisation verschieden ist.

2) Wir fühlen auf das einleuchtendste,
daß wir unsere Ideen stellen und ordnen können, wie wir wollen, und daß es in unserer Macht steht, von einer einzigen gegenwärtigen zu gantz verschiedenen abwesenden
überzugehen; vom Aristoteles zu Alexander
dem Großen, zum Plato, zum Theophrast,
zum Alexander Aphrodisäus; und zu vielen
andern mehr. Soll nun dieser Uebergang
eine Folge der Organisation seyn: so muß er
durch eine Bewegung der Organe bewerkstelligt

stelligt werden; ist er eine Bewegung: so
muß er sich auch nach den Gesetzen der Bewegung richten; muß er sich nach den Gesetzen der Bewegung richten: so muß er auch
in jedem individuellem Falle völlig bestimmt,
das ist, völlig unmöglich seyn. Denn eine
vorhergehende individuelle Bewegung kann
nach den Gesetzen der Bewegung nicht mehr
als eine einzige individuelle Bewegung in
einem andern Körper hervorbringen; weil
eine individuelle Ursache unmöglich mehr als
eine einzige individuelle Wirkung erzeugen
kann. Sie müßte eine zureichende und nicht
zureichende Ursache zugleich seyn können,
wenn sie mehr als eine einzige bestimmte
Wirkung auf einmahl hervorzubringen im
Stande wäre. Eine zureichende, weil sie
alles enthält, was dazu erfordert wird,
diese und keine andere Wirkung darzustellen;
eine nicht zureichende, weil sie diese Wirkung
auch nicht hervorbringen kann, und also das
alles nicht in sich hat, was zu dieser Wirkung erfordert wird. Der Satz, eine individuelle Bewegung kann nur eine einzige andere hervorbringen, ist so richtig, und so
sehr auf Erfahrungen gegründet, daß alle

E 4   mathe-

mathematiſchen Berechnungen von Bewegungen ſich auf ihn ſtützen. Iſt er falſch,
wie kann denn der Mathematiker aus der
gegebenen Direktion eines bewegten Körpers, und der Lage eines ruhenden, die
Richtung finden, die der ruhende nehmen
muß, wenn er von dem bewegten aus der
Ruhe gebracht wird? wie beweiſen, daß aus
zwo entgegengeſetzten Bewegungen gerade die
in der Mitte liegende entſtehen muß? Iſt
alſo der Ideen-Gang bloß eine Folge der
mechaniſchen Bewegung der Organe; ſo
müſſen die Ideen immer nach einer einzigen
unveränderlichen Ordnung fortgehen, es
muß uns unmöglich ſeyn, von einer gegebenen Idee zu mehreren ganz verſchiedenen,
nicht gegebenen überzugehen, unmöglich,
die Ordnung der Ideen zu ändern, unmöglich, in dem einmahl angefangenen Laufe
nicht fortzufahren. Da nun aber dies gegen die Erfahrung iſt: ſo folgt, daß ein von
dem Organen-Baue verſchiedenes Weſen in
uns wohnt, welches den Lauf der Ideen
ordnet, und beſtimmt.

3) Wir können vor langer Zeit gehabte
Ideen wieder zurück rufen, und ſie als ſchon
gehab-

gehabte erkennen. Soll dies eine Folge der
Organisation seyn: so muß man mit den
Materialisten annehmen, daß an einem gewißen Orte unsers Körpers Spuren, oder
Eindrücke von den ehemahls gehabten Ideen
zurückbleiben. *) Nun aber wißen wir,
daß der Körper sich stets verändert; daß mit
dem Abgange alter Theile auch alte Spuren
sich ändern, und mit der Hinzukommung
neuer Theile entweder neue Spuren gemacht,
oder alte verlöscht werden; wir wißen also
auch, daß alles Andenken an ehemahlige
Begebenheiten nach Verlauf einiger Jahre
verlohren gehen muß. Verlohren gehen?
Auch denn noch verlohren gehen, wenn die
alten Spuren immer durch die neue Materie
erhalten werden? Auch dann noch, wenn
sie durch das öftere Erinnern an eine Sache
stets aufgefrischt werden? — der Beweis! — weil wir sonst nichts behalten
könnten — das heißt ja aber das ungewiße durch das ungewiße beweisen, denn
hier ist eben die Frage, ob das Behalten
durch Gehirn-Spuren möglich ist. Aus
der Erfahrung kann man hierüber nichts

E 5   sagen,

*) La Mettrie traité de l'ame p. 130. sqq.

sagen, denn kein Anatom und Phyſiolog
wird uns je aus dem Augenſcheine, oder andern verwandten Erfahrungen darthun können, daß die alten Gehirn = Spuren im 60ſten
Jahre noch eben dieſelben ſind, die ſie im
15ten waren. Was ſagt man alſo mit dieſem Einwurfe? Gerade nichts, weil man
ihn durch Nichts erhärten kann. Da er
aber doch etwas an ſich bey dem erſten Anblicke mögliches ſcheint: ſo liegt es mir ob,
zu zeigen, daß er ungegründet, unmöglich
iſt. Alſo die Erhaltung alter Gehirn = Spuren, oder Fibern = Biegungen, oder Modifikationen der Lebens = Geiſter, oder — was
weiß ich, wie man es alles nennt, und künftig nennen wird? — Dies alles nun, es
habe Nahmen wie es wolle, ſoll Urſache
ſeyn, daß wir alte Ideen behalten. Und
nun frage ich, erhalten ſich alle Spuren im
Gehirne, oder nur einige? Alle? So
müßen wir uns aller ehmaligen Gedanken
bis an das Ende unſers Lebens erinnern
können. Einige? So können ſie ja verlöſchen, und müßen ja wegen der ſteten Veränderungen des Gehirns verlöſchen. Und
unter den vielen die ſich erhalten können,
warum

warum erhalten sich, gerade diese und keine
andern? Geschieht es nach den Gesetzen
der übrigen Nutrition: so müssen sich entweder alle oder gar keine erhalten, weil sich
entweder alle neue hinzukommende Theile
gerade in die alte Lage wiedersetzen, oder
auch gar keine; weil das Gehirn, gleich dem
ganzen übrigen Körper, nach einem einfachen mechanischen Gesetze ernährt werden
muß. Geschieht es nicht nach diesen Gesetzen, wer gab dem Gehirn das Privile-
gium anders, als der ganze übrige Körper
ernährt zu werden? Wer einigen Spuren
das Vorrecht, sich vor allen andern zu erhalten? — Ja das thut das öftere Andenken an einerley Sache! — Neue Ausflucht, neue Schwierigkeit, wo nicht gar
neue Unmöglichkeit. Soll das Andenken
an eine vorige Sache eine alte Spur erhalten: so muß dies Andenken nothwendig allemahl denn geschehen, wenn ein alter Ab-
gang neu ersetzt wird, denn das Andenken
kann da nicht wirken, wo es nicht ist.
Also müßen wir, um das Andenken an eine
Reise, die wir vor 30 Jahren gemacht haben, zu erhalten, entweder unaufhörlich an
die-

diese Reise benken, oder nur dann daran
denken, wenn gerade in der Gegend des Gehirns, wo diese Spur ihren Sitz hat, eine
Veränderung vorgeht? Das erste ist offen-
bar falsch, und das letzte offenbahr ungereimt; denn wer hat je von einem Wecker
im Gehirn gehört, der die Seele antreibt,
gerade denn an eine Sache zu denken, wenn
ihre Spur im Gehirn im Begriff ist zu
verlöschen? Erste Schwierigkeit. Zugegeben, daß durch das öftere Andenken alte
Spuren erhalten werden, was folgt daraus? Daß auch das Bewußtseyn, dies ist
gerade die Idee, die wir vor 30 Jahren hatten, dadurch erhalten wird? weit gefehlt;
nichts weiter, als daß die Idee in 30 Jahren nicht wieder verlöscht, daß wir sie in
dem ganzen Zeitraume erneuern können, so
oft wir wollen. Eine ehemahls schon gehabte Idee jetzt wieder haben, und wißen,
daß es eine alte Idee ist, sind himmelweit
von einander verschiedene Dinge; so verschieden, daß wir gar wol alle unsere alten
Kenntniße unser ganzes Leben hindurch beybehalten, und doch nicht wißen könnten,
daß es alte Kenntniße sind. Hat denn der

Mate-

Materialist nie an sich bemerkt, daß er
manchmahl Ideen für ganz neu und unbekannt gehalten hat, die er doch vorher schon
mehr als einmahl gehabt hatte? Nicht bemerkt, daß wir manchmahl eine Beobachtung, eine Entdeckung erst jetzt zu machen
glauben, die wir hernach in dem Verzeich-
niße unserer Gedanken schon vor Jahren gemacht finden? Die Spuren mögen also immer erhalten werden: so wird doch dadurch
die Erinnerung nicht erhalten, ja sie wird
so wenig erhalten, daß sie vielmehr eben dadurch ganz aufgehoben werden muß. Aufgehoben, weil durch die stete Anfrischung
die Spur stets neu, und also auch die Idee
unter dem Charakter der Neuheit bleibt;
aufgehoben, weil die stete Auffrischung alle
Merkmahle vernichtet, dadurch man das
Alter ihres Ersten Eindrucks bestimmen
konnte. Zwote Schwierigkeit. Spuren
mögen immerhin Ideen im Gedächtniße erhalten können; können sie denn darum auch
die Zeit erhalten, da der Eindruck zuerst gemacht wurde? Eine Spur im Gehirn mag
mir immerhin sagen können, daß ich einmahl in Hamburg gewesen bin; kann sie
dar-

darum auch fagen, daß dies gerade vor
10 Jahren war? Auch fagen, daß ich an
eben dem Orte zu ſeht verſchiedenen Zeiten
geweſen bin, und jedesmahl etwas anders
da bemerkt habe? Wie eine Spur eine Zeit,
und eine Spur verſchiedene Zeiten angeben
kann, das hat noch kein Materialiſt ſagen
können, und wird es auch wahrſcheinlich nie
ſagen können. Dritte Schwierigkeit. Die
Spuren und mit ihnen die Ideen erhalten
ſich durch die öftere Anfriſchung, alſo können wir uns unmöglich anderer Dinge erinnern, als ſolcher, an die wir oft denken.
Und doch iſt unſer Gedächtniß Sonderling
genug, uns zum trotze dieſes feſten Schluſ-
ſus manchmahl Ideen dårzubieten, die wir
gewiß ſeit mehr als zehn Jahren nicht gegenwärtig gehabt zu haben, überzeugt ſind; und
doch finden wir in uns mit Verwunderung
oft Kenntniße wieder, die wir ſeit langer
Zeit verlohren zu haben glaubten; und doch
kann Jemand, der eine Wißenſchaft eifrig
ſtudiert, und darauf mehrere Jahre bey
Seite gelegt hat, durch eine mittelmäßige
Anſtrengung ſeine alten für verlohren gehal-
tenen Ideen wieder aufffriſchen. Die Auf-
lebung

lebung alter Gehirn-Impreßionen durch öfteres Andenken fällt hier gänzlich weg; entweder also sind die alten Spuren mehr als zehn Jahre lang unverletzt zurückgeblieben, ohne erneuert worden zu seyn; welches gegen die Lehre des Sanktorius streitet; oder die Ideen haben auch einen andern Aufenthalt als im Gehirn gehabt, welches ich eben beweisen wollte.

4) Erneuerung ehemahls gehabter Ideen, und Wieder-Erkennung ehemahls gehabter Ideen, sind von einander nicht nur in der Vorstellung, sondern auch in der Natur so sehr verschieden, daß die erste sehr oft ohne die letzte verrichtet wird. Wird dies durch Gehirn-Impreßionen, oder Fibern-Bewegungen, oder auf irgend eine andere blos körperliche Art bewerkstelligt: so muß eine solche alte Gehirn-Spur entweder Wieder-Erkennung und Erneuerung zugleich, oder auch nicht zugleich verursachen. Zugleich? — Denn müßen auch alte wiederkommende Ideen allemahl nothwendig mit der Idee der Zeit wieder kommen, da wir sie ehemahls gehabt haben, und dies ist gegen den Erfahrungs-Satz, daß Wieder-Erkennung und

und Erneuerung nicht allemahl verbunden
sind. Nicht zugleich? — dann geschieht
die Wieder-Erkennung entweder durch die
Ideen selbst, so daß die Ideen sich selbst
nach Gefallen wieder erkennen; und dies ist
sichtbar ungereimt; oder dadurch, daß sich
die Idee durch die Spur erkennt; und dies
ist eben so ungereimt; oder dadurch, daß sich
die Spur durch die Idee erkennt; und dies
ist nichts weniger ungereimt; oder sie geschieht durch ein von der Organisation verschiedenes Wesen; und dies sollte jetzt dargethan werden.

5) Im Urtheilen und Schließen vergleichen wir Ideen und Sätze mit einander,
und bestimmen ihre Verhältniße. Ich sage,
wir vergleichen, und frage, wer ist hier der
wir? wer der vergleichende? Drey Dinge
können es nur seyn: Ideen und Sätze für
sich allein; Ideen und Sätze zugleich mit
den Bewegungen der Organe; ein von den
Organen verschiedenes Wesen. Mehr als
diese drey laßen sich bey einem Urtheile, bey
einer Vergleichung der Ideen und Sätze
durchaus nicht denken. Ideen und Sätze
können sich selbst nicht vergleichen, dies ist
unleug-

unleugbar; aber vielleicht können es Ideen
und Organe, vielleicht vergleichen die Organe die Ideen und Sätze; dies ist das, was
die Materialisten angenommen haben. *)
Wir wollen den einfachsten möglichen Fall
setzen, es sollen nur zwo Ideen mit einander
verglichen werden; was gehört nothwendig
dazu? Erst die beyden zu vergleichenden
Ideen; dann ihre Gegeneinanderhaltung;
endlich die Bestimmung ihres Verhältnißes
gegen einander. Jede Idee muß durch ein
eigenes Organ, durch eine eigene Modifikation ihres Organs ausgedrückt werden; beyde werden also, jede für sich, durch eine eigene Spur im Gehirn, oder eine eigene Bewegung der ihnen zugeeigneten Fiber ausgedrückt werden müßen. Beyde sollen verglichen werden, das ist, es soll von der
einen zu der andern hinübergeblickt werden;
und während dieses Hin- und Herblickens
sollen die beyden Ideen selbst unverändert
bleiben, denn verändern sie sich: so kann
nie eine Vergleichung, nie eine richtige Vergleichung

*) La Mettrie Traité de l'ame p. 110.

II. Theil.   F

gleichung statt finden. Das Hinunterblicken kann also nicht durch die Bewegung derjenigen Spuren oder Fibern geschehen, die die Ideen darstellen, denn Bewegung ist Veränderung, und Veränderung der Organe verändert auch die Ideen. Es kann auch nicht durch die Ruhe beyder Organe geschehen, denn ruhende Organe thun nichts, vergleichen auch nicht. Also muß das Hinüberblicken durch ein drittes von den Fibern oder Spuren der zu vergleichenden Ideen verschiebenes Organ verrichtet werden. Und dieses dritte Organ nun empfängt von den beyden erstern seine Bewegung entweder so, daß jede für sich bleibt; und denn entsteht keine Vergleichung; sondern beyde Ideen werden unverändert in ein drittes Organ übertragen; oder so, daß es beyder Bewegungen zugleich annimmt, und dann entsteht abermahls keine Vergleichung, sondern Vermischung und Zusammensetzung der Begriffe, so wie aus mehreren zugleich auf einen Körper wirkenden Bewegungs-Kräften eine einzige vermischte Bewegung entsteht; oder aber so, daß es erst von dem einen, und denn auch von dem andern Organe bewegt wird;

und

und dann entsteht wieder keine Vergleichung, sondern abgesondertes Denken jeder Idee für sich. Kann ein drittes Organ nicht vergleichen: so kann es auch kein viertes, oder fünftes, überhaupt es kann es kein Organ, denn eben die Gründe, die das dritte ausschließen, schließen auch das vierte, fünfte, hundertste, aus; folglich geschieht die Vergleichung durch ein von den Organen ganz verschiedenes Wesen.

6) Kein Körper, sagen einige neuere Schriftsteller, kann sich selbst bewegen oder seine Bewegung beschleunigen; das kann aber der Mensch durch seinen Willen, also ist das Wesen, welches in ihm die Bewegung hervor bringt, kein Körper. *) Falsch geschloßen, kann der Materialist antworten, denn der Mensch bewegt sich zwar durch seinen Willen, aber nicht durch sich selbst, weil die Bewegung des Willens allemahl aus vorhergegangener Bewegung der Organe durch sinnliche Eindrücke entsteht. Was also zu thun? Zu beweisen, daß sinnliche

F 2 　Ein-

*) Essai de Psychologie, p. 116. und nach dem noch gründlicher Hemsterhuis Lettre sur l'homme et ses rapports p. 35.

Eindrücke die Entschließungen des Willens
nicht mechanisch hervorbringen. Und dies
soll, dünkt mich, so gar schwer nicht seyn,
wenn man nur folgendes Gesetz aller Bewegung zum Grunde legt: aus einer starken
Bewegung entsteht allemahl eine starke, und
aus gleich starken Bewegungen entstehen allemahl gleich starke, so bald keine Hindernisse
im Wege stehen. Dieß Verhältniß findet
sich bey den aus Sensationen entstehenden
Entschließungen nicht; weil manche an sich
sehr schwache unbeträchtliche Sensationen
heftige Bewegungen des Willens; und
manche starke Sensationen schwache oder gar
keine Entschließungen hervorbringen. Der
Eindruck, den ein Schimpfwort oder eine
geschriebene Nachricht von einem großen
Unglücke auf die Sinne machet, ist nicht nur
nicht stärker, sondern auch oft noch weit
schwächer, als der, den manche andere Gegenstände machen, und bringt doch weit
stärkere Bewegungen des Willens hervor.
Heftige Schmerzen, als Schläge, und die
größten Martern, die bis zur Zerstöhrung
der sinnlichen Werkzeuge heftig sind, bringen in einem eigensinnigen Kinde gar keine,

und

und in einem gefangenen Irokesen entgegengesetzte Bewegungen des Willens, Singen,
Hohnsprechen, Troß, hervor. In diesem
letztern Falle wird noch ein anderes Gesetz
körperlicher Bewegungen verletzt, das nemlich, daß aus einerley Bewegung immer einerley Wirkung erfolgt. Hier erfolgt oft
die entgegengesetzte, und nie eine bestimmte;
Schläge und Schmerzen bewegen oft den
Willen, nachzugeben, oft aber auch besto
stärker, sich zu widersetzen; wie können einerley Eindrücke nach mechanischen Gesetzen
entgegengesetzte Wirkungen haben? Offenbahr also entstehen die Entschließungen und
Bewegungen des Willens nicht aus bloßen
Organen-Bewegungen; offenbahr also ist
das wollende Wesen in uns von der Organisation verschieden.

7) Soll die Organisation allein in uns
empfinden: so muß entweder jede Fiber vor
sich, oder das gemeinschaftliche Sensorium
empfinden. Nicht jede Fiber vor sich, weil
jede ihre eigene Empfindung hat, weil die
sehende Fiber nicht die hörende ist; weil die
Fibern im Gehirn nicht zusammenlaufen,
weil der sehende Nerve nach einer gantz an-

F 3   dern

dern Gegend geht, als der riechende: weil
folglich daraus nicht das Bewußtseyn mehrerer gleichzeitiger Empfindungen entstehen
kann. Nicht das gemeinschaftliche Sensorium; weil es entweder jedesmahl gantz,
oder nur zum Theil empfinden mußte.
Gantz? denn entsteht eine allgemeine Vermischung aller Empfindungen; denn können
wir nicht zugleich hören und sehen, nicht
zugleich einen Wagen auf der Gaße raßeln
hören, und das, was wir lesen, übersehen.
Zum Theil? denn hat jeder Theil seine Empfindung vor sich, denn können wir zwar
zugleich hören und sehen; aber nicht zugleich
uns bewußt seyn, daß wir zugleich hören
und sehen; denn sind alle einzelne Empfindungen von einander getrennt, und haben keinen gemeinschaftlichen Vereinigungs-Punkt.
Folglich empfindet die Organisation nicht.*)

8) Nerven und Gehirn haben das Vermögen zu empfinden nicht; ein Nerve wird
unterbunden, sogleich hört alle Empfindung
auf, er wird durchschnitten, sogleich wird
er unempfindlich. Er empfindet also nicht

in

*) Bonnet Essay Analytique preface p. 19.
in 4to.

in jedem Punkte seiner Ausdehnung, er iſt
alſo nicht für ſich und durch ſich empfindlich.
Aber vielleicht bekommt er das Vermögen
zu empfinden erſt im Gehirne? Wie kann
er? da er im Gehirn und außer dem Gehirn gleich gut Nerve iſt; da er in ſeiner ganzen Länge von einer Natur iſt, aus einerley
Marke, und einerley Häuten beſteht. Der
ganze Nerve in ſeiner ganzen Länge empfindet alſo nicht; alſo auch das ganze Gehirn
nicht; man nehme ihm die Nerven, die
markigte Subſtanz der Nerven, was bleibt
denn noch von ihm zur Empfindung tüchti-
ges übrig? Wenn alſo das ganze Gehirn
nicht empfindet, ſo empfindet auch die ganze
Organiſation nicht: ſo iſt es ein von aller
Organiſation verſchiedenes Weſen, welches
in uns empfindet.

Dieſe und manche andere Gründe, die
ich aber wegzulaßen für gut gefunden habe,
weil ſie mir nicht beweiſend genug ſchienen,
hat man den Materialiſten in verſchiedener
Geſtalt entgegengeſtellt: und dieſe, wie haben ſie ſich dabey betragen? Nicht alle
gleich, und gleich gut; einige haben ſich
gar um die Beweiſe ihrer Gegner nicht be-

kümmert,

kümmert, vielleicht weil sie zu bequem, oder
zu schwach), oder zu unwißend waren, sie
gehörig zu beantworten; andere haben sich,
wiewohl ungern, das Bekenntniß abnöthi-
gen laßen, daß sich das Denken auch durch
die Bewegung der allersubtilsten Materie
nicht erklären laße; *) noch andere hatten
endlich ihnen einiges entgegenzustellen versucht; vermuthlich weil sie fühlten, daß sie
an dem Gewichte ihrer Gründe zu viel ver-
löhren, wenn sie etwas unerklärliches und
unbegreifliches annähmen.

Diejenigen unter ihnen, die die Unerklärlichkeit des Denkens durch Materie zugeben,
geben eben dadurch ihre ganze Sache verlohren. Denn da sich das Denken aus den
Eigenschaften der Organisation nicht erklären läßt, und da die Erfahrungen, die sie
für ihre Meynung anführten, sehr leicht abgewiesen werden: so fällt damit ihre ganze
Lehre dahin. Ihre Erfahrungs-Säße geben höchstens einige Vermuthung, daß die
Seele wol materiell seyn, das ist hier, in
der

*) La Mettrie Traité de l'ame p. 184. in 4to.
Observations upon a short Treatise intituled the Immortality of the Soul p. 30.

der Organiſation beſtehen könne; aber ihre
Erklärungen wollen ſich dieſen Erfahrungen
nicht anpaßen laßen; was folgt alſo? Was
anders, als daß die Vermuthungen entweder gantz ungegründet, oder doch ſo wenig
gegründet ſind, daß man auf ſie nichts weiter bauen darf.

Dieſe Folgerungen ſahen einige unter ihnen voraus; fanden daher für gut, ſie ſich
zu verbitten, und dem ſchließenden Geiſte
ihrer Gegner etwas in den Weg zu werfen,
wodurch ſein Lauf zwar nicht gantz gehemmt,
aber doch wenigſtens aufgehalten wurde.
Sie hofften von dieſem Hinderniße die gute
Wirkung, die Hinderniße bey ſchwachen
Köpfen gemeiniglich hervorbringen, daß ſie
ſich nemlich erſt aufhalten, und denn gar
abſchrecken laßen. Nicht die Lebens-Geiſter,
auch nicht die Organe an ſich verrichten das
Denken; ſagten einige; *) ſondern ſie thun,
es gemeinſchaftlich, thun es durch ihre Wirkung auf einander. Die Lebens-Geiſter,
würken auf die Organe im Kopfe, und dar-

F 5 aus

*) Obſervations upon a ſhort Treatiſe in-
    tituled the Immortality of the Soul
    p. 24. ſqq.

aus entsteht das Denken. Hier mache man
uns ja den Einwurf nicht; daß da Lebens-
Geister und Organe nicht jedes für sich denken, sie es auch nicht in Gemeinschaft thun
können; man würde sich durch einen solchen
Einwurf lächerlich machen. Hat man denn
nie Orgeln gesehen? nie Orgeln spielen hören? würden wir ihnen antworten, und
wenn sie dies bejahten: so würden wir ihnen weiter sagen: daß die Orgeln eine Harmonie hervorbringen; daß diese Harmonie
durch weiter nichts als durch lederne Blase-
Bälge und durch zinnerne Pfeifen entsteht.
Wenn sie nun auch dies eingeständen: so
würden wir sie weiter fragen; ob ein Blase-
Balg, eine Orgel-Pfeife eine Harmonie ist?
ob denn nicht also aus ganz heterogenen
Dingen ganz heterogene Wirkungen, aus
Lebens-Geistern und Organen Gedanken
entstehen können?

Unglücklicher, dünkt mich, hätte dies
Beyspiel nicht gewählt werden können, da
es zeigen soll, daß Wirkungen aus Ursachen
entstehen können, die von der Wirkung nicht
das geringste an sich haben. Jede Orgel-
Pfeife giebt ihren eigenen Ton, die Harmo-

nie

nie besteht aus mehreren Tönen, also giebt jede Pfeife, jeder Zug des Blase-Balgs etwas zu der daraus entstehenden Wirkung her, also entsteht hier die Harmonie aus solchen Ursachen zusammen, deren jede einen Theil der Wirkung in sich enthält.

Ein weit geschickteres Beyspiel würde er an sich selbst haben finden können, wenn er sich nicht mit dem ersten dem besten aus Sinnes Blödigkeit hätte begnügen wollen. Ein Ton, hätte er sagen können, ist nichts als eine erschütterte Luft, diese erschüttert den Gehör-Nerven, und bringt auch im Gehirn nichts als Erschütterung hervor; ist aber das geringste von Erschütterung, das geringste von Luft, das geringste von Nerven-Bewegung in der Idee des Tons enthalten? So wie also aus einer Erschütterung der Luft die Idee eines Tones; so kann auch aus Erschütterung der Organe überhaupt das Denken entstehen, ohne daß die Ursache mit der Wirkung des geringste gemein hat.

Und was würden wir nun antworten müßen? Was anders, als daß hier nicht
die

die Rede von dem ist, was geschehen kann;
sondern von dem, was geschieht; nicht von
dem, wie es geschieht und geschehen kann;
sondern von dem, daß es geschieht? Man
verlangt nicht von dem Materialisten, daß
er zeigen soll, wie aus der Organen-Bewe-
gung Gedanken entstehen; sondern daß sie
daraus entstehen; man setzt ihm Gründe
entgegen, aus welchen folgt, daß sie nicht
daraus entstehen, und erwartet nun von
ihm, daß er uns darthue, daß sie daraus
entstehen. Immerhin mag er sagen, sie
könnten allenfalls daraus entstehen, immerhin sich auf die Unerklärlichkeit gewißer Wirkungen aus gewißen Ursachen berufen; er
gewinnt damit weiter nichts als eine bloße
Möglichkeit, keine Wirklichkeit. Aber auch
diese Möglichkeit gewinnt er nicht einmahl
damit, denn daraus, daß manche Wirkungen aus manchen Ursachen unerklärlich sind,
folgt noch nicht, daß sie es alle sind, daraus, daß eine bewegte Luft die Idee eines
Tons hervorbringt, noch nicht, daß die Bewegung der Organe das Denken hervorbringt. Er muß also noch zeigen, daß, so
wie die Bewegung der Luft die Idee eines
Tons;

Tons; so auch die Bewegung der Organe das Denken verursachen kann.

Derjenige also verstand sich auf die Subtilität der Schlüße beßer, der vor nicht gar langer Zeit so schloß: wir haben a priori keine Kenntniß von dem Zusammenhange der Ursachen und Wirkungen; alles, was wir von den Folgen der Dinge aus einander wißen, beruht auf Erfahrungen: folglich dürfen wir auch ohne die äuserste Verwegenheit nicht sagen, daß Bewegung keine Gedanken erzeugen kann. Der diese allgemeine Aussage noch durch den Grund scheinbarer machte: unsere Erfahrung lehrt uns, daß Bewegung und Denken allemahl mit einander verbunden sind: sie lehrt uns, daß allemahl da eine Sache die Ursache der andern ist, wo beyde sich unzertrennlich begleiten; es folgt also unwidersprechlich, daß aus Bewegung Gedanken entstehen, das ist, daß die Bewegung der innern Organisation allein in uns denkt. *)

Und nun, was hat der Materialist mit diesen Schlüßen gewonnen? — Gewonnen? wenn

*) Hume Treatise of human Nature tom. I. p. 430. sqq.

wenn er nur nicht noch verlohren hätte!
Vielleicht ist es möglich, daß die Organisation denkt, was folgt daraus? daß wir
nicht mit vollkommener apodiktischer Gewißheit sagen können, sie kann es nicht; daß
es, aller Gründe für das Gegentheil ungeachtet, noch immer möglich bleibt, daß diese
Gründe nicht vollkommen beweisen. Denker, die da wißen, daß wir in den wenigsten philosophischen Materien jene vollkommene mathematische Gewißheit haben und
haben können; Forscher, denen nicht unbekannt ist, daß bey den meisten philosophischen Beweisen immer noch eine Möglichkeit
des Gegentheils übrig bleibt; werden sich
durch diese bloße Möglichkeit, so lange sie
nur Möglichkeit bleibt, in den Glauben an
die Richtigkeit der Beweise nicht irre machen
laßen; werden immer Möglichkeit, Wahrscheinlichkeit, und apodiktische Gewißheit
unterscheiden; werden immer da, wo ihre
Beweise einen hohen Grad der Wahrscheinlichkeit geben, dieser das Uebergewicht über
eine ihnen entgegenstehende bloße Möglichkeit zugestehen. Eben so wenig werden sie
sich auch durch den von Locke, wo ich nicht
irre,

irre, zuerst aufgebrachten, und hernach unzählige mahle nachgelallten und geschrieenen
Satz erschüttern laßen; daß Gott der Materie, also auch der Organisation, unstreitig
die Denkkraft geben könne, und daß wir
nicht entscheiden können, ob er sie ihr nicht
würklich gegeben hat. *) Wir schließen,
werden sie sagen, aus dem, was uns Erfahrung und Natur von der Organisation
und der Seele lehren; wir finden in den
Organen nicht nur keine Anzeigen, daß sie
denken können, sondern auch Anzeigen, daß
sie es nicht können; Gottes Macht, die Organisation denkend zu machen, hindert uns
zwar, mit der allervollkommensten Gewißheit zu sagen, sie kann nicht denken; aber
sie veranlaßt uns nicht, unsern vorigen Beweisen untreu zu werden, so lange wir nicht
wißen, ob er von dieser Macht Gebrauch
gemacht habe. Eben so wenig, werden sie
fortfahren, laßen wir uns von jenem andern Einwurfe der Materialisten irre machen, daß wir bey weitem nicht alle Eigenschaften

*) Locke Essay B. IV, ch. 3. §. 6. Observa-
tions upon a short Treatise intituled the
Immortality of the Soul p. 35.

ſchaften der Materie kennen, und folglich nicht entſcheiden können, ob ſich nicht unter dieſen Unbekannten auch die Denkkraft befindet, ob alſo nicht die Organiſation würklich denken kann, ohne das Anſehen zu haben, daß ſie denkt. Wir halten uns berechtigt, nach dem zu ſchließen, was wir aus Erfahrungen, und Erfahrungen gemäßen Begriffen wißen; ſind dieſe Erfahrungen und Begriffe mangelhaft; ſo iſt das nicht unſere Schuld, und wir ſind darum nicht weniger genöthigt ihnen zu folgen, weil wir nicht anders als nach dem urtheilen können, was wir ſehen. Eine bloße Möglichkeit, ein bloßes vielleicht, welches man uns entgegenſtellt, iſt noch keine Wirklichkeit, noch kein gewiß; ſo weit wir die Organiſation kennen, wißen wir, daß ſie nicht denkt, und das iſt uns zu unſerer Beruhigung genug, wenn es gleich nicht zur apodiktiſchen Gewißheit genug iſt, die wir ohnehin in den wenigſten philoſophiſchen Materien erreichen können. Das iſt alſo der ganze Gewinn der Materialiſten, und dieſer Gewinn iſt ſehr gering.

Und nun der Verluſt! — Es iſt möglich, daß die Organiſation denkt; und dieſe Mög-

lichkeit,

kichkeit, worauf gründet sie sich? Auf die
unendliche Macht Gottes, und auf unsern
Mangel an Kenntniß aller Eigenschaften der
Materie. Worauf sonst? Auf nichts weiter — Wenn es vorher nichts ist! — Wer
hat denn schon je dargethan, daß Gott würklich die Organisation denkend machen könne?
Wer mehr als gemuthmaßet, daß er es könne? Wer zugegeben, daß er es könne, als
weil er die Gränzen der Allmacht nicht kennt,
und zu viel Ehrfurcht gegen den Schöpfer
des Welt-Alls hat, als daß er seiner Macht
da Gränzen setzen sollte, wo er nicht mit
vollkommener Ueberzeugung sie sieht? Dies
ist also nichts mehr als bloße Vermuthung.
Nichts mehr als bloße Vermuthung ist auch
das, daß die Organisation denken kann,
weil wir nicht alle Eigenschaften der Materie
vollkommen kennen. Es ist aber auch möglich, daß die Organisation nicht denkt; und so
halten das materialistische und antimateria-
listische System sich vollkommen das Gleich-
gewicht. Also erster Verlust, dadurch, daß
der Materialist bloße Vermuthungen auf-
bringt, schwächt er sein eigen System, und
schlägt sich mit seinen eigenen Waffen. Al-

II. Theil.   G   lein

lein es iſt nicht nur möglich, daß die Organiſation nicht denkt, es iſt auch nach den
oben angeführten Gründen nicht möglich,
daß ſie denkt. Hier iſt mehr denn bloße
Vermuthung, hier ſind beſtimmte Gründe
für die Nicht=Möglichkeit des Denkens der
Organiſation. Alſo zweyter Verluſt, der
Materialiſt ſetzt bloße Vermuthungen beſtimmten Gründen entgegen. Wenn beyde
Fälle, das Denken und Nicht=Denken der
Organiſation an ſich gleich möglich ſind:
ſo wird derjenige der wahrſcheinlichere, der
die beſtimmteſten, und derjenige der un-
wahrſcheinlichere, der die vageſten Gründe
für ſich hat. Nun kann der Materialiſt aus
den bekannten Eigenſchaften und der Natur
der Materie die Möglichkeit ihrer Denkkraft
auf keine Weiſe ableiten: der Anti=Mate-
rialiſt hingegen kann aus den bekannten Eigenſchaften der Organiſation zeigen, daß ſie
nicht denken kann; folglich gewinnt ſeine
Behauptung in dieſer Parallel in eben dem
Maaße, in dem die entgegengeſetzte verliehrt. Alſo dritter Verluſt: der Materialiſt macht dadurch ſein eigen Syſtem un-
wahrſcheinlich.

Aber

Aber Bewegung und Denken sind ja allen
Erfahrungen zufolge immer verbunden, eins
ist folglich die Ursache des andern; hier haben wir ja also einen bestimmten Beweis,
daß die Materie und Organisation denken
kann! Einen Beweis freylich; aber welchen? Sollte er nicht vielleicht lächerlich
seyn? Alle oben angeführte materialistische
Beweise laßen uns dies mit gutem Grunde
besorgen. Bewegung und Denken sind immer verbunden, das soll die Erfahrung aussagen? Mich dünkt, sie sagt gerade das
Gegentheil; wer hat je Bewegung in seinem
Gehirn, oder sonst am Körper empfunden,
wenn er in sich selbst zurückgezogen über
abstrakte Wahrheiten in seinem Lehnstuhle
mit gestütztem Haupte nachdenkt? Wer je
gefühlt, daß seine Ideen sich im Kopfe hin
und her bewegen, wenn er über wichtige
Gegenstände ängstlich zweifelnd Untersuchungen anstellt? — Wir fühlen zwar diese
Bewegung nicht, aber deswegen ist sie nicht
weniger da, denn unsere Physiologen und
Psychologen sagen uns, daß ohne eine innere Bewegung im Gehirn gar kein Gedanke
seyn kann — Im Gehirn freylich; aber

G 2   ist

iſt Bewegung im Gehirn Bewegung der Gedanken? Müßen wir nicht die Bewegung
unſerer Ideen beym Denken nothwendig fühlen, wenn ſie in unſerer Seele wirklich vorhanden wäre? Nicht gewahr werden, daß
eine Fiber bald die bald jene Stellung annimmt, wenn die Stellung und Bewegung
der Fiber die Idee ſelbſt wäre? Daß alſo
Bewegung und Denken nothwendig mit einander verbunden ſind, ſagt uns die Erfahrung nicht, nicht, daß ſie immer mit einander
verbunden ſind; ſondern nur, daß auf manche Bewegungen Gedanken, und auf manche
Gedanken Bewegungen erfolgen. Erſte Lücke
alſo, der angenommene Erfahrungs-Satz
iſt falſch. Aber geſetzt auch, er wäre eben
ſo wahr als er es nicht iſt; folgt denn daraus, daß die Bewegung Urſache des Denkens iſt? Begleiten ſich denn nie zwey Dinge
einander, ohne als Urſache und Wirkung
verbunden zu ſeyn? Zwo Uhren werden einander gleich geſtellt; die eine ſchlägt, wenn
es die andere thut, iſt darum die eine Urſache des Schlagens der andern? Gewiße
Thiere werden in gewißen Monaten fett,
in gewißen andern mager; iſt denn darum

der

der Mond Ursache dieses Ab- und Zunehmens? Zwote Lücke also, die Folgerung ist unrichtig.

Aus allen diesen Untersuchungen glaube ich nunmehr mit einem ziemlichen Grade von Zuverläßigkeit die Folgerung ziehen zu können, daß die Organisation nicht in uns denkt; sondern daß ein von der Organisation verschiedenes Wesen in uns wohnt, welches die Kraft zu denken besitzt. Diesem Wesen hat man verschiedene Prädikate beyzulegen gesucht, und auch über diese Prädikate sind neue Streitigkeiten entstanden. Es ist nicht nur wichtig, sondern auch nothwendig, auch in diese Streitigkeiten sich einzulaßen, um entscheiden zu können, was sich von der Seele mit Grunde sagen und nicht sagen läßt.

Ich frage also II) das in uns denkende Wesen, welches ich nunmehr die Seele nennen will, ist es einfach, oder ausgedehnt?

Es ist einfach, sagen die meisten nach dem Cartesius, denn vor ihm hatte man, so viel ich weiß, von dem Einfachen entweder gar keinen, oder doch nicht den Begriff, den er

er damit verknüpfte. Schon die meisten un=
ter den Alten sprachen von einer einfachen
Seele, verstanden aber unter einfach nur
das, was nicht aus mehreren Elementen zu=
sammengesetzt ist, ein ausgedehntes und so=
lides Wesen, welches von aller Mischung
heterogener Theile frey, und nur aus Thei=
len einer Art gebildet ist. Auch die Aus=
dehnung, Solidität und Theilbarkeit nahm
Cartesius diesem Wesen, und gab uns da=
durch eine einfache Seele von seiner eigenen
Erfindung.

Einfach, sagen nach ihm die meisten, ist
in diesem Verstande die Seele, denn 1) wenn
sie ausgedehnt ist: so muß aus der Ausdeh=
nung und ihren Eigenschaften die Figur,
Theilbarkeit, und Beweglichkeit, die Kraft
zu denken, oder umgekehrt, aus der Kraft
zu denken, die Ausdehnung, Figur, Theil=
barkeit, und Beweglichkeit folgen. Es wür=
de ungereimt seyn, zu sagen, daß eine Sache
eine Eigenschaft hat, die mit der Natur und
den übrigen Eigenschaften dieser Sache we=
der zusammenhängt, noch aus ihnen gefol=
gert werden kann. Nun aber folgt aus der
Ausdehnung und ihren Eigenschaften die
Kraft

Kraft zu benken nicht, Ausdehnung iſt kein
Gedanke, Figur iſt kein Gedanke, Theilbarkeit oder Theilung iſt kein Gedanke, Bewegung iſt gleichfalls kein Gedanke. Auch aus
der Kraft zu benken folgt nicht die Ausdehnung; ein Gedanke iſt nicht ausgedehnt, hat
keine Figur, keine körperlichen Theile, keine
Bewegung. Alſo iſt klar, daß die Seele
nicht ausgedehnt ſeyn kann.

2) Nicht alle ausgedehnte Subſtantzen
benken, alſo iſt die Kraft zu benken keine
Folge aus der Natur der Ausdehnung; nicht
alle bewegte und bewegende Subſtantzen benken, alſo iſt die Kraft zu benken keine Folge
der Bewegung. Da nun die Kraft zu benken nicht in dem ausgedehnten Weſen wohnt:
ſo muß ſie ſich in einem nicht ausgedehnten,
das iſt, einfachem Weſen aufhalten.

3) Alle Thätigkeiten ausgedehnter Subſtantzen beſtehen in Bewegung, und werden
durch Bewegung verrichtet. Die Bewegung
wird auch zu allen unſern Empfindungen
von außen nothwendig erfordert; äuſerer
Eindruck iſt Bewegung, Eindruck in gemeinſchaftlichen Senſorium iſt Bewegung; Uebergang dieſes Eindrucks in die Seele iſt gleich-

G 4 falls

falls Bewegung. Jede Sensation muß also
nothwendig Bewegung in sich schließen, wenn
sie in einem ausgedehnten Wesen vorgehen
soll. Nun aber ist dies nach allen unsern
Empfindungen falsch; wir fühlen keine Be-
wegüng, wenn wir empfinden, keine Bewegung, wenn wir denken; und die müßten
wir doch fühlen, wenn Denken und Empfin-
ben mit Bewegung verbunden wären. Das
Denkende und empfindende Wesen in uns, ist
also nicht ausgedehnt.

4) Unter allen uns bekannten ausgedehnten Wesen denkt kein einziges; nicht Luft,
nicht Waßer, nicht Feuer, nicht Erde, auch
nicht die allersubtilsten abgezogenen Wesen.
Es folgt also, daß der Ausdehnung und ihren Eigenschaften die Kraft zu denken nicht
zukommt, sondern daß sie vielmehr in einem
nicht ausgedehnterm, einfachen Wesen ihren
Sitz haben muß.

Wahr ist es, diese Gründe scheinen eine
sehr große beweisende Kraft zu haben; aber
ich hoffe, sie scheinen es auch nur, und ich
fürchte, sie werden, alles genau erwogen,
am Ende nichts weiter beweisen, als was
alle Welt zugiebt, daß nicht alle Ausdeh-

nung

nung die Kräft zu denken besitzt, nicht aber
daß gar keine sie besitzt und besitzen kann.

Wäre die Seele ausgedehnt: so müßten
aus der Ausdehnung die Seelen-Kräfte,
und aus den Seelen-Kräften die Ausdehnung folgen; dies, denke ich, ist nicht nothwendig. Nur denn könnte man so schließen,
wenn das Denken eine nothwendige und be-
ständige Eigenschaft aller ausgedehnten Substanzen, und eine Folge der Ausdehnung
selbst wäre. Wenn man sagt, eine ausgedehnte Substanz denkt, sagt man denn damit, die Ausdehnung denkt? oder das, was
ausgedehnt ist, denkt, weil es ausgedehnt
ist? Sagt man nicht vielmehr dies; eine
Substanz ist zugleich ausgedehnt, und denkt?
Und wenn dies ist, ist man denn verbunden,
die Folge des Denkens aus der Ausdehnung
anzuzeigen? und soll man den Satz deswegen zurücknehmen, weil man dies nicht
kann? Eine ausgedehnte Substanz ist
schwer; wir können noch hinzusetzen, eine
jede, uns bekannte ausgedehnte Substanz ist
schwer; nun aber folgt aus der Ausdehnung
nicht die Schwere, und aus der Schwere
nicht die Ausdehnung; also ist die Schwere

G 5   keine

keine Eigenschaft einer ausgedehnten Substantz; wer wird einen solchen Schluß billigen? wer nicht gleich sagen, daß man ihn
nur da anbringen darf, wo nothwendige
Verbindung zwoer Eigenschaften, nicht aber
wo bloßes Zusammenseyn, angenommen
wird? Und mit solchen Schlüßen denkt man
die Einfachheit der Seele zu beweisen?

Weil nicht jede ausgedehnte, jede bewegte
Substantz denkt: so ist die Denkkraft keine
Beschaffenheit ausgedehnter und bewegter
Substantzen. Nicht doch, sie ist keine Be-
schaffenheit aller ausgedehnten und bewegten
Substantzen, dies folgt richtig, und kein
Haar breit mehr. Wie wenn man so schlöße:
weil nicht jedes gelbe Metall Gold ist: so ist
die gelbe Farbe keine Eigenschaft des Gol-
des? was würde man dazu sagen? Man
würde mitleidig die Achsel zucken, und den
Raisonneur laufen laßen.

Wenn ein ausgedehntes Wesen denkt: so
denkt es durch Bewegung — und warum
gerade durch Bewegung? — weil wir keine
andere Art der Thätigkeit ausgedehnter Wesen kennen — und warum nothwendig
durch Bewegung? — Aus eben dem Grunde —

de — Also, weil wir keine andere Art von Thätigkeit bey ausgedehnten Wesen kennen, als die durch Bewegung geschieht: so kann auch das ausgedehnte Wesen nicht anders als durch Bewegung thätig seyn? Ist das schließen? Doch dies ist schon zu viel eingeräumt, weil der Gegner verstohlner Weise mehr verlangte, als er zu verlangen Recht hatte. Die Folgerung; ein Wesen ist ausgedehnt und denkt, also denkt es durch Bewegung, wenn darf, und wenn kann er die machen? Nur denn, wenn man sagt, daß das Denken eine Folge der Ausdehnung ist; wenn man aber dies nicht sagt: so muß er, wofern er anders seinem Aristoteles getreu bleiben will, gleich bey dem Vorder-Satze still stehen.

Kein einziges unter den uns bekannten ausgedehnten Wesen denkt, also ist die Denkkraft etwas, das den ausgedehnten Substantzen nicht zukommt. Wie? Gar nicht? oder muß nicht vielmehr der Folge-Satz richtiger so lauten: also kommt die Denkkraft den ausgedehnten Substantzen nicht nothwendig, nicht wesentlich, nicht allge-

allgemein zu? Und dies giebt man mit
beyden Händen zu.

Allein Denken und Denkkraft läßt sich ja
auf keine Weise aus der Ausdehnung, und
den Eigenschaften ausgedehnter Substanzen
erklären, und dies erweckt schon einen
großen Verdacht gegen die Lehre von einer
ausgedehnten Seele — Erklären läßt sie
sich freylich daraus nicht, und zum Glück
ist dies auch dem, der die Seele ausgedehnt
glaubt, nicht nöthig; so lange man nicht
bewiesen hat, daß sie mit der Ausdehnung
und ihren Eigenschaften im Widerspruche
steht. Erklären läßt sie sich freylich daraus
nicht, und dies soll sie auch nicht, da sie für
keine Folge, für keine nothwendige Folge
der Ausdehnung als Ausdehnung ausgegeben wird. Erklären endlich läßt sie sich
daraus nicht, denn wir können mit unsern
Organen und in unserm engen Gesichts-
Kreise bey weitem nicht die ganze Natur
ausgedehnter Substanzen, bey weitem nicht
die Natur aller in der Welt befindlichen ausgedehnten Substanzen durchschauen. Wir
können also auch ohne den äußersten Grad
von Stolz, oder Einfalt, oder von beyden
                                        zusam-

zusammen, keinen Anspruch machen, aus
unsern eingeschränkten und einseitigen Begriffen von Ausdehnung und ausgedehnten
Substantzen alle ihre Eigenschaften und Beschaffenheiten abzuleiten. Wer hat je erklärt, warum eine solche Schwere, eine
solche gelbe Farbe, eine solche Duktilität;
eine solche Unvergänglichkeit sich in dem Gol-
de beysammen finden? wer je an dem, der
dies Zusammenfinden behauptet, die Forde-
rung gethan, daß er es erklären müße?
Wer je dies Zusammenfinden deswegen geleugnet, daß es sich nicht erklären läßt?

Ja, kann man sagen, dies Zusammenfinden ist eine Erfahrung, und was wir aus
Erfahrung oder andern Gründen wißen, daß
es ist; von dem verlangen wir nicht allemahl die Erklärung, warum es ist; das
unerklärliche einer Behauptung wird nur
denn zum Beweise des undenkbaren, und
folglich unglaublichen, mit Recht gebraucht,
wenn das, daß es ist, ungewiß ist. —
Gut! wenn ich also beweise daß es keine
einfache Wesen giebt, und daß unsere Seele
am allerwenigsten einfach seyn kann, wird
man denn noch die Erklärung der Denkkraft
aus

aus der Ausdehnung und ihren Eigenschaften verlangen, um es glaublich zu finden,
daß ausgedehnte Substantzen denken können? Ich hoffe, nein; und bitte, sich nicht
zum voraus mit Besorgnißen und Unruhen
gegen diesen sonderbaren, obgleich nicht neuen
Satz zu erfüllen, den man vielleicht am Ende
wo nicht gantz ungegründet, doch wenigstens
größtentheils vergeblich finden dürfte. Es
kommt hier auf unpartheyische und kalt-
blütige Untersuchung eines spekulativischen
Satzes, auf die ruhige Erwägung und Ab-
wägung der Gründe gegen einander an, und
diese wird man durch zu voreilig gefaßte Besorgniße entweder gantz vereiteln, oder doch
sehr hindern. Ich hoffe, meine Leser werden Abstraktions = Gabe genug gebrauchen,
um hier blos an die Stärke der Beweise,
nicht an die der Einbildungs = Kraft etwa
vorschwebenden Besorgniße zu denken, und
erst nach der Prüfung der Beweise auf die
Frage zu kommen, ob denn diese Lehre
auch gefährlich seyn könne? Sollten manche
unter ihnen dies nicht thun — wollen oder
können: so wird es nicht meine Schuld seyn,
wenn sie, von selbstgemachten Schreckbildern
erschüt-

erſchüttert, mehr nach dieſen, als nach der Stärke der Gründe urtheilen.

1) Daß Seele und Leib unmöglich auf einander wirken können, wenn die Seele einfach iſt, haben die größten unter den neuern Philoſophen, und ſelbſt die, welche die Einfachheit der Seele am eifrigſten vertheidigen, eingeſehen, und theils ausdrücklich, theils ſtillſchweigend zugeſtanden. Nichts anders als dies veranlaßte Carteſius und Mallebranche, den gegenſeitigen Einfluß beyder Subſtantzen aus der unmittelbaren Wirkung Gottes; nichts anders als dies bewog Leibnitz und ſeine Nachfolger, ihn aus der von Gott gleich bey der Schöpfung gemachten Präordination zu erklären. Die Syſteme beyder großen Philoſophen haben von der einen Seite eben ſo viel Schwierigkeiten, als ſie von der andern Scharfſinn und Genie zeigen, und dieſer Schwierigkeiten wegen hat man ſie auch ſchon jetzt ſtillſchweigend in das große Verzeichniß glänzender, aber grundloſer Hypotheſen eingetragen. Wenn alſo beyde Hypotheſen ungegründet ſind, wenn kein phyſiſcher Einfluß möglich iſt; und wenn außer dem phyſiſchen

Ein-

Einflüße nichts den gegenseitigen Einfluß
zwischen Leib und Seele erklären kann;
was folgt denn? Was anders, als daß
die Seele nicht einfach seyn kann. Aber
vielleicht liegt es an uns, daß wir den physischen Einfluß nicht begreifen können? —
Ja wenn er nur unbegreiflich, wenn er
nicht auch unmöglich wäre? Die einfache
Seele nimmt keinen Raum ein, wie kann
sie also in einem Raume die räumlichen Bewegungen des Körpers gewahr werden, wie
von einem Körper berührt, von einem Körper afficiert werden? Sie nimmt keinen
Raum ein, wie kann sie also einen Körper
berühren, einen Körper bewegen, in ihm
Veränderungen hervorbringen? Gleichwohl
muß sie beydes können, wenn sie durch Empfindung von dem Zustande des Körpers
unterrichtet werden, und durch Entschlief-
sung den Körper nach ihrem Willen bewegen soll. Die Materialisten haben diesen
Grund oft gebraucht, und auch eben so oft
gemißbraucht; gebraucht, indem sie durch ihn
die Einfachheit der Seele bestritten; gemißbraucht, indem sie daraus etwas folgerten,
was nicht daraus folgt, daß die Organisa-

tion

fation in uns denkt. *) Daraus, baß die
einfache Seele in keiner Verbindung mit einem Körper stehen kann, folgt nichts mehr
und nichts weniger, als daß die Seele nicht
einfach ist; daraus aber, daß sie nicht einfach ist, folgt noch lange nicht, daß sie die
Organisation selbst ist.

2) Einfache Seelen sind durchaus nicht
unterscheidbar; denn woburch sollten sie un-
terschieben werden können? Durch äusere
Prädikate, als Figur, Größe, Schwere?
die finden sich an ihnen nicht. Durch innere? als Verschiedenheit der Kräfte, Menge
der Kenntniße, und Ideen? Auch die können bey noch nicht ausgebildeten Seelen,
als von denen hier die Rede ist, nicht angenommen werden. Die Seele hat keine
Ideen, ehe sie in den Körper kommt, wie
unten bewiesen werden soll; wie kann also
eine Seele durch Menge der Ideen von der
andern unterschieden werden? Alle Seelen
haben einerley Grund-Kraft, haben gleich
große Grund-Kraft, weil sich Verschiedenheit

---

*) La Mettrie Traité de l'ame p. 124.

II. Theil.   H

heit der wesentlichen Kraft nicht denken läßt,
ohne Verschiedenheit des Wesens und der
Natur selbst, weil alle menschliche Seelen
als menschliche Seelen von einerley Natur
und Wesen seyn müßen; wie können sie also
durch Kräfte unterschieden werden? Es ist
also unleugbar, daß einfache Seelen durchaus nicht unterscheidbar sind, so lange sie
in keinen Körper als Bewohnerinnen gesetzt
werden. Es ist aber auch gewiß, daß die
Natur keine zwey nicht zu unterscheidende
Dinge hervorbringt; es ist also auch gewiß,
daß es keine einfache Seelen geben kann. *)

3) Ist die Seele einfach: so muß sie nothwendig an einem einzigen untheilbaren Punkte des Gehirns empfinden; dies aber geschieht allen Erfahrungen zu folge nicht.
Alle Anatomen kommen darin überein, daß
die Nerven sich nicht nur nicht einem einzigen Punkte nähern; sondern daß sie sich
vielmehr geflißentlich davon entfernen. Die
Seh=Nerven endigen sich an einem gantz
andern Orte als die Geruch=Nerven, die
Gehör=Nerven liegen von den beyden erstern

          sehr

---

*) Anmerkungen und Zweifel über das Wesen der
menschlichen und thierischen Seele.

sehr weit entfernt. Ja nicht nur die Nerven
verschiedener Sinne, sondern auch die Nerven eines einzigen Sinnes gehen sehr weit
aus einander, der eine Seh- und Geruch-
Nerve endigt sich in der einen; der andere
in der andern Hälfte des Gehirns, und beyde Hälften sind durch die harte Hirn-Haut
noch dazu von einander getrennet. Nicht
nur vereinigen sich die Nerven nicht in einem Punkte, sondern sie können sich auch nicht
in einem Punkte vereinigen. Die Körper sind
undurchdringlich, es können folglich in einem einzigen untheilbaren Punkte nicht Körper von so verschiedener Einrichtung, als
es die Nerven der verschiedenen Sinne sind,
zusammengepreßt werden, und doch die Verschiedenheit ihrer Einrichtung beybehalten,
die zur Bezeugung der verschiedenen Empfindungen nothwendig ist. Und wenn eine
solche Vereinigung auch physisch möglich
wäre: so ist sie doch noch darum nicht würklich; die Verschiedenheit der Empfindungen,
die wir zu einer und derselben Zeit erhalten,
beweiset uns unwidersprechlich, daß die empfindenden Punkte verschieden seyn müßen,
denn wie in aller Welt kann ein und derselbe

untheil-

untheilbare Punkt zu einer und derſelben Zeit
durch das Licht zum Sehen, durch die Luft
zum Hören, durch ſubtile Salze zum
Schmecken mobiſiciert werden? wie zu einer und derſelben Zeit ſo verſchiedene Eindrücke aufnehmen? Da alſo die Empfindung nicht an einem einzigen untheilbaren
Punkte geſchehen kann; ſo folgt, daß ſie in
einem gewißen Raume geſchieht, das iſt,
daß das in einem gewißen Raume empfindende Weſen einen Raum einnimmt, und
ausgedehnt iſt. Auch dieſen Grund gebraucht und mißbraucht La Mettrie, weil er
daraus folgert, daß die Seele eine Kraft
des Gehirns iſt, welches, ſo viel ich ſehe,
noch nicht daraus folgt. *)

4) Wenn die Seele einfach iſt: ſo frägt
ſichs, ob zwiſchen einer ſolchen einfachen
Seele und einem mathematiſchen Punkte ein
Unterſchied iſt, oder nicht? Iſt keiner: ſo
iſt die einfache Seele eben ſo gut ein ens ra-
tionis, als der mathematiſche Punkt; iſt
aber einer, worin beſteht er? In der Denkkraft? So gebe man einem mathematiſchen
Punkte die Denkkraft, und er wird eine
Seele

*) La Mettrie Traité de l'ame p. 120. 123.

Seele seyn. Und wie läßt es sich benken,
daß die Denkkraft in einem mathematischen
Punkte, das ist, in einem Nichts, wohnen
könne? Er kann also blos in der Ausdehnung seyn, denn zwischen einem unausgedehnten mathematischen Punkte, und einer
unausgedehnten menschlichen Seele, läßt
sich kein anderer Unterschied angeben, als
der, welcher entweder in der Denkkraft,
oder in der Ausdehnung liegt. Die Seele
ist also ausgedehnt. *)

5) Empfindung läßt sich ohne Berührung nicht denken, denn kein Körper kann
auf irgend ein Wesen anders als durch Berührung würken. Berührung läßt sich ohne
Ausdehnung nicht denken, denn wo keine
Ausdehnung ist, da ist auch kein Berüh-
rungs-Punkt. Also ist die in uns empfindende Seele ausgedehnt. **)

6) Den Schluß, daß ein einfaches Wesen nothwendig irgendwo, und also ausge-

H 3   dehnt

---

*) Nouveau syſteme concernant les etres ſpi-
  rituels tom. II. p. 174.

**) Ebendaſ. tom. III. p. 34. Cruſius Entwurf
  der nothwendigen Vernunft-Wahrheiten, On-
  tologie Cap. 7. §. 119.

dehnt ſeyn müſſe, haben ſchon ſeit langer
Zeit verſchiedene Schriftſteller gebraucht,
und auch nicht gebraucht. Gebraucht, weil
ſie dunkel die Folgerung ſahen, nicht gebraucht, weil ſie dieſe Folgerung, ſo viel
ich bisher habe finden können, weder ſich
ſelbſt, noch andern bis zur Ueberzeugung
deutlich machen konnten. *) Hier iſt ein
Verſuch ſeiner nähern Entwickelung. Wenn
ein einfaches Weſen exiſtiert: ſo exiſtiert es
irgendwo, denn nirgends ſeyn heißt, nicht
ſeyn. Exiſtiert es irgendwo: ſo iſt es an
ſeinem Orte entweder ſo, daß es von dieſem Orte jedes andere Weſen ausſchließt,
oder nicht. Das letzte kann nicht ſeyn,
denn können an einem einzigen Orte mehrere
einfache Weſen zuſammen ſeyn: ſo ſind ſie
ſo gut als nichts; ſo nehmen Millionen einfacher

*) Zuerſt finde ich ihn angeführt bey la Forge de
 menie human. p. 89. Hernach bey dem Ver-
 faſſer des Nouveau ſyſteme concernant les
 etres ſpirituels tom. III. p. 69. und Gandini
 Oſſervazioni p. 176, 174. Wer ihn zuerſt
 gebraucht hat, habe ich noch nicht auffinden können; da keiner der Herren ſeine Quelle anzeigt,
 vermuthlich weil jeder Antheil an der Entdeckung
 haben wollte.

facher Wesen nicht mehr Platz ein, als ein
einziges; so sind sie würklich, nicht an diesem
Orte, denn an einem Orte seyn, und von
diesem Orte nicht jedes andere Wesen ausschließen, heißt, nicht an dem Orte seyn,
Schließt aber das einfache Wesen von dem
Orte, wo es sich befindet, jedes andere Wesen aus: so ist es undurchbringlich, folglich
solide; weil sich ohne Unburchbringlichkeit
und Solidität keine solche Ausschließung
denken läßt. Ist es undurchbringlich und
solide: so ist es auch ausgedehnt, denn ohne Ausdehnung hat man noch keine Solidität gefunden; und kein solides Wesen kann
irgendwo existieren, ohne ausgedehnt zu
seyn. Man setze, es sey dieses einfache Wesen von vielen andern Dingen umgeben, die
sich bestreben, es von seinem Platze zu ver-
drengen: so wird es von ihnen an verschiedenen Punkten, von verschiedenen Seiten,
berührt werden. Wo aber verschiedene
Punkte, wo verschiedene Seiten sind, da
ist auch Ausdehnung; es kann also durchaus kein würklich existierendes, unausgedehntes, nicht solides Wesen geben.

H 4　　　　7) Ein-

7) Einfache Wesen, hat man verschie-
dentlich gesagt, sind undenkbar, weil man
auch mit der größten Anstrengung nichts
bestimmtes sich dabey vorstellen kann. *)
Einfache Wesen, hat man darauf verschie-
dentlich geantwortet, dürfen auch nicht unter einem Bilde gedacht werden, weil sie
nicht für die Einbildungs = Kraft und Sinne,
sondern für den reinen Verstand gehören.
Man beweise, nicht daß sie sich nicht denken
laßen, sondern daß sie unmöglich sind, und
wir wollen verlohren haben. Auch bey diesem Einwurfe oder Beweise schwebte seinen
Urhebern einige dunkle Idee vor, die sie
aber nicht bis zum deutlichern und überzeugenden Beweise zu erheben wußten. Ein
einfaches Wesen ist nicht nur undenkbar, es
ist auch würklich Nichts; und dies wird so
bewiesen. Man stelle sich einen Körper vor,
welchen man will, man nehme diesem Körper erst seine Figur und seine Ausdehnung,
folglich auch seine Theile und Theilbarkeit;
denn nehme man ihm auch seine Solidität,
und mit beyden seine Schwere, und alle
seine

*) Anmerkungen und Zweifel über das Wesen der
menschlichen und thierischen Seele.

seine übrigen körperlichen Eigenschaften.
Durch diese Subtraktion muß er nothwendig zum einfachen Wesen werden, denn das einfache Wesen ist dem zusammengesetzten entgegengesetzt, und hat alle die Eigenschaften nicht, die jenes besitzt. Durch eben diese Subtraktion aber wird er auch zu Nichts, denn wenn man einem Körper alle seine Eigenschaften nimmt: so bleibt Nichts übrig. Also ist das einfache Wesen Nichts. Aus diesen Untersuchungen glaube ich nunmehr mit ziemlicher Zuverläßigkeit die Folgerung ziehen zu können, daß unsere Seele ein ausgedehntes, und wenn Ausdehnung in einer Substanz nicht ohne Solidität seyn kann, auch ein solides Wesen ist.

So ist sie also theilbar, vergänglich, mit einem Worte, materiell; so steht ja diese Behauptung mit der obigen, daß die Organe nicht denken können, in einem offenbahren Widerspruche, denn warum sollen die Organe nicht denken können, da es jede Materie kann?

Diese Besorgniße sind, dünkt mich, noch ein wenig zu voreilig, und die Folgerung, daß die Seele materiell ist, weil sie ausge-

H 5   dehnt

dehnt und folide ist, scheint mir ein wenig
zu übereilt. Diejenigen, welche wißen, daß
es Philosophen unter den alten und neuern
gegeben hat, die die Seele für ausgedehnt
hielten, ohne sie darum als materiell und
vergänglich zu betrachten, werden sich hüten,
jene Folgerung so gleich zu ziehen; und diejenigen, denen aus Neuern bekannt ist, daß
es einen Mann gegeben hat, der die Ausdehnung der Seele von der Ausdehnung der
Materie unterschied, *) werden bey dieser
Distinktion ein wenig verweilen, ehe sie mir
und meiner Behauptung Folgerungen aufbürden, die ich mir vielleicht verbitten möchte. — Aber was in aller Welt berechtigt
uns, zwischen ausgedehnten und materiellen
Substanzen Unterschiede zu machen? Ist
nicht überall in unsern philosophischen Schulen das ausgedehnte und das materielle einerley? — In unsern philosophischen
Schulen freylich, aber sind denn auch unsere philosophischen Schulen die Schulen der
Wahrheit? Ist es Wahrheit, wenn eine
berühmte Schule lehrte, Ausdehnung allein
mache

*) Nouveau systeme concernant les etres spirituels tom. III. p. 1 , 4.

mache den Körper aus? Wahrheit, wenn man es von ihr ohne Beweis annahm, und ohne Beweis nachsagte, daß Ausdehnung ein Attribut des Körpers und der Materie ist, so daß alles, was ausgedehnt ist, auch materiell seyn muß? — Man macht aber doch überall den Unterschied so — Ohne Beweis, versteht sich, denn wer hat je bewiesen, daß alles ausgedehnte materiell ist? So wie man also diesen Unterschied ohne Beweis gemacht hat: so, hoffe ich, kann man ihn auch ohne Beweis aufheben, und muß ihn mit Beweisen aufheben.

Um dies Räthsel aufzulösen, frage ich III) besteht das ausgedehnte, solide Wesen, welches in uns denkt, aus mehreren, würklich von einander verschiedenen, und heterogenen Theilen; oder ist es ausgedehnt, ohne getheilt, und ohne theilbar zu seyn?

Daß das denkende Wesen nicht aus verschiedenen heterogenen, würklich getrennten Theilen bestehen kann, zeigen folgende Gründe: 1) Wenn ein aus mehreren Theilen bestehendes Wesen denkt: so denken entweder alle seine Theile, oder einige, oder einer

Nicht

Nicht alle; denn entweder denken alle einerley, oder jeder für sich etwas verschiedenes. Denken alle einerley: so müßen nothwendig die einfachen Jdeen aus mehreren Theilen bestehen, weil jeder von den Theilen des denkenden Wesens das seinige zu ihrer Hervorbringung beyträgt; bestehen sie aber aus mehreren Theilen: so muß auch das denkende Wesen diese Theile unterscheiden, das ist, sie nicht als einfach denken. Ferner ist es alsdenn unmöglich, mehrere Jdeen zu gleicher Zeit zu haben, weil alle Theile des denkenden Wesens sich nur mit einer einzigen Jdee beschäfftigen können, und dies ist gegen die Erfahrung. Endlich: muß alsdenn jeder Gedanke in jedem der denkenden Theile entweder ganz, oder nur zum Theil existieren; beydes aber ist unmöglich. Denn ist er in jedem Theile ganz: so sind viele, nicht ein Gedanke da: so denkt jeder Theil für sich; so denkt also in der That nur ein Theil, nicht das Ganze. Ist er in jedem Theile nicht ganz: so bestehen alle, auch die einfachen Jdeen, aus vielen Theilen: so kann aus diesen zerstreuten Jdeen-Theilchen, die dem Raume nach von einander entfernt sind,

nicht

nicht ein einziges unzertrennliches Ganze
entstehen: so denkt jeder Theil und denkt
auch nicht, weil er ein Stück einer Idee hat,
und in so fern denkt, weil er das übrige der
Idee nicht hat, und in so fern nicht denkt:
Also denken einige Theile. Und wenn dies
ist: so wiederhole ich die vorige Frage, ob
diese einige Theile daßelbe, oder nicht daßelbe denken; und zeige dadurch, daß auch einige Theile nicht denken können. * Also denkt
ein Theil, und wenn dies ist: so habe ich,
was ich suchte, daß nemlich das Denken
nicht in einem aus mehreren Theilen beste-
henden Wesen wohnen kann, daß es eine
ungetheilte, ungetrennte, und unzertrenn-
liche Einheit erfordert. *)

2) Eben dieser Beweis läßt sich mit einigen kleinen Veränderungen auch auf die Empfindung anwenden. Wenn ein aus mehreren Theilen bestehendes Wesen empfinden
soll: so empfinden entweder alle Theile zugleich,

*) Condillac de l'origine des Connoiſſances
tom. I. p. 5. gebraucht schon diesen Beweis,
aber er hat ihn, dünkt mich, nicht genug entwickelt, auch nicht so angewendet, wie man ihn
hier sieht.

gleich), oder einige, oder einer. Nicht alle
zugleich, denn so entstünden viele, nicht eine
Empfindung, wenn sie alle die ganze Empfindung hätten; es wäre unmöglich, daß
mehrere Empfindungen zugleich da seyn
könnten, wenn alle jedesmahl nur einerley
empfänden; und wie läßt sich ein empfin-
dendes Wesen denken, das nur $\frac{5}{8}$, $\frac{5}{9}$ oder
wohl gar $\frac{1}{1000}$ einer einzigen unzertrenn-
lichen Empfindung hat? Empfinden nicht
alle Theile; so empfinden auch aus eben
dem Grunde nicht einige, folglich nur einer,
das ist, das empfindende Wesen kann durchaus nicht aus mehreren würklich getrennten
Theilen bestehen.

Folglich ist die Seele ausgedehnt, aber
ohne doch aus würklichen Theilen zu bestehen und theilbar zu seyn. Allein, sagt
man, was ausgedehnt ist, ist auch theilbar,
besteht also auch aus Theilen — Und warum? — weil sich in jedem ausgedehnten
Wesen Theile denken laßen — So ist denn
alles, was sich denken läßt, auch würklich?
Wer hat je bewiesen, daß das, was sich
als theilbar denken läßt, auch in der Natur
mehrere Theile habe, und von der Natur in

meh-

mehrere Theile zerlegt ist? Zwar schließen unsere Metaphysiker immer so: wo wir Theile uns vorstellen können, da sind sie auch; aber ob sie richtig so schließen, das ist noch die Frage. Das folgt aus ihren Schlüßen vollkommen, daß da Theile möglich sind, wo wir welche denken können, aber daß sie würklich da sind, daß die Natur würklich da getheilt habe, und theile, wo wir die Theilung denkbar finden, das folgt nicht: Theilbar im physischen Verstande sind nur solche Dinge, die aus physischen Theilen bestehen, die die Natur aus verschiedenen Theilen zusammengesetzt hat, denn ein Wesen, welches von Natur nicht aus mehreren abgesonderten Theilen besteht, wie kann das sich theilen laßen? Wie da eine Theilung würklich geschehen, wo keine Theile sind, und an sich bloß welche denken laßen? Daß es ausgedehnte Wesen von solcher Natur geben kann, die nicht aus heterogenen und würklich verschiedenen Theilen bestehen, ist nicht nur an sich möglich, sondern auch sehr wahrscheinlich. Warum soll denn die Natur immer Vermischungen hervorgebracht; nie ausgedehnte Sub-

stanßen

ftanzen in ihrer unvermiſchten Reinigkeit ge-
laſſen haben? Iſt es nicht vielmehr höchſt
glaublich, daß ſie auch unvermiſchte Sub-
ſtanzen werde hervorgebracht haben?

So fallen alſo alle Beſorgniße, die man
anfangs auf die Ausdehnung der Seele gegründet hatte, dahin; ſo iſt ſie alſo nicht
theilbar, nicht vergänglich, nicht materiell. — Nicht materiell, wenn ſie ausgedehnt iſt? — Materiell, und nicht materiell, wie man will. Materiell, wenn
man alles, was ausgedehnt iſt, materiell
nennen will; nicht materiell, wenn man nur
das materiell nennen will, was aus mehreren würklich verſchiedenen Theilen beſteht.

Wenn nun die Seele ausgedehnt iſt, was
hat ſie für eine Figur, was für eine Geſtalt? — Wenn die Seele einfach iſt, wie
ſoll man ſie ſich denn vorſtellen? — Hier
ſtehen wir an den äuſerſten Gränzen menſch-
licher Erkenntniß, die wir in dieſem Leben
gewiß nie, und nur erſt jenſeit des Grabes
werden überſchreiten können. Beſtimmte
Begriffe von dem zu erlangen, was die
Seele an ſich iſt, jetzt zu erlangen, überſteigt unſere Kräfte weit, da wir ſie nicht

anders

anders als aus ihren Wirkungen, und nie anschaulich kennen, und kennen können.

Drittes Hauptſtück.

Siß der Seele.

Die nächſte Frage, die man ſich vorlegte, nachdem man bewieſen hatte, daß nicht die Organiſation denkt, war, an wel= chem Orte des Körpers hat denn das den= kende Weſen ſeinen Siß? Empfindung war das erſte Kriterium, deßen man ſich zu ihrer Beantwortung bediente, nicht weil es das beſte, ſondern weil es das leichteſte war, deßen man ſich dazu bedienen zu können glaubte. Nach dieſer Empfindung ſchloß man in vielen Schulen der Philoſophen, daß die Seele im Herzen wohne, weil man da, oder wenigſtens in der Gegend des Herzens, die Eindrücke der Affekten und Leidenſchaf= ten am deutlichſten bemerkte. Wer hätte nicht denken ſollen, daß ein ſolcher Schluß richtig ſeyn müßte? Und gleichwohl fand ſich's nach genauern Erfahrungen, daß die Seele auch da gewiße Arten ihrer Wirk=

II. Theil.   J   ſamkeit

famkeit vorzüglich äufern könne, wo ſie
nicht wohnt.

Zu eben der Zeit, da die Philoſophen
durch Empfindung den Sitz der Seele beſtimmten, bemühten ſich die Anatomen und
Aerzte, ihn durch den Platz der zum Denken und Empfinden dienenden Werkzeuge des
Körpers anzugeben. Im Kopfe, und namentlich im Gehirne, ſagten ſie, wohnt die
Seele, denn nur da iſt der Sammelplatz der
zum Empfinden und Denken nothwendigen
Nerven.

Nach welchem Kriterio alſo ſoll der
Sitz der Seele beſtimmt werden? Giebt
es eines, oder giebt es mehrere? Dieſe
Frage hätte man beantworten müßen, ehe
man ſich an die Beantwortung der erſtern
machte; und gleichwohl ſcheint man ſie ſich
entweder gar nicht, oder nicht in ihrem ganzen Umfange vorgelegt zu haben, weil man
ſonſt dieſe ganze Frage beſtimmter und deutlicher würde abgehandelt haben. Bey allen
Streit-Fragen iſt dies faſt immer der Fall,
daß man ſich in unbeſtimmte und unabſeh-
lige Subtilitäten verwickelt, ehe man unterſucht, nach welchen Regeln der Streit beur-

theilt

theilt werden muß; und daß man erst nach
langen Tappen und Herumirren nach dem
Faden sucht, der aus dem Labyrinthe leiten kann.

Die bloße unmittelbare Empfindung kann
hier gar nichts entscheiden, weil wir von
der Seele und ihrem Aufenthalte durch Empfindung keine anschauende Begriffe haben,
weil wir einige Thätigkeiten der Seele an einem, andere an einem andern Orte des
Körpers vorzüglich empfinden. Also gar
nichts entscheiden? Das wäre, von einem
Extremo in das andere fallen. Unter gewißen Einschränkungen und mit gewißen andern Hülfs-Mitteln verbunden kann sie ohne Zweifel, und muß sie uns den Sitz der
Seele anzeigen. Wenn wir nach lange an-
gestrengter Aufmerksamkeit, nach langem
Nachdenken, nach heftigen Gemüths-Un-
ruhen an irgend einem Theile des Körpers
vorzüglich Erschlaffung, Ermüdung, Schwäche empfinden: so ist es wol nicht zu leugnen, daß da die eigentliche Werkstädte der
Gedanken und Empfindungen ist, daß da
die Seele ihre Wirksamkeit vorzüglich äusert.

Wir

Wir wißen aus unzähligen Erfahrungen,
daß die Seele sich zum Empfinden und Denken gewißer Werkzeuge des Körpers bedient;
da also, wo diese Werkzeuge sich versammlen, wo der Mittelpunkt aller Instrumente
des Denkens und Empfindens ist; muß auch
der Sitz der Seele seyn. Die Frage also,
wo wohnt eigentlich die Seele? verwandelt
sich in die, wo ist der Punkt der Zusammenkunft aller zum Empfinden und Denken
erforderlichen Theile des Körpers? Diesen
Punkt kann man durch zween Mittel auffinden, durch die Zergliederung des Körpers,
und durch Erfahrungen über die mit der
Hinderung oder Aufhebung gewißer Seelen-
Kräfte zugleich verbundene Verderbung gewißer Theile unsers Körpers.

Und so haben wir also drey Kriteria, den
Sitz der Seele zu bestimmen: die innere
Empfindung von Müdigkeit, beym Denken, das Anschauen des Vereinigungs-
Punktes der Organe; und das Anschauen
der Verderbung gewißer Organe, verbunden mit der Empfindung der Verderbung gewißer Seelen-Kräfte. Mehr
kenne ich nicht, ich glaube auch nicht, daß
sich

sich mehrere werden auffinden laßen, weil
dies sich nur durch innere und äusere Empfindung entscheiden läßt, und beyde nicht
leicht auf mehrere Arten hier angebracht
werden können.

Wie weit werden sie uns nun führen diese
drey Kriteria? Werden sie uns bis in das
innerste Heiligthum der Seelen-Wohnung, bis
an das gemeinschaftliche Sensorium selbst leiten, oder werden sie uns in ihren Vorhöfen
verlaßen? Die bisher über den Sitz der Seele
geführten Streitigkeiten und vorgeschlage-
nen Hypothesen erwecken eben kein gar zu
günstiges Vorurtheil für unsere drey Kriterien; die Untersuchung derselben wird uns
bald zeigen, in wie fern es gegründet ist.
Sie alle durchzugehen, würde verlohrne Mühe seyn, weil es auch unter ihnen manche
giebt, die sich schon dadurch widerlegen, daß
sie nur vorgebracht werden; würde vergeb-
liche Mühe für mich seyn, weil sie theils
gleich bey ihrer Entstehung zum Theil schon
wieder vergeßen worden sind, und theils in
solchen Büchern stehen, die ich jetzt nicht
nachschlagen kann. Die Prüfung einiger
der vornehmsten wird zu unserer gegenwär-

J 3 tigen

tigen Abſicht hinreichend ſeyn, die keine an=
dere iſt, als zu zeigen, wie weit hier die
Gränzen unſerer Erkenntniß jetzt reichen,
und wie weit ſie allenfals noch dereinſt rei=
chen könnten.

So viel iſt aus allen unſern Erfahrungen
und Beobachtungen klar, daß der Sitz der
Seele, und das gemeinſchaftliche Senſorium
nirgends als im Gehirne ſeyn kann: ob es
aber in dem ganzen Gehirne, oder nur in
einem ſeiner Theile zu ſuchen iſt, das iſt noch
nicht gantz außer allem Zweifel geſetzt. Wer
eine einfache Seele glaubt, ſchließt ſchon
daraus, daß es nicht im ganzen Gehirne
ſeyn kann, und wer eine ausgedehnte an=
nimmt, iſt gleichfalls nicht ungeneigt, nur
einen gewißen Theil des Gehirns dafür an=
zunehmen; weil ihm eine Seele, die den
ganzen Raum des Gehirns erfüllt, etwas
zu rieſenmäßig ſcheint, um ſich den Augen
der Menſchen entziehen zu können. Da aber
die Schlüße a priori ſehr oft zu trügen pfle=
gen: ſo thut man am beſten, wenn man die
Erfahrung zugleich befrägt, und ihre Aus=
ſagen mit jenen abſtrakten Beweiſen zuſam=
menhält.

Und

Und was sagt sie denn nun biese Erfahrung? Daß die Rinde des Gehirns nicht
nur ohne Schmerz abgenommen; sondern
auch ohne Schaden der Seelen = Kräfte aus-
schwären, und in Eiter übergehen kann. *)
Daß einem achtjährigen Knaben von einem
Pferde der Kopf entzwey geschlagen wurde,
so daß Stücke von dem Cortex größer als
ein Hünerey herausgiengen, und dem ohngeachtet der Kranke geheilt, und ohne Scha-
ben seiner Seelen-Kräfte geheilt wurde; **)
daß ein siebenjähriger Knabe durch einen
Fall vom Pferde ein Loch in den Kopf bekam, aus welchem immer neue Auswüchse
des Gehirns hervordrangen, ohne daß jedoch den Seelen=Kräften das geringste ge-
schabet wurde; daß man endlich in Teichen
ben ganzen Cortex verzehrt und vereitert gefunden hat. ***)

J 4 Ja

*) Van Swieten Comment. in Aphor. Boerha-
vii tom. I. p. 435.

**) Memoires de l'Acad. de Chirurgie tom. I.
part. 2. p. 126.

***) Van Swieten Comm. in Aphor. Boerha-
vii tom. I. p. 440.

Ja auch die markigte Subſtanz des Gehirns ſelbſt iſt bey manchen Zufällen beſchä-
bigt worden, ohne daß man an den Seelen-
Fähigkeiten einige Verſchlimmerung bemerkt
hat. Eben dem zuletzt angeführten ſieben-
jährigen Knaben waren die Geſchwüre bis
in die Subſtanz des Gehirns gedrungen:
ein Menſch von 15 Jahren bekam einen
Steinwurf an den Kopf, das Gehirn wurde ſchwarz, und ſtieg aus der Wunde; im
trunkenen Muthe riß er den Verband, und
mit ihm einen großen Theil des verdorbenen
Gehirns heraus; man fand, daß dies ſich
beynahe bis an das corpus calloſum er-
ſtreckte, der Kranke war zwar paralytiſch;
aber ſein Verſtand hatte doch nicht gelit-
ten. *) Beyſpiele dieſer Art findet man bey
den theils blos beobachtenden, theils auch
die Beobachtungen zu Theorien verarbeiten-
den Artzeney-Gelehrten in Menge; und
nichts ſcheint richtiger, als daraus mit aller Zuverſicht zu ſchließen, daß bey weitem
nicht das ganze Gehirn, und vielleicht nur
ein ſehr geringer Theil deßelben zum Denken

*) Memoires de l'Acad. de Chirurgie tom. I.
part. 2. p. 150.

ken nothwendig, und der Wohnsitz der
Seele ist.

Und so haben auch die größten Phyfiologen, und mit ihnen der Phyfiolog aller
Phyfiologen geschloßen. *) Gleichwohl finden sich auch hier unglücklicher Weise einige
Beobachtungen, die diesen gerade entgegen-
stehen; ein bloßer kleiner Eindruck der Hirn-
schädel hat einen Knaben auf Zeit Lebens
einfältig; **) und ein bischen ausgetretenes
Waßer manche andere entweder dumm, oder
rasend gemacht. ***)

Was sollen wir nun bey diesem Widerspruche thun? den ersten Satz wieder zurück
nehmen? das wäre zu übereilt, denn man
nimmt nicht gern einmahl ausgegebene
Münze wieder, so lange man sie nur noch
einigermaßen als gangbar vertheidigen kann.
Und im gegenwärtigen Falle läßt sich diese
Gangbarkeit dadurch rechtfertigen, daß man

J 5   die

---

*) Haller phyſiol. tom. IV. ſect. 7.

**) Van Swieten Comm. in Aphor. Boerhavii
tom. I. p. 433.

***) Morgagni de Sed. Morbor. ep. III, n. 24.
IV, n. 6, 7. Haller phyſiol. tom. IV. ſect. 7.
Morgagni ep. I, n. 10. IV, 30. u. ſ. w.

die Verletzungen der Seelen=Kräfte bey dem
Drucke des Gehirns nicht den in der Rinde
entstandenen Unordnungen, sondern der Zu=
sammenpreßung größerer Stellen des Ge=
hirns zuschreibt, die bis in seine innersten
Theile sich erstreckt, und dadurch die Geistes=
Kräfte geschwächt hat.

Wenn wir aber nun auch die Rinde des
Gehirns und einen Theil seines Markes von
dem Vorrechte ausschließen, der Sitz der
Seele zu seyn: und wenn wir auch dadurch
den unbestimmten Satz festsetzen, daß nicht
das ganze Gehirn der Seele zur nächsten
Wohnung dient: so bleibt uns doch noch
immer ein viel zu großer Theil davon übrig,
als daß wir den ganz für das gemeinschaft=
liche Sensorium halten könnten; und jener
unbestimmte Satz fordert eine nähere Ein=
schränkung zu laut, als daß wir sie ihm ver=
sagen könnten. Große Leute haben sie an=
gegeben diese nähere Einschränkung, aber
mit so wenigem Glück angegeben, daß man
sich ohne die äußerste Verwegenheit, und
ohne ganz andere und genauere Beobach=
tungen als die bisherigen, an diese genauere
Einschränkung nicht wagen darf.

Die

Die Pineal-Glandel, sagte Cartesius, ist
der unmittelbare Aufenthalt der Seele, und
machte beydes seinen Zeitgenoßen und Nachfolgern damit keine geringe Freude; den ersten über die neue Entdeckung einer wichtigen Wahrheit, den letztern über die Bemerkung eines berühmten Irrthums. Er sagte
dies nicht blos, er bewies es auch, und seine Beweise waren so beschaffen, daß man
sie schwerlich damahls beßer wünschen konnte. Die Seele, sprach er, kann nur an
einem einzigen Orte seyn, folglich muß derjenige Theil des Gehirns, den sie zu ihrem
Aufenthalte hat, einzig seyn, und dies ist
die Pineal-Glandel, und ist es allein, denn
alle übrigen Theile im Gehirne sind zwie-
fach. *) Ferner, die Seele muß nothwendig an dem bequemsten Orte wohnen, einem
solchen nemlich, wo sie alles, was im Gehirne vorgeht, am leichtesten und geschwindesten bemerken kann; so wie ein Fürst gemeiniglich sich den Mittelpunkt seiner Staa-
ten zur Residenz wählt. Und dieser bequem-
ste Ort wo ist er anders als in der Pineal-
Glan-

*) Cartes. Ep. pars II, ep. 38. de passioni-
bus p. 16.

Glandel? Diese liegt im Mittel-Punkte
des Gehirns, an dem Punkte, wo sich seine
edelsten und wirksamsten Theile vereinigen;
wo folglich alle Veränderungen am leichtesten und geschwindesten empfunden werden
können. *)

Wer hätte nicht glauben sollen, daß die
Erfahrung solchen schönen Schlüßen ent-
spräche? Wer nicht überzeugt seyn, daß
die Seele würklich in dieser Glandel wohne,
weil jeder ihr keinen beßern Platz als eben
diesen hätte anweisen können? und doch ver-
fuhr die Natur anders! Der einzige Umstand, den Cartesius nicht bemerkte, und
weil er nicht allwißend war, auch nicht bemerken konnte, daß eben diese Glandel bey
Menschen versteinert gefunden worden ist,
die dem ungeachtet nicht nur gelebt, sondern
auch als vernünftige Menschen gelebt haben;
daß eben diese Glandel bey Kindern so wäßerig ist, daß sie so gut als gar nicht vorhanden ist; und außer diesem noch einige andere
mehr, machten diese ganze so feine ausge-
dachte,

*) Ep. pars II. ep. 50.

dachte, und so schön bewiesene Hypothese auf
einmahl zu Nichts. *)

Eine verunglückte Hypothese ist dem
menschlichen Geiste so gut als keine; er
macht eine neue, die die Schwierigkeiten der
vorigen nicht trifft, und glaubt nun die völ-
lige Wahrheit erhascht zu haben; weil er in
dem Taumel der Freude über seine Entdeckung die aus ihr entstehenden neuen
Schwierigkeiten weder sehen kann, noch sehen mag. Nach dem Umsturze der cartesianischen Lehre, machten Willis und mehrere
andere Anatomen neue Hypothesen, und
auch diese sind schon wieder in das Reich der
Schatten eingegangen. Eine einzige unter
ihnen scheint sich wegen der gründlichen Methode ihrer Festsetzung vorzüglich auszuzeich-
nen, und ist daher auch von einem neuern
Psychologen als die beste angenommen und
empfohlen worden. **) Und dies ist die des
de la Peyronie.

Der

*) Haller Commentar. in Boerhavii Praelectio-
nes tom. I. p. 673. tom. IV. p. 451. Observations de Physique tom. I. pag. 258.
Wepfer Observatt. tom. I. p. 772, 816.

**) Bonnet Essay analytique chap. 5.

Der Sitz der Seele, sagte er, kann an
keinem andern Theile des Gehirns seyn, als
an denjenigen, deßen Verletzung so gleich die
Verletzung der Seelen-Kräfte nach sich zieht.
Wie aber diesen Theil unter so vielen auffinden? wie ihn mit Zuverläßigkeit erkennen?
Durch den Weg der Ausschließung; denn
wenn man von allen übrigen Theilen des
Gehirns mit Erfahrungen darthut, daß ihre Verletzung den Seelen-Kräften nicht schadet, und so endlich einen einzigen zurückbe-
hält, mit deßen Beschädigung, Beschädigung
der Seelen-Kräfte verbunden ist: so kann
man sicher entscheiden, daß hier die Seele
wohnen muß. Diese Methode ist vortrefflich, und die einzige mögliche, den Sitz der
Seele, und das gemeinschaftliche Sensorium,
mit Gewißheit zu bestimmen. Aber ihre
Anwendung? Scheint bey dem Peyronie
eben so vortrefflich als sie selbst ist; und hat
doch die erwartete Wirkung nicht hervorgebracht. Er gieng alle von seinen Vorgängern angegebene Wohnsitze der Seele durch,
zeigte aus Beobachtungen, daß sie es nicht
seyn können; behielt nach dem allem nichts
als das Corpus callosum übrig; schloß
also

also theils hieraus, und theils auch aus einer Menge anderer Beobachtungen, deren
Resultat auf die mit der Beschädigung dieses
Theiles verbundene Beschädigung der Seelen-Kräfte hinaus lief, daß das Corpus
callofum der Sitz der Seele seyn muß. *)

. Und doch glaubt man ihm nicht? Doch
halten große Anatomen den Sitz der Seele
nicht nur für nicht gefunden, sondern auch,
was noch mehr ist, für nicht findbar? Der
Fehler muß also in der Anwendung seiner
Methode liegen. Wenn sein Schluß vollkommen beweisen sollte: so müßte er so lauten: auf die Verletzung des Corporis cal-
losi folgt allemahl Verletzung der Seelen-
Kräfte, und erfolgt nie anders, als wenn
dies entweder mittelbar oder unmittelbar
beschädigt worden ist. Mit diesem Schluße
müßten alle Erfahrungen auf das vollkom-
menste übereinstimmen, die entgegengesetzten
müßten entweder sehr wenige, oder auch
sehr

*) De la Peyronie Obfervations par les quel-
les on tache de decouvrir la partie du Cer-
veau ou l'ame exerce fes fonctions. Hift.
de l'Acad. Royale des fciences An. 1741.
Memoires p. 199.

sehr zweifelhafte, oder endlich aus andern
Quellen zu erklärende Erscheinungen seyn.
Von diesem allem findet sich unglücklicher
Weise das Gegentheil; es finden sich viele
entgegenstehende Beobachtungen, und diese
entgegenstehenden Beobachtungen laßen sich
auf seine Theorie nicht zurückführen. Ein
Mensch wurde in den Kopf geschoßen, die
Kugel blieb im Gehirn, sie fand sich nach seinem Tode gerade auf der Pineal-Glandel;
und doch lebte dieser Mensch mehrere Jahre,
lebte, ohne von seinen Seelen-Kräften das
geringste verlohren zu haben. *) Ein anderer bekam einen Schlag an den Kopf, wodurch kleine Splitter der Hirnschale in das
Gehirn getrieben wurden, man zog sie heraus, und er starb; man fand nichts weiter
als ein kleines Geschwür in der Rinde des
Gehirns. **) Bey dem ersten Falle könnte
man sagen, daß die Kugel das Corpus callosum nicht unmittelbar beschädigt habe;
allein dies würde durch den andern widerlegt werden; bey dem andern könnte man
sagen,

*) Memoires de l'Acad. de Chirurgie tom. I.
part. II. p. 134.
**) Ebendaselbst p. 141.

fagen, daß das Geſchwür, durch ſeine Ausdehnung dem Corpori calloſo hinderlich geweſen wäre; allein dies würde durch den erſten wiederlegt werden; denn es war ein kleines Geſchwür, welches folglich das Gehirn nicht mehr drücken konnte, als eine bleyerne Kugel. In dem oben ſchon angeführten Falle von dem Bedienten, der ſich ein großes Stück Gehirn aus dem Kopfe riß, fand man das Corpus calloſum noch unbeſchädigt, denn die Wunde reichte nur bis nahe an dieſen Körper, und doch war der Kranke paralytiſch, ja er bekam auch manchmahl epileptiſche Zufälle. *) Bey raſenden Leuten hat man ſehr oft fremde Körperchen im Gehirn gefunden, die noch lange nicht bis an das Corpus calloſum reichten. **) Die Peyroniſche Hypotheſe iſt alſo ſo gut als alle übrigen nicht nur auflöslichen Schwierigkeiten; ſondern auch gerade widerſprechenden Erfahrungen ausgeſetzt, und hier-

*). Memoires de l'Acad. de Chirurgie tom. I. part. II. p. 150.
**) Hamburgiſches Magazin tom. 9. p. 13, 38, 39.

II. Theil.   K

hieraus werden sich bald die Urfachen abziehen laßen, warum wir mit unfern fo
fchön ausgefonnenen Kriterien doch den ſtrei-
tigen Punkt nicht ausmachen können. Nicht
daß die Kriterien ſchlecht und unzuverläßig;
fondern daß ſie nicht anwendbar, wenig-
ftens noch jetzt nicht anwendbar find, iſt
Schuld an unferer Ungewißheit und Unwif-
fenheit. Durch bloße Empfindung von Un-
bequemlichkeiten bey dem lange fortgefetzten
Denken können wir den eigentlichen Punkt
des gemeinfchaftlichen Senforiums nicht beſtimmen, denn diefe Empfindungen zeigen
nicht den Theil des Gehirns an, in dem ſie
ſich befinden, und haben auch nicht immer
einerley Aufenthalt; einer wird nach langem
Denken fchwindlicht, einem andern fchmerzt
der ganze Kopf, einem dritten bloß ein gewißer Theil des Kopfes. Das Ende und
den Sammelplatz aller denkenden und empfindenden Organe können wir durch Anatomie nicht entdecken, weil alle innere Theile
des Gehirns zu fein find, weil die Nerven
nicht nach einer Gegend gehen, und ſich zuletzt in ein bloßes Mark verliehren. Durch
Anatömie verbunden mit den Erfahrungen
über

über Beschädigung der Seelen-Kräfte kann
es auch noch jetzt nicht ausgemacht werden,
weil die Erfahrungen und Beobachtungen
sich widersprechen, weil sie mehr in Rücksicht auf die Heil-Methode als die Seelen-
Kenntniß gemacht, folglich unbestimmt ausgedrückt, und selten mit der gehörigen Genauigkeit angestellt sind. Der einzige Weg,
etwas, ich will nicht sagen völlig bestimmtes, sondern nur etwas bestimmteres zu finden, wäre, alle bisher darüber aufgezeich-
nete Beobachtungen ohne alle vorgefaßte
Meynungen nach den strengsten Regeln der
Logik zu vergleichen, ihre Widersprüche genau anzumerken, die Fälle für und wieder
nach Zahl und Gewicht zu bestimmen; das
unbestimmte und mangelhafte einzelner Erfahrungen anzumerken; ihre Vereinigung
aufzusuchen; und dann durch neue eigene
Beobachtungen die Lücken zu ergänzen. Allein auch dadurch würde man vielleicht nicht
zu einer völlig genugthuenden Antwort der
vorgelegten Frage gelangen, weil die verschiedenen Theile des Gehirns zu fein in einander verwebt, und auch die entferntesten
zu genau mit einander verbunden sind, als

K 2   daß

daß man alle Zweifel auflösen, alle widersprechende Erfahrungen in einen gemeinschaftlichen Punkt vereinigen, und in jedem
Falle bestimmen könnte, in wiefern ein Theil
durch unmittelbare Verletzung, oder durch
Sympathie, leidet, was die Verletzung jeden
Theiles zur Beschädigung gewißer Seelen-
Fähigkeiten beyträgt; und ob die Hemmung
des Denkens in jedem Falle unmittelbar aus
der Verletzung dieses, oder mittelbar aus
der Verletzung jenes Theiles im Gehirn,
durch diesen, entsteht.

Viertes Hauptstück.
Von den sinnlichen Werkzeugen.

Die Eindrücke auf den Körper werden zu
dem Sitze der Seele, oder dem gemeinschaftlichen Sensorium, durch gewiße
eigentlich dazu eingerichtete Werkzeuge getragen, und diese Ueberbringer äuserer Eindrücke nennt man die Sinne. welches sind
denn nun diese Werkzeuge? dienen alle
Theile des Körpers dazu, oder nur
einige?

Nach

Nach allen Erfahrungen, mit aller Genauigkeit, und Genie; von mehreren großen und kleinen Anatomen angestellt, empfindet an unserm ganzen Körper nichts als die Nerven. *) Zwar hat man auch dies ungewiß zu machen sich auf einige entgegengesetzte Erfahrungen berufen, und diese Erfahrungen mit Eifer, selbst mit Hitze vertheidigt; allein man hat sich doch endlich so sehr überwinden gefühlt, daß man seine Behauptung wo nicht ins geheim, doch wenigstens öffentlich hat aufgeben, und der Gegen-Parthey den Sieg zuerkennen müßen. Der Herr von Haller, der die Empfindlichkeit der Nerven allein hauptsächlich behauptet hat, hat an mehreren Stellen seiner Schriften, an allen ihm entgegengesetzten Erfahrungen entweder Mangel an Genauigkeit, oder an historischer Wahrheit gefunden, und seinen Gegnern gezeigt. Er hat durch eine große Anzahl theils selbst gemachter, theils von seinen Schülern unter seiner Anleitung gemachter Versuche, den Satz bewiesen, daß kein Theil unsers Körpers empfindet, der

K 3 nicht

*) Novi Commentarii Gottingenses Tom. III. pag. 4.

nicht einen Nerven hat, und daß die em-
pfindlichen Theile zu empfinden aufhören,
so bald der dahin gehende Nerve abgeschnitten, oder auch nur unterbunden wird. *)

Diese Nerven nun sind Faden, die vom
Gehirn oder Rücken-Marke ausgehen, und
ihre Aeste durch den ganzen Körper verbrei-
ten. Sie theilen sich wieder in eine große
Menge kleinerer, sehr subtiler Fäden, und
da, wo sie ins Gehirn gehen, sind diese Faden 32,400 mahl feiner als ein Haar. Man
unterscheidet an ihnen deutlich zwo verschiedene Substanzen, eine Mark in dem innersten, und eine es umgebende Haut, welche
so wol an dem Ende, der in das Gehirn
geht, als auch an dem, der außen nach
den Körper geht, wieder abgelegt wird, so
daß nur die bloße markigte Substanz zurück-
bleibt. **)

Von diesen beyden Theilen des Nerven
nun, welches ist derjenige, der die Empfindung hervorbringt? oder sind es beyde?
Nicht

*) Memoires sur la nature du sensible et de
l'irritable.

**) Haller Physiol. tom. IV. sect. 7. Comment.
in Boerhavii Praelectiones Tom. II. p. 581.

Nicht beyde, denn die Haut dient zu weiter
nichts, als das Mark zu bedecken, und zusammen zu halten. Die Haut wird an denjenigen Stellen abgelegt, wo sie zur Empfindung am nothwendigsten wäre, an dem
Ende, wo der Eindruck von außen gemacht
wird, und an dem, der den Eindruck ins
Gehirn bringt. Die Haut ist weiter nichts
als eine Fortsetzung der harten Hirnhaut,
und diese Hirnhaut empfindet nicht. Gründe genug für die Unempfindlichkeit der Ner-
ven-Haut, das ist, für die Empfindlichkeit
des Nerven-Markes allein. *)

Die Anzahl der Werkzeuge, die der Seele
Empfindungen überbringen, setzt man im
gemeinen Leben auf fünfe, und man beruhigt sich bey dieser Zahl so lange, bis man
von den Philosophen hört, daß sie vielleicht
größer, vielleicht auch kleiner seyn kann.
Es giebt nur einen einzigen Sinn, sagen einige, denn alle Empfindung geschieht durch
Berührung, und alle Berührung unsers
Körpers ist Gefühl. Es giebt ihrer gar

K 4

acht,

*) Haller Comment. in Prael. Boerhavii tom.
II. p. 596. Novi Commentarii Societat.
Reg. Goettingenf. T. III. p. 33.

acht, sagen andere, dann so vielerley ver=
schiedene Arten von Empfindungen, haben
wir, und so vielerley Arten von Empfindun=
gen es giebt, so vielerley Sinne muß es
auch geben. *) Die gewöhnliche Aufzäh=
lung der Sinne ist von dem großen Haufen,
und für den großen Haufen gemacht, der die
Wahrheit nicht genau sieht, und genau zu
sehen nicht nöthig hat; sich blos bey seinen
Aussprüchen beruhigen, würde unverzeih=
liche Trägheit seyn.

Auch bey dieser Streitigkeit ist eben das
geschehen, was so viele andere veranlaßt
und verewigt hat, man hat entschieden, ehe
man untersucht hat, nach welchen Gründen
man entscheiden müßte, und so hat jede
Parthey die Wahrheit auf ihrer Seite zu
seyn geglaubt, weil keine nach dem Zeichen
fragte, welches hier die Wahrheit ausge=
hängt hat. Ehe man sicher sagen kann, es
giebt nur so und so viel Sinne, muß man
vorher ausgemacht haben, nach welcher Re=
gel die Sinne eingetheilt werden müßen.

Und

*) Lamy Explication physique des fonctions
de l'ame. le Camus Medecine de l'esprit
tom. I. p. 37.

Und hier laßen sich folgende einzelne angeben; die Verschiedenheit der durch die Organe zur Seele gelangenden Empfindungen;
die Verschiedenheit der Organe, und empfindenden Plätze; die innere Verschiedenheit der
empfindenden Nerven. Kann jede von diesen für sich genommen zum hinreichenden
Abtheilungs-Grunde der Sinne dienen?

Ja, sagt Hutcheson, die innere Verschiedenheit der Empfindungen allein berechtigt
uns, so viel Sinne anzunehmen, als es
verschiedene Claßen von Empfindungen
giebt. *) — Aber der Kützel, ist der nicht
eine ganz andere Art von Empfindung, als
die des weichen und harten, des kalten und
warmen? Muß er nicht also auch einen
eigenen Sinn haben? Und doch ist Kützel
in der ganzen Welt nichts anders als Gefühl. Ferner der Schauder, ist er nicht
ganz eine andere Art von Empfindung, als
der Kützel, als Kälte und Wärme? Und
doch ist er nichts als Gefühl.

Ja, sagt Lamy, und le Camus, so viel
Organe es giebt, so viel Sinne giebt es,

R 5 folg-

*) Hutcheson Origine des Idees du Beau
part. I. sect. 1.

folglich ist die Verschiedenheit der Organe
allein hinreichend, die Abtheilung der Sinne zu machen. *) Da es also acht Organe
giebt, so giebt es auch acht Sinne, und diese
sind, außer den bekannten fünfen, Hunger,
Durst, und das, was man sonst auch den
sechsten Sinn zu nennen pflegt — Ich frage, ist denn auch die Empfindung der Colik,
der Beklemmung des Herzens, des Podagra, der Gicht, ein eigener Sinn? Und
wenn sie es seyn sollen, bekommen wir denn
nicht eine unabsehlige Zahl von Sinnen?
oder sind nicht vielmehr diese alle nichts
mehr und nichts weniger als Berührungen
der im innersten Körper ausgebreiteten Gefühl-Nerven? Rechnet man sie nicht durchgängig unter das Gefühl? Und wenn das
ist, welches Vorrecht haben Hunger, Durst,
wollüstige Entzückung vor ihnen? Sind
diese nicht eben so gut Berührungen der Gefühl-Nerven, als jene? — Die Empfindung des venerischen Vergnügens aber ist
doch offenbahr ganz anderer Art, als alle
übrige Empfindungen des Gefühles? —
Nicht so sehr wie es anfangs scheint; man
bewe-

*) An den oben angeführten Stellen.

bewege im innersten des Ohres eine weiche
Feder sanft herum, und man wird einen jenem ähnlichen Kützel empfinden, und man
wird sich überzeugen, daß jene Empfindung
nicht einen oder einigen Organen und Nerven, sondern mehreren, und vielleicht den
meisten Nerven eigen ist, wenn sie nur bequem genug liegen, um auf die gehörige Art
berührt werden zu können.   Sehr deutlich
erhellet dieß aus dem Beyspiele eines Blind-
gebohrnen, der nach der Stechung des
Staares bey dem ersten Eindrucke des Lichtes eine Wolluft empfand, die der venerischen sehr ähnlich war. *)

Die Verschiedenheit der Nerven selbst hat
noch keiner zum Kriterio der Verschiedenheit
der Sinne angenommen, weil alle gefühlt
haben, daß wir von ihr auch das nicht einmahl genau wißen, daß sie da ist.

Hieraus folgt also, daß diese Kriteria
einzeln genommen unbrauchbar, und mithin die auf sie gebauten Behauptungen falsch
sind.   Es folgt ferner, daß sie mit einander
verbunden werden müßen, und, weil nur

zwey

*) Haller Comm. in Praelect. Boerhavii Tom.
IV. p. 34.

zwey übrig bleiben, daß nur diese beyde
verbunden werden können. Die Verschiedenheit der Empfindungen also zusammengenommen mit der Verschiedenheit der
Organe berechtigt uns, die Sinne ein-
zutheilen.

Denn hätten wir alle Organe die wir
jetzt haben, und diese alle gäben uns nur
einerley Ideen und Empfindungen; oder
überlieferten uns alle Organe alle Ideen
und Empfindungen: so würden wir von
der Verschiedenheit der Sinne nichts wißen,
wir würden nicht sagen können, daß wir
die Farbe sehen, den Schall hören, und
den Druck fühlen. Und dies widerlegt diejenigen, die nur einen einzigen Sinn, das
Gefühl, annehmen wollen.

Hätten wir aber nur ein einziges Organ,
und durch dieses einzige Organ alle die Empfindungen, die wir jetzt durch mehrere bekommen: so würden wir blos wegen der
Verschiedenheit der Empfindungen nicht berechtigt seyn, mehrere Sinne anzunehmen,
und zu sagen, daß wir den Schall hören,
die Farben sehen, das Brennen fühlen.
Wir würden nicht allein, nicht berechtigt
seyn,

seyn, dies zu thun, wir würden es auch
nicht thun können, weil die Benennung, und
also auch die Unterscheidung der verschiedenen Sinne einzig und allein auf dem Grunde ruht, daß die Empfindungen durch verschiedene Canäle zur Seele gebracht werden.

Nach dieser Regel nun dürfen wir, glaube
ich, nicht mehr und nicht weniger als fünf
Sinne annehmen, denn das Auge ist ein
eigenes Organ, und giebt Ideen, die nur
durch das Auge zur Seele kommen, eben
so auch das Ohr und alle andere Sinne.
Mehrere Organe laßen sich nicht angeben,
und von den mehrern Ideen läßt sich noch
immer mit gutem Grunde zweifeln, ob sie
durch ein eigenes, oder durch ein von den
bekannten fünfen nicht unterschiedenes Organ zur Seele gelangen. Von den Empfindungen des Hungers und Durstes ist es,
wo ich nicht irre, unleugbar, daß sie von
keinem andern Organe abhängen, als dem,
welches uns die der gichtischen, podagrischen
und mancher andern Schmerzen mittheilt;
von diesen ist es eben so unleugbar, daß sie
durch kein anderes Organ der Seele zuge-
führt werden, als von dem, welches die
Empfin-

Empfindung des Kützelns im Ohre und an
andern Orten des Körpers hervorbringt;
von diesem ist es unleugbar, daß es mit
dem Nahmen Gefühl bezeichnet wird, und
mit Recht bezeichnet wird, weil wir diese
Empfindungen auf keine andere Art und
durch keine andern Werkzeuge bekommen,
als die die Empfindungen des weichen, harten, brennenden, stechenden uns mittheilen. Es folgt also, daß alle diese Empfindungen nicht für einen eigenen Sinn gehören, sondern vom Gefühle abhängen. Zwar
weiß ich, daß es Physiologen giebt, die unter Gefühl nur die Empfindungen verstehen,
die wir an den Spitzen der Finger von dem
Eindrucke der Figur, Härte, und Weiche
der Körper erhalten; die folglich die Empfindungen des Brennens, Stechens, u. s. w.
nicht zu den Gefühlen rechnen; allein ich weiß
auch, daß dies mehr geschieht, weil sie in
gewißen Umständen nur von diesen reden
wollen, als weil sie sie einem andern Sinne
zuzueignen die Absicht haben; ich weiß auch,
daß sich das Daseyn eines eigenen für diese
Empfindungen bestimmten Organs schwerlich beweisen läßt.

Diese

Diese Verschiedenheit nun der Organe,
oder richtiger zu reden, die Ursache, warum
uns die verschiedenen Organe so verschiedene
Ideen und Empfindungen geben, worin
liegt sie? Im allgemeinen ist nichts leichter
als die Antwort hierauf, denn sie kann in
nichts andern als in der Verschiedenheit der
Organe, das ist, der Nerven selbst liegen;
weil nur sie es sind, die der Seele die verschiedenen Eindrücke mittheilen. Zwar
könnte man auch auf die Verschiedenheit der
äusern Gegenstände und die daher entstehende Verschiedenheit des Eindrucks auf die
Nerven die Ursache schieben; allein man
würde sich sehr leicht dadurch in den Irrthum verwickeln, daß das Licht nicht eben
so gut auf die ganze übrige Haut, als auf
das Auge, die durch den Schall bewegte
Luft nicht eben so gut auf das Auge, als
auf das Ohr wirkt.

Im besondern aber, und genauer erwogen, dürfte diese Antwort wol nicht sehr befriedigend erfunden werden. Denn diese
Verschiedenheit der Nerven nun worin liegt
sie? In der Verschiedenheit der Nerven-
Häute? oder des Nerven-Markes? oder
beyder

beyder zugleich? Das Nerven-Mark ist
bey allen Nerven daßelbe, sagt einer unserer größten Physiologen, also kann nichts
als die Verschiedenheit der Nerven-Häute,
die Verschiedenheit der Sinne hervorbringen. *) Aber woher weiß man, daß ein
Nerve durchaus kein anderes Mark hat, als
der andere? — Aus dem Anschauen —
Dies allein dürfte vielleicht keinen vollständi-
gen Beweis abgeben, da man weiß, daß
unsere Augen die feinern Zusammensetzungen
der Materie nicht erreichen, und da selbst
Physiologen auf das bloße Zeugniß auch be-
waffneter Augen nichts rechnen, wenn von
feinern Theilen des menschlichen Körpers
die Rede ist. Hiezu kömmt noch ferner, daß
die bloße Verschiedenheit der Nerven-Häute
nicht hinreichend scheint, alle Verschiedenheiten der Empfindungen zu erklären, weil
sie weiter nichts vermag, als die Eindrücke
äußerer Körper zu schwächen, zu verstärken,
und gänzlich zu verhindern. In den Gefühl-Nerven bringt der Eindruck des Lichts
nicht die Empfindung des Lichtes hervor,

war-

*) Haller Comment. in Praelect. Boerhavii
tom. IV. p. 434. sqq.

warum? weil sie nicht so bloß liegen als der
Gesichts-Nerve. —— So nehme man die
Bedeckung weg, und sehe, ob denn die Empfindung des Lichtes erfolgt. In den Gefühl-Nerven bringen die Salz-Theilchen der
Körper keine Empfindung des Geschmackes
hervor; man entblöße sie so wie die Ner-
ven in der Zunge liegen, und sehe ob sie nun
schmecken. —— Dies läßt sich nicht thun —
So läßt sich auch nicht mit hinlänglichem
Grunde sagen, daß bloß die Bedeckung der
Nerven die Verschiedenheit der Sinne her-
vorbringt; weil der einzige befriedigende
Grund nur aus solchen Erfahrungen hergenommen werden kann, die da aussagen,
daß nach Aufhebung des Unterschiedes der
Bedeckung, die verschiedenen Sinne einerley
Sensationen geben.

Allein gesetzt auch dies ließe sich so zuverläßig entscheiden, als es sich nicht entscheiden läßt: so hätte man auch damit noch
nicht gar viel gewonnen. Denn warum
frägt man nach der Ursache des Unterschiedes der Sinne? Ist es nicht, um aus dieser Ursache die Verschiedenheit der Empfindungen zu erklären? Und dies läßt sich hier

II. Theil. L durch-

durchaus nicht thun; man müßte denn im
Stande seyn, zu bestimmen, wie die Ner-
ven-Haut beschaffen seyn muß, um die Empfindung des Lichtes, des Schalles, u. s. w.
der Seele mittheilen zu können. Wenn
denn nun weiter gefragt würde, wie ist die
Bedeckung des Gehör-Nerven von der des
Seh-Nerven verschieden? Wie entsteht aus
dieser Verschiedenheit diese Empfindung? so
würde man doch nichts als das bescheidene
ich weiß nicht, antworten können.

Und so sind wir hier abermahl an einen
Gränz-Stein menschlicher Erkenntniß gekommen.

Fünftes Hauptstück.

Von der Empfindung.

Durch die Veränderung der sinnlichen
Werkzeuge wird in der Seele gleichfalls eine Veränderung hervorgebracht,
wenn keine Hindernße im Wege stehen, und
diese Veränderung der Seele heißt die Empfindung, oder die Sensation. Der wißbe-
gierige Forscher ist allemahl geneigt, hier
sich

hier sich die Fragen vorzulegen; was ist eine
Veränderung oder Modifikation der Seele?
wie wird die Seele modificiert? woburch
unterscheidet sich die Modifikation, die wir
Licht nennen, von der die wir Schall heißen?
Er wünscht die Beantwortung dieser Fragen,
sucht sie, weil er sie wünscht, und sucht sie
allemahl vergebens. Er folgert daraus mit
Recht, daß wir nicht wissen was Empfindung ist, ob wir gleich alle Augenblicke empfinden; und da er hier auf einen Gränz-
Pfahl seiner Erkenntniß gestoßen ist: so wendet er sich nach einer andern Seite, um vielleicht da mehr Aufklärung zu finden.

Bey jeder Empfindung ist allemahl ein
äuserer Gegenstand vorhanden; ich sage bey
jeder, denn wo kein äuserer Gegenstand ist,
da ist auch keine würkliche Empfindung.
Wenn es uns vorkommt, als ob wir einen
Schall hören, und wir finden, daß nichts
schallendes außer uns vorhanden ist: so sagen wir, nicht, daß wir etwas hören, sondern daß uns die Ohren klingen, oder daß
wir etwas zu hören glauben. Dieser äusere
Gegenstand wirkt auf das Organ, und die
dadurch entstandene Veränderung des Or-

gans

gäns theilt uns eine gewiße Empfindung
mit. Dies ist der Text zu einem Commentar, der schon seit Jahrtausenden immer
noch erst angefangen ist, und in diesen Leben
nie geendigt werden wird, nie geendigt werden kann. Hätte man diese Betrachtung
früher gemacht: so hätte man sich manche
Arbeit ersparen, und manche Stunde des
Genies beßer anwenden können. Zwar hat
auch dies seinen Nutzen gehabt, denn ob
man gleich das nicht gefunden hat, was
man suchte; so hat man doch dagegen etwas
beßers gefunden, was man nicht suchte,
und ohne dies vielleicht nicht gefunden haben würde, so wie man auch den gesuchten
Stein der Weisen nicht gefunden, und dabey manche nicht gesuchte nützliche Enbeckung
gefunden hat.

Um zu übersehen was sich hier finden und
nicht finden läßt, wird es nöthig seyn, den
von verschiedenen entworfenen Commentar
dieses Textes stückweise durchzusehen. Die
Frage: an welchem Orte des Körpers geschieht eigentlich die Empfindung, an dem,
wo wir sie zu seyn glauben, oder im Gehirn? mag uns zur Einleitung dienen,
weil

weil von ihrer Entscheidung die übrigen alle
abhängen.

Jeder Ort des thierischen Körpers empfindet für sich, nicht durch seine Gemeinschaft
mit dem Gehirn, sagt ein Schriftsteller, sagt
es, wie mehrere andere Schriftsteller, ohne
es zu beweisen. *)

Nicht jeder Ort des thierischen Körpers
empfindet für sich, sondern blos wegen seiner Gemeinschaft mit dem Gehirne, sagt ein
größerer Schriftsteller, und beweiset es, wie
große Schriftsteller allemahl thun. **)

Die Untersuchung dieser Beweise wird
bald entscheiden, auf welcher Seite die
Wahrheit ist. Man weiß aus anatomischen
Erfahrungen, daß ein Sinn allemahl entweder auf immer, oder auch nur auf eine
gewiße Zeit, nach Beschaffenheit der Umstände, verlohren geht, wenn derjenige Platz
des Gehirns gedrückt oder beschädigt wird,
wo die Nerven dieses Sinnes ihren Sitz und
Ursprung haben. Wir wißen aus alltäg-

L 3 lichen

*) Le Camus Medecine de l'Esprit tom. I.
pag. 27.

**) Haller Nouſ Comment. Societ. Reg. Goet-
ting. tom. III. p. 34.

lichen Beobachtungen, daß manche Glieder
einschlafen, das ist, unempfindlich werden,
wenn man sie an gewißen Stellen zu sehr
drückt; daß der Arm oder das Bein seine
Empfindlichkeit verliehrt, wenn man sie eine Zeitlang in einer unbequemen und gepreß-
ten Lage erhält. Durch diesen Druck wird
weiter nichts als ein gewißer Theil des Ner-
vens gepreßt, der das ganze Glied begleitet,
und gleichwohl wird die Empfindlichkeit des
ganzen Gliedes gehemmt, wie ist dies möglich, wenn jede Stelle des Körpers, die einen Nerven hat, für sich empfindlich ist?
wie möglich, wenn nicht die Empfindung
eigentlich im Gehirn geschieht?, wie möglich, daß ein nicht gedrückter Theil zu empfinden aufhört, wenn nicht dieser nicht ge-
drückte Theil nur durch die Verbindung mit
einem gedrückten empfindet? Wir wißen
ferner, daß Leute manchmahl an einem
Gliede Schmerzen zu empfinden glauben,
welches sie schon lange nicht mehr hatten;
sie können also diesen Schmerz nicht anders
als im Gehirn empfinden. Diese Beweise
sind deutlich, sind entscheidend; und doch
giebt noch le Camus seinen Satz nicht auf,
war-

warum? weil das Gehirn nicht so organisiert
ist, daß es empfinden könnte. *) Wie muß
denn ein Gehirn organisiert seyn, um der
Empfindung fähig zu seyn? Das weiß er so
wenig, als es andere wißen. — Es ist gar
nicht organisiert — So muß er es mit
ganz andern Augen gesehen haben, als alle,
die es vor und nach ihm gesehen haben. —
Es giebt Erfahrungen, daß es nicht empfindet — Es giebt aber auch andere, daß es
empfindet, und folglich können diese Erfahrungen weiter nichts beweisen, als daß es
nicht an allen Orten, und an allen Orten
gleich stark empfindlich ist.

Allein diesen Beweisen steht eine Empfindung entgegen, die mächtig genug ist, uns
glauben zu machen, daß wir an dem jedesmahl berührten Theile des Körpers empfinden, und also auch leicht mächtig genug seyn
könnte, die bündigsten Schlüße wo nicht un-
bündig, doch wenigstens unüberzeugend zu
machen. Wenn man uns in den Finger
sticht, so empfinden wir, daß wir in den
Finger gestochen werden, wie ist dies möglich,

L 4

*) le Camus Medecine de l'Esprit tom. I.
pag. 29.

lich, wenn nicht die Empfindung an eben
dem Platze ist, wo der Eindruck gemacht
wird? wie wahrscheinlich, daß wir nur
im Gehirn empfinden, und doch zugleich
auf das einleuchtendste an dem Finger zu
empfinden glauben?

Aus dem gleichzeitigen Gebrauche mehrerer Sinne entsteht diese Jllusion. Indem
wir in den Finger gestochen werden, sehen
wir an diesem Platze den stechenden Körper,
sehen das Blut herausfließen; sehen an andern Merkmahlen die beschädigte Stelle; sehen also deutlich, daß hier der Eindruck auf
das Organ gemacht wurde; setzen folglich
die Empfindung dahin, wo wir ihren Ursprung bemerken. Aber denn müßen wir
doch dies nur zu sehen, nicht auch zu fühlen
glauben?— Ein Mensch, der seinen Arm
verlohren hat, fühlt Schmerzen in diesem
verlohrnen Arme, fühlt sie so deutlich, als
ob er seinen Arm noch hätte; dies kann aus
keiner andern Ursache geschehen, als weil
eben der Nerve, oder eben die Fiber des
Nerven, die ihm sonst den Schmertz am
Arme berichtete, jetzt von einer andern Ursache inwendig im Gehirne afficiert wird.

Wie

Wie weiß er nun, daß dies der Nerve des
Arms, nicht der des Beines ist? Nicht
aus dem unmittelbarem Anschauen, auch
nicht aus dem berührten Orte, sondern blos
aus der Afficierung des Nerven. Und daß
er diesen Nerven für den Nerven des Arms
nimmt, kommt aus keiner andern Ursache,
als weil er in seinem gesunden Zustande allemahl aus andern Erfahrungen sich über-
zeugte, daß sein Arm verletzt würde, so oft
er die Bewegung dieses Nerven, oder richtiger, die ihm durch diesen Nerven mitgetheilte Empfindung gewahr ward. Das
Räthsel löset sich diesem zu folge so auf: von
jedem empfindenden Theile des Körpers gehen Nerven nach dem Gehirne, und die Berührung eines jeden solcher Nerven giebt eine Empfindung, und zwar eine ihr eigen-
thümliche Empfindung; ein Stich in der
flachen Hand fühlt sich anders als ein
Stich oben auf der Hand, das Anstoßen
des Fingers anders, als das des Fußes.
Dadurch nun, daß wir sehen, die Berührung geschieht oben auf der Hand, wenn
wir eine solche Empfindung haben, gewöhnen wir uns nach und nach diese Empfin-

L 5   dung

dung allemahl oben auf die Hand zu setzen,
so oft der Nerve, der uns diese Empfindung
ankündigt, inwendig im Gehirne erschüttert
wird, das ist, aus der Empfindung allein
den Ort zu bestimmen, wo der Eindruck geschehen ist, das ist, die Empfindung an gewiße bestimmte Theile des Körpers hin zu
setzen.

Noch mehr wird dies zugleich bestätigt
und erläutert, durch den aus allgemeiner
Erfahrung hergenommenen Satz, daß die
Empfindung nicht gleich aufhört, wenn auch
schon der gemachte Eindruck vorüber ist.
Wenn man uns die Hand hart gedrückt hat:
so fühlen wir noch immer den Druck, ob er
gleich schon aufgehört hat. Dies beweiset,
daß die Nerven nicht aufhören, ihre einmahl
empfangenen Modifikationen zu behalten,
wenn gleich der sie hervorbringende Gegenstand zu wirken aufhört. Diese Fortdauer
nun des einmahl gemachten Eindruckes, die
den Nerven in seiner ganzen Länge von dem
Punkte seiner ersten Erschütterung an, in
einer Lage erhält, zeigt der Seele nicht nur
den erschütterten Nerven an, sondern auch
die Gegend, wo diese Erschütterung her-
kömmt,

kömmt, und den Ort, wo sie zuerst ge-
schahe.

Wenn nun die Sensation im Gehirne
vorgeht, ist es denn an einem einzigen
Punkte, oder an mehreren Orten? Es
läßt sich so wahrscheinlich machen, als etwas von dieser Art nur immer seyn kann,
daß alle Sensation nicht an einem einzigen
Punkte des Gehirns geschehen kann; und
daher haben auch die größten Physiologen
diesen Satz vertheidigt. Die Nerven, sagen sie, kommen nicht in einem einzigen
Punkte zusammen, sie entfernen sich vielmehr geflißentlich sehr weit von einander;
wenn es also wahr ist, daß nur sie die Canäle der Empfindung sind: so muß es auch
wahr seyn, daß nicht alle Empfindung an
einem einzigen Punkte des Gehirns verrichtet wird. *) Gesetzt alle Nerven vereinig-
ten sich in einem Punkte, oder alle Eindrücke
durch die Nerven drängten sich an einen einzigen Punkt zusammen; was würde, was
müßte daraus folgen? Nichts geringers
als die gänzliche Vermischung und Unordnung

*) Haller Comm. in Boerhavii Praelect.
tom. IV. p. 426.

nung aller Empfindungen. Zu einer und
eben der Zeit kämen Eindrücke des Seh-
Nerven, des Hör-Nerven, der Gefühl-
Nerven an diesen einzigen Punkt; alle diese
müßen in den Punkt zusammengepreßt werden; könnten sie das ohne gänzliche Vermischung, ohne gänzliche Unordnung? *) Wenn
gewiße Stellen des Gehirns, aus welchen
gewiße Nerven entspringen, gedrückt oder
beschädigt werden: so gehen diese Sinne dadurch verlohren; könnte das geschehen, wenn
nicht die Empfindung da wäre, wo diese
Nerven entspringen? wenn nicht jede Empfindung ihren eigenen Siß hätte? **)

Hieraus folgt unmittelbar, daß es im
Gehirn eine Stelle giebt, wo das Sehen,
eine andere, wo das Hören, eine dritte, wo
das Riechen geschieht; kurz daß jeder Sinn
im Gehirn seinen eigenen Plaß hat, wo er
Sensation hervorbringt. Und wo sind sie
denn nun die Sensations-Plätze jedes
Sinnes? Wo die Nerven jedes Organs ihren Anfang nehmen. Und wo nehmen sie
Ihren

*) Haller Comm. in Boerhavii Praelect.
  tom. IV. p. 428, 429.
**) Unzers Physiologie p. 601

ihren Anfang? Hier liegt wieder ein Gränß-
Stein unserer Erkenntniß, den wir vielleicht
nur erst nach Jahrhunderten, vielleicht aber
auch in dieser sublunarischen Welt, nie von
seiner Stelle rücken werden. Erst nach
Jahrhunderten, weil unsere Sinne, unsere
optischen Werkzeuge, und alle unsere bisherigen Mittel nicht hinreichen, den Fortgang
der Nerven bis zu ihrem ersten Anfange zu
verfolgen. Vielleicht auch nie, weil die
äusersten Enden der Nerven, und die innere
Organisation so fein ist, daß keine menschliche Kunst sie je ganz überschauen kann;
weil Versuche hier entweder gar nicht, oder
doch immer sehr dürftig und mangelhaft angestellt werden können.

So viel ist nunmehr aus allen diesen Untersuchungen klar, daß der an dem äusersten
Ende des Nerven gemachte Eindruck sich bis
an sein innerstes Ende im Gehirn fortpflanzen muß, wenn eine Sensation geschehen
soll. Von diesem Grund-Satze gehen alle
Psychologen und Physiologen aus, und fragen nun weiter, wie, und wodurch geschieht sie, diese Fortpflanzung? Nothwendig durch Bewegung, denn der Eindruck
eines

eines Körpers von außen auf die Nerven ist
Bewegung, diese wird den Nerven mitgetheilt, der Nerve also wird gleichfalls bewegt, und diese Bewegung pflanzt sich bis
in das Gehirn fort. So weit sind alle einig; und würden es auch geblieben seyn,
wenn sie nicht weiter hätten gehen wollen,
als die Natur zu gehen erlaubt.

Daburch daß wir wißen, die Sensation
geschieht vermöge einer gewißen Bewegung
des Nerven, wißen wir noch nicht, wie diese
Bewegung beschaffen ist, und das müßen
wir doch wißen, wenn wir bestimmte Ideen
haben, und alles gründlich erklären wollen.
Freylich müßen wir das wißen, freylich wäre es gut wenn wir es wüßten; aber können
wir es auch wißen? — Man muß alles
versuchen — Gut, es werde versucht, es
werde gefragt, worin besteht eigentlich
diejenige Bewegung des Nerven, die Sensationen hervorbringt?

In einer gewißen Vibration, antworten
einige; denn ein Nerve gleicht einer Saite
auf einem musikalischen Instrumente, die
in eine zitternde Bewegung von einem Ende
bis zum andern geräth, so bald sie berührt
wird

wird *) — der Beweis? — Liegt in der
Möglichkeit der Sache selbst, und ihrer Hin-
länglichkeit, das Gesuchte zu erklären —
der ist nun freylich sehr kümmerlich; wie
wenn man ihm nun andere Möglichkeiten
entgegenstellt?

Er ist aber auch durchaus ungültig, sagen andere, denn er nimmt etwas als möglich an, welches gegen alle Wirklichkeiten
streitet. Die Nerven sind nicht gespannt
wie eine Saite auf einem Instrumente, sie
liegen vielmehr gantz schlaff da. Nicht nur
sind sie nicht gespannt, sondern sie können
auch nicht gespannt werden, weil sie nicht
elastisch sind, und keine Spannung vertragen. Sie vertragen nicht nur keine Spannung, sondern sie können auch mit aller
möglichen Elasticität nicht vibriren, weil sie
nicht frey liegen, weil sie andere feste Theile
des Körpers berühren; weil sie mit andern
festen Theilen verflochten sind. **)

Was hierauf antworten? die Hypothese
gar zurücknehmen? Das wäre zu hart, man
vertheidigt eine Vestung, so lange sie nur
noch

*) Essay de Psychologie.
**) Haller physiol. Tom. IV, sect 7, 8.

noch einigermaßen haltbar ist. Antworten
also, daß diese Gründe weiter nichts beweisen, als daß die Nerven nicht so vibriren
können, wie eine metallene, oder aus Där-
men geflochtene Saite; daß es noch andere
Arten von Vibration geben kann, die keine
so heftige Erschütterung, keine so heftige
Spannung erfordern; daß es in der Welt
eine gewiße feine Materie giebt, die durch
die geringsten Berührungen in eine vibrie-
rende Bewegung kommt. Antworten, daß
das Nerven-Mark mit dieser feinen ätheri-
schen Materie angefüllt ist; daß dies Mark
zuerst durch die äußere Bewegung in Schwingungen versetzt wird, die sich bis zum Gehirne fortpflanzen. *)

Eine solche Bewegung aber, sagen die
Gegner, ist durchaus mit keiner Empfindung
verbunden, denn man entblöße einen Nerven an einem noch lebenden Thiere, man
reize ihn; die Muskeln, in die er geht, werden in gewaltige Convulsionen gerathen;
aber der Nerve selbst wird sich nicht im geringsten bewegen; auch wenn man ein in
kleine

*) Hartley Observations on Man Tom. I.
  p. 11. sqq.

kleine Theile getheiltes mathematisches Instrument an den gereißten Nerven legt,
wird man nicht die geringste Bewegung an
ihm gewahr werden. *)

Gewahr werden, oder nicht gewahr werden, das beweiset hier gerade Nichts, die
Bewegung des Nerven ist so fein und so unmerklich, daß kein menschliches Auge, auch
ein bewaffnetes nicht, sie gewahr werden
kann. Wer hat je die Vibrationen eines
Blase-Instruments gesehen, oder ausge-
meßen, und gleichwohl sind sie würklich,
sind sie unleugbar würklich da, wenn das
Instrument geblasen wird? Wer je den
Sang-Boden eines Saiten-Instruments
zittern sehen, und zittern sehen können, und
doch zittert er in der That, zittert unleugbar, wie man sich durch das Gefühl davon
überzeugen kann?

So steht also diese Hypothese da, schwach
auf derjenigen Seite, wo ihre Realität am
meisten Unterstützung bedurfte; stark auf der,
wo sie von den Gegnern angegriffen wird.
So

*) Haller Memoires sur la nature du sensible etc.
Tom. I. p. 45, 235.

II. Theil.   M

So viel ist hierdurch ausgemacht, daß die Unmöglichkeit der Nerven-Zitterung sich bis jetzt weder durch Erfahrungen noch durch bloßes Raisonnement beweisen läßt; daß es aber darum noch um kein Haar breit zuverläßiger ist, daß die Sensation in der That durch eine solche Zitterung verrichtet wird. Denn wie, wenn es nun noch andere Hypothesen gäbe, die eben so möglich, eben so unwiderleglich möglich wären?

Und solche giebt es in der That. Die Nerven, sagen Cartesius, und nach ihm viele der größten Philosophen und Physiologen, sind mit einer sehr feinen Flüßigkeit angefüllt, die durch ihre Veränderung der Seele Empfindungen mittheilet *) — der Beweis? — Weil die Vibrationen unmöglich sind, und weil sich keine andern Arten denken laßen, als Vibrationen, oder Lebens-Geister. — Dieser hat schon oben seine Abfertigung erhalten, also andere, beßere Beweise.

Bey den meisten darf man sie gar nicht suchen, diese Beweise, weil die meisten sich

begnü-

*) Cartes. de passionibus. Mallebranche de la Recherche de la Verité L. I. ch. 10. Haller Physiol. Tom. IV. sect. 8.

begnügen, die Lebens-Geister als existierend
anzunehmen, ohne sich darum zu bekümmern, ob sie würklich existieren; und weil sie
ihren Lesern Glaubens-Kraft genug zutrauen, sie auf ihr Wort als gute Waare
von ihnen in Empfang zu nehmen. Ein
einziger Physiolog hat sich, so viel ich bisher
gefunden habe, bemühet, ihr Daseyn zu er-
weisen. Hier sind seine Gründe: es ist unleugbar, daß im Gehirne Lebens-Geister
vorhanden sind, weil es unleugbar ist, daß
im Gehirne Feuchtigkeiten abgesondert werden; daß das Gehirn in Krankheiten nicht,
gleich dem übrigen Körper, abnimmt, und
folglich sich durch sich selbst erhält, das
ist, die zu seiner Unterhaltung nöthigen Säfte durch sich selbst bereiten kann; *) daß
aus dem Gehirne Feuchtigkeiten hervordrin-
gen, wenn man es ritzet; **) daß endlich
das Gehirn mit den Jahren wächst, und also
durch Feuchtigkeiten vergrößert wird. ***)

Diese Gründe sagen zwar etwas, aber sie
sagen nicht das, was sie sagen sollten; denn

M 2   wenn

---

*) Haller Comment. in Praelect. Boerhav. Tom. II. p. 553.

) Ebendas. p. 554.   *) Ebendas. p. 556.

wenn es auch gewiß ist, daß im Gehirn gewiße Feuchtigkeiten abgesondert werden; ist
es denn darum schon gewiß, daß diese Feuchtigkeiten auch in die Nerven verbreitet werden? Und wenn es auch gewiß ist, daß sie
in die Nerven vertheilt werden, ist es darum
schon gewiß, daß sie zur Sensation, und
nicht zur Unterhaltung des Nerven dienen?
Darin gleicht also diese Hypotheſe der vorigen, daß sie auf eben so schwachen, das
ist, gar keinen Gründen ruhet.

Daraus aber folgt noch nicht, daß sie
gar nicht möglich ist; und dies zu zeigen, hat
man sich dadurch bemühet, daß man den
Nerven alle Canäle absprach, in welchen sich
die Lebens-Geister aufhalten könnten; denn
auch durch die besten Mikroſkopia ſind diese
Canäle nicht sichtbar; dadurch, daß man in
keinen Nerven je die geringste Feuchtigkeit,
ten geringſten Saft gesehen zu haben
leugnete.

Muß man denn auch alles sehen, alles
mit Händen greifen können, um es zu glauben? Können denn nicht die Lebens-Geister
ſo fein seyn, daß sie in gantz unsichtbaren
Canälen wohnen, daß sie durch kein Experi-
                                        ment-

ment vor das Auge gebracht werden können?
Und sind sie dies nicht wegen der großen
Schnelligkeit ihrer Bewegung nothwendig? *) Sind sie nicht eben deswegen der
elektrischen Materie am ähnlichsten, und gar
selbst elektrischer Natur? **)

So kann also auch diese Hypothese durch
Erfahrungen nicht umgestoßen werden, und
so stoßen beyde gegen einander unerschütter-
lich da. Welcher soll man nun beytreten?
Beyde sind gleich unbewiesen, beyde gleich
durch Erfahrungen unumstößlich: beyde
gleich möglich; wie kann man einer beytreten? Wie anders, als sie beyde für das halten, was sie sind, für Hypothesen, und sie so
in ihrem Werthe oder Unwerthe ruhen laßen?

Wenn man aber die Sensation durch den
Nerven-Saft, oder die Lebens-Geister geschieht, wie geschieht sie dadurch? Das
natürlichste ist, zu sagen, sie geschieht, so
daß die Lebens-Geister durch die von außen
in den Nerven verursachte Bewegung gegen
das Gehirn hinauf getrieben werden, und
da durch ihre Bewegung den Eindruck ma-

M 3 chen,

*) Haller Physiol. Tom. IV. sect. 8.
**) Bonnet Essay Analytique p. 28. in 4to.

chen, der die Senſation heißt. Und ſo ſagten auch Carteſius und Mallebranche mit
ihrer Schule. Gleichwohl hat man nach
ihnen auch hierbey Schwierigkeiten gefunden, die große Phyſiologen bewogen haben,
dieſen Rückfluß zu leugnen. *) Im Gehirn,
ſagte man, werden die Lebens-Geiſter zube-
reitet, ſie werden vom Gehirn aus in die
Nerven geſchickt, wie können ſie alſo bey
der Senſation zurückfließen? Wie ſich zugleich in entgegengeſetzten Richtungen bewegen? Geſchieht die Senſation durch einen
Rückfluß des Nerven-Saftes; muß die Empfindung allemahl deſto ſtärker ſeyn, je mehr
Geiſter nach dem Gehirne zurückgetrieben
werden: ſo muß auch die bloße Auflegung
der flachen Hand eine ſtärkere Empfindung
hervorbringen, als der Stich einer Nadel,
weil durch die Fläche der Hand mehr Nerven berührt, mehr Geiſter zum Gehirn getrieben werden, als durch den Stich einer
Nadel. **)

Dieſe

*) Haller Comment. in Boerhavii Praelect.
Tom. II. p. 638.
**) Le Cat Traité des Senſat. et Paſſions.
Tom. I. p. 188.

Diese Beweise sind so unüberwindlich eben
nicht, als sie anfangs scheinen; denn wie,
wenn nun die Nerven stets mit dem Nerven-
safte gleich angefüllt sind? wenn der Ab-
gang allemahl gantz unmerklich ersetzt wird?
Hindert auch da der Ausfluß der Geister aus
dem Gehirn ihren Rückfluß nach dem Gehirn? und muß denn nothwendig der Ausfluß aus dem Gehirn so stetig, so stark seyn,
als der Ausfluß des Blutes aus dem Herzen? — Aber die stärkere Empfindung? —
Die ist nichts mehr und nichts weniger als
ein leeres Hirngespinnste. Man weiß, daß
sich die Kraft eines bewegten Körpers nicht
nach seiner Maße, sondern nach seiner Geschwindigkeit richtet. Eine große langsam
fortgeschobene Kanonenkugel hat weniger
Kraft, und bringt weniger Wirkung hervor,
als eine kleine schnell bewegte Flinten-Ku-
gel. Bey der sanften Auflegung der flachen
Hand werden eine große Menge Lebens-
Geister langsam; bey dem Stiche einer Nadel eine kleine kleine Anzahl geschwind fortgestoßen; wo muß nun die größte Wirkung,
die stärkste Sensation seyn?

M 4 Der

Der Rückfluß ist also nicht durchaus unmöglich, wenigstens nicht als unmöglich bewiesen; aber er sey unmöglich, wodurch geschieht denn die Sensation? Durch eine
gewiße Modifikation des Nervensaftes. *) —
Und diese Modifikation, wie ist sie beschaffen? — Sie ist eine gewiße Modifikation,
mehr läßt sich davon nicht sagen — Das
heißt also ein Geheimniß, durch das andere, eine Dunkelheit durch die andere auf-
klären.

Und was folgt nun aus dem allen? Daß
wir davon nichts wißen. Um dies noch
deutlicher einzusehen, müßen wir jetzt mit
unsern Hypothesen einen Schritt weiter vorwärts rücken, und suchen, was nun weiter erfolgt.

Nach der Hypothese von den Nerven-
Schwingungen fährt man nun so zu erklären
fort: die von den äußern Gegenständen her-
vorgebrachten Vibrationen werden bis in
das Gehirn fortgesetzt, und setzen das Gehirn in eine gleichfalls vibrirende Bewegung,
und diese Bewegung verursacht die Sensation.

*) Le Cat Traité de Sensat. et Pass. tom. I.
pag. 187.

tion.*) Nach der von den Lebens‑Geistern
so: die Lebens‑Geister steigen zum Gehirn
hinauf, und modificieren durch ihre Bewe‑
gung die Seele; **) oder so: die Lebens‑
Geister bringen durch ihr Hinaufsteigen die
Fibern im Gehirn in Bewegung, und machen
dadurch gewiße Spuren im Gehirn; ***)
oder endlich so: die in dem Nerven verur‑
sachte Modifikation der Lebens‑Geister theilt
sich den im Gehirn befindlichen mit, und
diese Modifikation der Lebens‑Geister ver‑
ursacht die Sensation. †)

Aus der Wahrscheinlichkeit der Gründe,
auf denen diese Voraussetzungen ruhen, wird
man sehr leicht auf die Wahrscheinlichkeit
dieser Voraussetzungen selbst schließen kön‑
nen; und ich müßte mich sehr irren, wenn
man nicht geradezu daraus folgerte, daß
eine Hypothese so wahrscheinlich ist als die
M 5 ande‑

*) Hartley Obfervations on Man Tom. I. p. 13.

**) Bonnet Eſſay Analytique p. 28. Carteſ. de
Paſſionib. p. 13.

***) Mallebranche de la Recherche de la Ve‑
rité Liv. L ch. 10.

†) Le Cat Traité des Senſations et Paſſions
Tom. I. p. 152.

andere, das ist, daß keine vor ~~der~~ andern
angenommen zu werden verdient, das ist,
daß sie alle gleich unannehmlich sind.

Sie sind nicht nur unannehmlich, sie sind
auch alle gleich unzulänglich und überflüßig.
Ihre gemeinschaftliche Absicht ist und kann
keine andere seyn, als zu erklären, wie Sensationen entstehen; und dies erklären sie,
nach dem eigenen Geständniße ihrer Urheber,
nicht. Alle, nicht einen ausgenommen, gestehen ein, daß wir auf keine Weise begreifen, also auch auf keine Weise erklären können, wie aus einer Bewegung eines Nerven,
der Modifikation der Lebens-Geister, der
Berührungen des Gehirns eine Sensation
entsteht. Nicht nur nicht, wie überhaupt
eine Sensation, sondern auch nicht, wie eine gewiße Sensation entsteht, als z. B.,
wie aus der Berührung der Haut durch eine
Brenneßel die Empfindung des Brennens;
aus dem Eindruck der bewegten Luft im
Ohr die Empfindung des Schalles entstehen
könne. Nicht nur nicht wie eine individuelle
Sensation entsteht, sondern auch nicht einmahl nicht, wie er in jedem Falle der Nerve
bewegt,

bewegt, oder afficiert wird, um eine Senfation hervorzubringen; wie z. B. der Eindruck
des Zuckers auf die Geschmack-Nerven, von
dem Eindrucke des Salzes; der der rothen
Farbe auf die Gesichts-Nerven, von dem
der gelben, verschieden ist. Was haben wir
also mit allen diesen Hypothesen gewonnen? — Gewonnen? — Wenn wir nur
nicht noch verlohren hätten! Manche, durch
das scheinbare dieser Erklärungen verführt,
und nicht tief genug auf den Grund der
Sache blickend, haben sich eingebildet, dadurch alle, oder doch die vornehmsten
Schwierigkeiten auflösen zu können, haben
also bloße Voraussetzungen für ausgemachte
Wahrheiten genommen. Manche, durch
eben diese glänzende Oberfläche hingerißen,
haben alles Denken und Empfinden aus
Fibern-Bewegungen, oder Lebens-Geistern
ableiten wollen, und also das Gewiße aus
dem Ungewißen, das Helle aus dem Dunkeln zu erklären versucht. Manche, von
dem Scheine einiger allgemeinen Erklärungen geblendet, haben alles für erklärt gehalten, und sich also dadurch von dem Wege
der Beobachtungen und Erfahrungen, auf

Pfade

Pfade der Einbildungen und Hypothesen
leiten laßen.

So viel folgt aus allen diesen Untersuchungen richtig, daß es uns nicht gegeben ist,
die Entstehung der Sensationen zu erklären;
daß wir uns hier an die bloße Erfahrung
halten müßen; daß wir alle diese Hypothesen in die philosophische Raritäten-Kammer
stellen, und lieber unsere Unwißenheit beken-
nen, als uns mit gelehrtem Dunste speisen
laßen müßen.

Jeder Sinn giebt uns eine unzählbare
Verschiedenheit von einzelnen Sensationen;
das Ohr eine unzählbare Verschiedenheit
von Tönen; das Auge eine unendliche Man-
nichfaltigkeit von Farben. Wollte man sagen, dies kommt daher, daß die Gehör-
und Gesichts-Nerven so vieler Modifikationen und Bewegungen fähig sind: so würde
man die Fragen zu beantworten haben; wie
laßen sich an einem einzigen Nerven so unzählig verschiedene Modifikationen denken?
Wie können die beyden Aeste des Gehör-
Nerven so unendlich verschiedene Töne aus-
brücken? Und wie ist es möglich, daß wir
uns an jede Sensation besonders erinnern,

uns

uns jede besonders vorstellen können, wenn
sie nur Modifikationen eines einzigen Nerven sind? Wie kann ein Nerve die Spuren
von so unzähligen und so verschiedenen Eindrücken an sich tragen?*)

Wollte man durch diese Schwierigkeiten
zurückgeschreckt sagen, daß jeder Nerve aus
einer unzähligen Menge von kleinen Fibern
besteht, deren jede eine ihr eigene Empfindung ausdrückt:**) so würde man die Fragen zu beantworten haben; wie geht es zu,
daß man nie Menschen findet, die für einen
Ton, für eine Farbe weniger Empfindlichkeit
haben als für jede andere, da man doch
Menschen findet, die für keinen Ton, für
keine Farbe empfindlich sind? Da durch
Schlagflüße manchmahl einige Sinne verlohren gehen; wie geht es zu, daß sie nie-
mals halb, allemahl gantz verlohren gehen?
Wie, daß abgesonderte Fibern, nie abgesondert paralytisch werden? ***) Was also
ant-

*) Bonnet Essay Analytique chap. 8. §. 83 - 85,
**) Ebendaselbst. Essay de Psychologie p. 51.
***) Erfahrungen und Versuche über den Men-
schen p. 53.

antworten? Gar nichts; muß denn auch
alles beantwortet werden können, was gefragt werden kann? — Oder will man ja
etwas antworten; so antworte man mit dem
alten beschriebenen Non liquet, und gebe
sich nicht das Ansehen als wiße man etwas,
das man doch in der That nicht weiß.

Sechstes Hauptstück.

Gesetze der Sensationen.

Gesetze der Bewegung sind Regeln die
allgemein ausdrücken, was jeder In
die Bewegung der Körper Einfluß habender
Umstand vermag, und in wiefern die Bewegung in individuellen Fällen sich nach ihm
richtet. Gesetze der Sensationen sind also
gleichfalls Regeln, oder Sätze, die allgemein
angeben, nach welchen Umständen sie sich
richten, und was in jedem Falle aus solchen
Umständen für Sensationen erfolgen müßen.
Die Verschiedenheiten der Sensationen sind
Dunkelheit, Klarheit, Stärke und Schwäche,
so wie die Verschiedenheiten der Bewegung,
Geschwindigkeit, Langsamkeit, Richtung, sind;

jene

jene also auf ihre Ursachen zurückzuführen,
kommt dem zu, der die Gesetze der Sensation, so wie diese aus ihren Quellen abzuleiten dem zukommt, der die Gesetze der Bewegung erklären will.

Vier Stücke kommen bey jeder Sensation in Betrachtung, die innern Organe, die
äusern Organe, die Wirkung des empfindbaren Gegenstandes, und die jedesmahlige
Beschaffenheit der Seele. Aus diesem muß
sich folglich alle Verschiedenheit der Sensationen ableiten, durch diese muß sich der Erfolg in jedem Falle, das ist, das Gesetz jeder
Sensation bestimmen laßen.

I.) Innere Organe. Unter diesem Nahmen faße ich jetzt das Gehirn, und die vom
Gehirn bis nach der Oberfläche des Körpers
gehenden Nerven zusammen, weil beyde in-
nerhalb der Gränzen des Körpers sich befinden. Daß das Gehirn in die Beschaffenheit
der Sensationen großen Einfluß hat, wird
man schon aus dem, was oben gelegentlich
davon gesagt ist, abstrahiert haben; wie
viel aber und wie lang es Einfluß hat, wird
man daraus noch nicht haben folgern können. Vom Gehirne hängt es ab, ob wir
gewiße

gewiße Eindrücke empfinden, oder nicht empfinden, ja ob wir überhaupt gar empfinden
können.   Man hat Menschen gesehen, die
ganze sechs Wochen mit offenen Augen ohne
Schlaf gelegen, und in dieser ganzen Zeit
nicht das geringste Zeichen von Empfindung
an sich haben verspüren laßen; *) bey den
Epilepsien sieht man immer alle Empfindung
gänzlich vergehen; und in manchen andern
Krankheiten, als Ohnmachten, bemerkt man
gleichfalls den Verlust der Empfindung.
Woher dies?

Die Anatomie mag es lehren; in dem
eben angeführten Falle fand man an dem
Leichnam keinen andern Fehler, als daß die
Gefäße der pia mater von sehr schwarzem
Blute aufgeschwollen waren.   Durch den
Schlagfluß werden manchmahl einzelne Glieder, manchmahl auch ganze Hälften des
Körpers unempfindlich; und in denen, die
daran gestorben sind, hat man Waßer zwischen der harten Hirnhaut und der pia mater gefunden. **) In der Starrsucht hören
alle

*) Van Swieten Comment. in Aphor. Boerha-
vii T. III. p. 264.
**) Ebendas. p. 262.

alle Empfindungen plötzlich auf; alles Be⸗
wußtseyn geht verlohren, alle freywillige
Bewegung hat ein Ende. Ein diesem Uebel
unterworfener besuchte seinen Arzt, und im
Nach⸗Hause gehen, erstarrte er an der Thür
des Arztes auf einige Minuten; nach Endi⸗
gung des Paroxysmus setzte er seinen Weg
fort, ohne das geringste von dem zu wißen,
was ihm begegnet war. *) In den Leich⸗
nahmen der mit dieser Krankheit behafteten
hat man ausgetretenes Blut, oder zu sehr
aufgeschwollene Blut⸗Adern im Gehirn ge⸗
funden. **)

In den Fiebern erfolgt auf die unordent⸗
liche Bewegung des Herzens und des Blu⸗
tes oft eine solche Unempfindlichkeit, daß die
Kranken sich ohne das geringste zu wißen
die Füße an den zum Erwärmen bestimmten
Zubereitungen verbrannt haben. ***) Hier
ist doch nicht das Gehirn schuld, wird man
sagen,

*) Van Swieten Comment. in Aphor. Boerha⸗
vii T. III. p. 313.
**) Ebendas. p. 318.
***) Ebendas. T. II. p. 22.

II. Theil.　　　　　　　　N

sagen, und mit größem Scheine von Wahr=
heit sagen. Allein man höre nur folgendes:
das Hertz schlägt matt und unordentlich, al=
so kann das Blut nicht zu der gehörigen Zeit
von dem Herzen in die Puls=Adern getrie=
ben werden; also häufet es sich in den Blut=
Adern an, und diese Anhäufung des Blutes
im Gehirn macht durch den Druck Unem=
pfindlichkeit. *)

So kann denn die Anschwellung der
Adern im Gehirn unempfindlich machen?
Und warum sollte sie es nicht können? Man
hat von Leuten, die nach einigen Augen=
blicken vom Strange sind losgemacht, und
wieder zu sich gebracht worden, gehört, daß
ihnen in kurzer Zeit alle Empfindung ver=
gangen ist; und man hat in den Leichnamen
der Gehangenen nie eine andere Beschädi=
gung, als die gar zu große Anhäufung des
Blutes im Gehirn gefunden. **)

Daß diese Aufhebung aller Empfindung
aus keiner andern Ursache, als dem Drucke
des Gehirns entstehen, beweiset die Ge=
schichte

*) Van Swieten Comm. in Aphor. Boerhavii
   T. II. p. 20.
**) Boerhave de Morbis Nervor. T. I. p. 33.

schichte eines Weibes zu Paris, welches einen Theil des Hirnschädels verlohren hatte, so daß die harte Hirnhaut blos lag. Vor Geld ließ sie folgenden Versuch mit sich machen: die harte Hirnhaut wurde erst leise, hernach immer stärker von jemanden berührt, und je größer der Druck wurde, desto mehr nahm auch die Empfindlichkeit ab, bis endlich ein sehr starkes Schnarchen, und mit ihm gänzliche Unempfindlichkeit erfolgte. So wie man nun nach und nach die Hand aufhob, so vergieng auch das Schnarchen, und so kehrte die Empfindlichkeit wieder zurück. *)

Wie kann denn ein bloßer Druck des Gehirns alle Empfindung aufheben? — Dadurch, daß er die Thätigkeit der Organe hemmt — Und welcher Organe? wie hemmt er sie? — Das alles müßen wir uns entschließen zu wißen, so wohl es uns auch thun würde, wenn wir es wüßten.

Das Gehirn hat also bey den Empfindungen in so fern Einfluß, als es uns Empfindungen geben und Empfindungen neh-

N 2   men

*) Haller Comm. in Praelect. Boerhavii T. II. p. 596. sqq.

men kann. Schon hieraus wird man geneigt seyn, zu folgern, daß es auch noch auf andere Umstände der Empfindungen Einfluß haben, daß es die Stärke und Schwäche, die Deutlichkeit und Dunkelheit der Empfindungen bestimmen kann. Und auch in dieser Folgerung wird man die Erfahrung auf seiner Seite haben; Leute, die viel Blut verlohren haben, empfinden matt, empfinden dunkel, nicht weil das Blut an sich empfindlich ist, oder die Nerven empfindlich macht; sondern weil die Gefäße des Gehirns zu sehr ausgeleeret, und mithin das Gehirn zu sehr zusammengedrückt wird. Alte Leute, deren Gehirn entweder zu wäßerig, oder zu hart ist, empfinden sehr dunkel, und sehr schwach.

Also erstes Gesetz: wenn man empfinden, und mit gehöriger Deutlichkeit und Stärke empfinden soll: so muß das Gehirn seine gehörige Beschaffenheit haben? Und welche ist sie denn nun, diese gehörige Beschaffenheit? — Ja wenn wir das wüßten! denn wüßten wir auch, welche Theile im Gehirn eigentlich empfinden, und wie sie empfinden; da wir aber das letzte nicht wissen, so müßen wir auch zufrieden seyn, das

erste

erſte nicht zu wißen. Zwar läßt ſich hier
manches ſagen, zwar iſt hier auch manches
geſagt worden, von Härte und Weiche des
Gehirns, von Feinheit und Grobheit ſeiner
Theile; von Menge und Mangel der Lebens-Geiſter; von Spannung und Erſchlaffung ſeiner Fibern, u. ſ. w.: allein das alles
iſt doch immer unbeſtimmt, weil man die
Grade der Härte und Weiche, u. ſ. w. die
zur beſten Empfindung gehören, nicht angeben kann; immer hypothetiſch, weil man
nicht weiß, wie viel und wie wenig jeder
dieſer Theile zum Denken beytragen; immer
zweifelhaft, weil man noch nicht einmahl
entſchieden hat, welche von dieſen Theilen,
und wie viel jeder zur Empfindung mitwirkt.

Da wir durch die Nerven empfinden: ſo
muß auch nothwendig ihre Beſchaffenheit in
die Empfindung Einfluß haben. — Und
welchen? — Sie ſchärfer oder ſtumpfer,
deutlicher oder dunkler, zu machen. — Und
wodurch? — Durch ihre Erſchlaffung oder
Spannung, ihre Feinheit oder Grobheit;
ihre vielen oder wenigen Lebens-Geiſter:
ihre Härte, oder Weichheit — kurz, durch
eines von dieſen, oder durch mehrere von

dieſen

diesen Stücken. — Durch welches denn? — Das weiß ich nicht, man frage diejenigen, die von der Erschlaffung und Spannung, und andern Eigenschaften der Nerven so zuversichtlich und bestimmt reden, als ob sie alles bis auf ein Haar untersucht, und mit unumstößlichen Beweisen belegt hätten. Von dem Unterschiede der Nerven haben wir so gut als gar keine Begriffe, weil von allen, die wir uns darüber machen können, vielleicht nur einer, vielleicht auch nicht einmahl einer in der Natur gegründet ist. Die Erfahrungen sagen uns nichts von einer mehrern oder wenigern Spannung, nichts von einer mehrern oder wenigern Menge der Lebens-Geister, nichts von einer größern oder kleinern Feinheit, Weiche, und Härte der Nerven. Die Schlüße und Analogien sagen uns zwar, daß von diesen eine seyn kann, aber nichts davon, welches würklich ist; nichts, ob wir deswegen beßer empfinden, weil die Nerven gespannter, oder weil sie mehr mit Lebens-Geistern angefüllt, oder feiner gesponnen sind. Und da, wo Erfahrungen und Schlüße schweigen, muß, dünkt mich, auch der wahre Untersucher nicht reden

den wollen, wenn er nicht Hirngespinste für
Realität verkaufen, und aus einem Sucher
der Wahrheit ein Hascher der Träume werden will.

Also zweytes Gesetz der Sensationen:
die jedesmahlige Beschaffenheit der empfindenden Nerven hat in die Deutlichkeit
und Dunkelheit, die Stärke und Schwäche
der Empfindungen Einfluß.

II) Aeusere Organe. Hierunter verstehe
ich alle diejenigen Theile der Empfindungs-
Werkzeuge, die an der Oberfläche des Körpers liegen, als die äusern Häute des Auges, die Peripherie des äusern Ohres, u. s. w.
Man weiß, daß das Gesicht sich theils nach
der Durchsichtigkeit, theils nach der Erha-
benheit, theils auch nach der Größe der
äusern sichtbaren Theile des Auges, das
Gehör sich theils nach der Größe und Her-
vorragung des äusern Ohres, theils auch
nach den Biegungen und Wendungen der
zur Auffangung des Schalles bestimmten
Oeffnung richtet. Man weiß also auch, daß
von den äusern Organen die Beschaffenheit
der Sensation abhängt; man weiß aber damit noch nicht, wie diese Theile beschaffen

N 4   seyn

seyn müßen, um die beſte Empfindung zu
geben; ſo wol weil man die feinern Unter-
ſchiede dieſer Theile nicht bemerken kann,
als auch weil man ſie, wenn ſie auch durchgängig bemerkt werden konnten, nicht beſtimmt bezeichnen kann.

Alſo drittes Geſetz der Senſationen, ſie
richten ſich nach der jedesmahligen Beſchaffenheit der äuſern Organe.

Auf dieſe beyden Stück nun, die Beſchaffenheit der innern, und die der äuſern Organe, beruht derjenige Unterſchied, den wir
unter den Sinnen verſchiedener Menſchen
machen, wenn wir ſie fein oder grob, ſcharf
oder ſtumpf nennen. Beyde Ausdrücke ſind
gleichbedeutend; eben derjenige, der ſcharfe
Sinne hat, hat auch feine Sinne, und eben
der der ſie grob hat, hat ſie auch ſtumpf;
und auch nicht gleichbedeutend; die feinen
Sinne können zu gewißen Zeiten ſtumpf,
die groben, zu gewißen Zeiten ſcharf ſeyn.
Fein nemlich nennt man einen Sinn, wenn
er an den Gegenſtänden ſolche Beſchaffenheiten entdeckt, die man gewöhnlich nicht
daran zu entdecken pflegt; ein Ohr iſt fein,
wenn es nicht nur ganze Töne von ganzen,

und

und halbe von ganzen; sondern auch die feinern Nüanzen, die zwischen den halben und
ganzen liegen, unterscheiden kann: ein Gefühl
ist fein, wenn es die geringsten Ungleichheiten,
die leichtesten Berührungen, bemerkt und
unterscheidet. Eben dies thut auch das
scharfe Auge, das scharfe Gefühl, nur mit
dem Unterschiede, daß das feine Auge nicht
allemahl scharf sieht, weil es nicht so gebraucht, nicht in der Art von Gegenständen
gebraucht wird, daß es scharf sehen könnte.
Man kann ein sehr feines Gefühl haben, und
doch in manchen Fällen nicht scharf fühlen.
So sind also Feinheit und Grobheit der
Sinne blos relativ? So werden sie also
bloß durch den Maasstab des größern Hau-
fens, des gewöhnlichen bestimmt? So kann
ein scharfes Auge an dem beschneyten Nord-
pole, ein stumpfes in den heitern Gefilden
Asiens seyn? — Nicht anders, wir haben
bis diese Stunde noch keinen allgemeinen
und bestimmten Maasstab für diese Eigenschaften der Organe, und müßen daher jedem Indivivuo unter uns das Recht zugestehen, Sinne fein zu nennen, die feiner
sind als die seinigen, wenn sie auch in Rück-

N 5   sicht

sicht auf andere Individua noch sehr groß
seyn sollten. Um einen bestimmten Maasstab aufzufinden, müßte man jedem einzelnen Sinne mehrerer Menschen von den
stumpfsten bis zu den feinsten sich an einerley Gegenstand üben, und dann jeden sagen
laßen was er dávon empfindet. Daburch
könnte man die verschiedenen Grade von
Feinheit an diesem Gegenstande bestimmen,
und so hätte man die Feinheit in Zolle und
Linien ausgedrückt. Bey den Tönen würde
dies am leichtesten daburch geschehen können,
daß man einen Ton am Monochord durch
seine kleinen Abtheilungen allmählig erhöhte,
und nun an verschiedenen die Probe machte,
welche und wie viele sie von diesen Erhöhun-
gen deutlich bemerkten.

Diese Feinheit, sagte ich, hängt von den
Organen ab; und dieß muß noch bewiesen
werden, wenn anders eine so offenbahre und
so oft wiederhohlte Sache noch eines Beweises bedarf. In wiefern das Gehirn und
die Beschaffenheit der Nerven dazu etwas
beytragen, wißen wir nicht, aber daß sie
etwas dazu beytragen, wißen wir; weil wir
wißen, daß Ermüdungen so wol durch bloß

körperliche, als auch durch bloß geistige Arbeiten die Sinne stumpf machen; daß Krankheiten so wol allgemein des ganzen Körpers, als auch besondere gewißer Nerven die feinsten Sinne entweder gantz, oder doch auf gewiße Zeit stumpf machen; daß Beschädigungen der äusern Organe, als Schwielen an der Hand, Unreinigkeiten im Ohre, schlimme Feuchtigkeiten im Munde, das Gefühl, das Gehör, und den Geschmack verderben.

Aus diesem letztern Grunde folgt auch unmittelbar, daß man durch Fleiß und Uebung manche Sinne verfeinern kann. Das Gefühl, dadurch daß man die äusere Haut vor allen Verhärtungen bewahrt, und sie so viel möglich rein und fein erhält; das Ohr, indem man es von allen zu starken Geräuschen entfernt, und es gewöhnt, leise Töne zu bemerken und zu unterscheiden; den Geschmack, indem man die Zunge nicht durch gar zu beißende Salze abhärtet, und sie durch stete Reinigung des Mundes vor allen fremden Feuchtigkeiten bewahret.

Ob aber diese Verfeinerung allemahl und bey allen möglich ist? das ist eine andere Fra-

Frage, die man zu voreilig beantworten
würde, wenn man sie bloß nach diesen Da-
tis entschiede. Fehler der Organe, die in
ihrem innern Baue selbst liegen, die entweder von der angebohrnen Beschaffenheit der
Nerven, oder der ursprünglichen Organisation des Gehirns abhängen, laßen sich sicherlich nicht durch Uebung und Gewohnheit verbeßern. Man würde also zu viel folgern,
wenn man behaupten wollte, daß alle allemahl ihre Sinne verfeinern können, weil es
einige, einigemahl können.

III) Die Wirkung des empfindbaren Gegenstandes. Ein starker Schall wird deutlicher als ein schwacher, ein großer Körper
deutlicher als ein kleiner gesehen; ein starker
Schall erregt eine stärkere Empfindung als
ein schwacher, ein großer Körper eine stärkere als ein kleiner; weil sie stärker auf die
Organe wirken. Nicht immer aber wird
ein starker Schall auch deutlicher und stärker gehört, als ein schwächerer, in dicker
mit Dünsten erfüllter Luft wird er geschwächt,
so wie das Gesicht im schwachem Lichte nur
schwach sieht. Warum? Weil das Me-
dium, durch welches die Wirkung des Gegenstandes

genſtandes gehen muß, ehe ſie bis zu dem
Organe gelangen kann, dieſe Wirkung ent»
weder aufhalten, oder befördern kann.

Alſo viertes Geſetz der Empfindung: die
Stärke der Wirkung des Gegenſtandes,
verbunden mit der Beſchaffenheit des
Mediums, welches dieſe Wirkung durch»
laufen muß, verſtärkt oder ſchwächt, ver»
dunkelt oder klärt die Senſation auf.

IV) Der Zuſtand der Seele zu der Zeit,
da der ſinnliche Eindruck gemacht wird. Die
hier eintretenden Fälle und Bedingungen er»
klären ſich aus dem, was oben von der Auf»
merkſamkeit geſagt iſt, welches ich daher hier
nicht wiederhohlen darf.

Ich ſetze demnach, fünftes Geſetz der
Senſationen: der jedesmahlige Zuſtand
der Seele, je nachdem ſie ſchon mit an»
dern ſinnlichen oder intellektuellen Ideen
beſchäftigt, oder nicht beſchäftigt iſt, ſtärkt
oder ſchwächt, verdunkelt oder hellt die
jedesmahlige Senſation auf. –

Aus dieſem letztern Geſetze kann man ſich
beynahe nicht enthalten, die Folgerung zu
ziehen, daß die Seele ſich bey den Senſa»
tionen nicht blos leidend verhält. Denn

da

da die Stärke und Schwäche die Deutlich‐
keit und Dunkelheit der Sensationen, von
dem jedesmahligen Zustande der Seele; da
dieser Zustand selbst von dem Willen sehr oft
abhängt; da alles, was vom Willen ab‐
hängt, Thätigkeit ist: sollte man da nicht
berechtigt seyn zu schließen, daß die Seele
auch bey dem Empfinden thätig ist? Gleich‐
wohl giebt es Philosophen und Philosophen
vom ersten Range, die der Seele hier alle
Thätigkeit absprechen; und sie zu einem blos
leidenden Wesen herabwürdigen. Und
warum? Weil sie bey der Empfindung blos
die äusern Eindrücke annimmt, weil sie nicht
die geringste Macht hat, sie zu ändern; weil
also hier nicht die geringste Thätigkeit vor‐
kommt. *)

Das erste ist wahr, und beweiset zu we‐
nig, das andere aber falsch, und beweiset
nichts. Es ist wahr, daß die Seele die äu‐
sern Eindrücke annimmt, und daraus folgt
weiter nichts, als daß das Aufnehmen äu‐
serer Eindrücke ein Leiden ist. Ist aber die‐
ses Aufnehmen die ganze Sensation? Ge‐
schieht bey der Sensation nichts anders als
Per‐

*) Search Light of Nature Tom. I. ch. 1.

Perception eines äusern Eindruckes? —
Die Gegner nehmen dies an, und wenn wir
ihnen dieses noch annehmen wollen: so müssen wir ihnen Recht geben. Was nöthigt
uns aber, dies zu thun? Ihre Beweise?
Die finde ich nicht. Die Evidenz der Sache?
Die sehe ich nicht; man müßte es denn als
evident annehmen, daß bey der Empfindung
des Geruches der Rose weiter nichts als
bloße Perception des Eindruckes mit uns
vorgeht. Und dies wird man, glaube ich,
schwerlich annehmen können, ohne aller Erfahrung ins Gesicht zu widersprechen. Die
Nase afficiert die Geruch-Nerven, diese die
Seele, und in dem Augenblicke ist die Perception des Nasen-Geruches da, ist dies die
ganze Sensation? Dauert jede Sensation
nur einen Augenblick? Nothwendig nur einen Augenblick? Wenn nun aber eben die
Rose länger gerochen, wenn der Geruch-
Nerve länger von ihr modificiert wird, als
zu dem Augenblicke der ersten Perception
nothwendig ist, ist denn auch nicht diese
länger dauernde Sensation, Sensation? Und
wenn sich nun die Seele durch den ersten augenblicklichen Eindruck bewegen läßt, auf
ihn

ihn zurückzuwirken, ihn durch Zurückwir=
kung zu verstärken, deutlicher zu machen,
gehört denn dies Zurückwirken, diese Ver=
stärkung und Deutlichmachung, nicht auch
zur Sensation? Ist eine durch Aufmerk=
samkeit und Anstrengung deutlicher und stär=
ker gemachte Sensation, nicht so gut Sen=
sation, als die erste augenblickliche Percep=
tion? Wenn denn nun dies ist, und wenn
Zurückwirkung, Anstrengung der Organe,
und Aufmerksamkeit, Thätigkeiten, wenn sie
zugleich Ingredienzen der Sensationen sind:
ist es denn nicht klar, daß die Seele sich bey
den Sensationen nicht blos leidend verhält?

Das erste also beweiset, wie gesagt, zu
wenig; und das andere, daß nemlich die
Seele über die Sensationen nichts vermag,
ist falsch. Von unserer Aufmerksamkeit also,
von unserm Gutdünken hängt es sehr oft ab,
ob eine Sensation deutlich oder dunkel, stark
oder schwach seyn soll; von der Anstrengung,
oder Nachlaßung, dem Ab= oder Zuwenden
der Organe nach den Gegenständen hängt es
ab, ob wir manche Eindrücke empfinden, oder
nicht empfinden wollen; haben wir also keine,
gar keine Macht über die Sensationen?

Und

Und wenn wir denn also Macht über
sie haben, wie groß ist sie? So groß,
daß wir durch bloßen Befehl unsers Willens
ihnen den Zugang zur Seele verschließen,
daß wir mit offenen Augen uns zu sehen,
mit offenen Ohren zu hören verhindern können? Oder, da dies ungereimt ist, so groß,
daß wir durch bloßen Befehl der Seele
machen können, daß uns der Zucker bitter
schmeckt, die Rose wie Moschus riecht?
Oder, da auch dies ungereimt ist, so groß,
daß wir durch gewiße andere Hülfs-Mittel,
durch gewiße Neben-Wege, die Sensationen
ändern, hindern, befördern können? Dies
letzte ist nach allen Erfahrungen das einzige
wahre; wahr darin, daß wir Sensationen
ändern können, wenn wir die Organe vorher so disponiren, daß sie gewiße Eindrücke
nicht getreu darstellen, als z. B. durch vorher gekostete salzige Speisen den Geschmack
des Weins erhöhen und verbeßern; durch
Rauchwerke den Geruch des Tobacks ver-
schlimmern und ganz unangenehm machen.
Wahr darin, daß wir die Sensationen hindern können, dadurch, daß wir die Organe
verschließen, wegwenden; die Seele auf et-

II. Theil.   O   was

was anders richten, oder auch die Sinne
mit etwas anders beschäftigen. Wahr endlich auch darin, daß wir die Sensationen
befördern können, dadurch, daß wir die
Aufmerksamkeit gantz auf sie wenden; die
Organe anstrengen, und von allen äusern
Hindernißen frey machen.

Schon Cartesius warf die Frage auf,
woher kommt es, daß wir mit zwey Augen
doch jedesmahl nur einen Gegenstand sehen?
Nach ihm bemerkte man, daß sich eben diese
Frage auch auf die Ohren anwenden ließe,
und bey diesen beyden Sinnen ist sie, so viel
ich weiß, bisher stehen geblieben. Die Ursache, warum man diese Frage that, war,
daß man zwey Augen, zwey Ohren, und in
jedes Auge, in jedes Ohr einen besondern
Eindruck des empfindbaren Gegenstandes,
einen besondern Nerven zur Ueberbringung
dieses Eindruckes bemerkte. Daß dies der
Fall auch bey dem Geruche zuverläßig, und
bey dem Geschmacke wahrscheinlich ist, hätte
man gleichfalls bemerken, und also die Frage allgemein so ausdrücken sollen: wie geht
es zu, daß, da die empfindenden Nerven
doppelt, die Empfindungen gleichwohl
nur

nur einfach find? So ausgedrückt würde
diese Frage manchen ungegründeten Antworten zuvorgekommen seyn, und mancher unnützen Untersuchung den Eingang verschlos-
fen haben.

Wir sehen mit zwey Augen einfach, sagte
Cartesius, weil die in jedes gemachten Eindrücke zu einer Zeit auf einen Punkt der Pineal-Glandel fallen, *) und ward eben dadurch der Wahrheit ungetreu, daß er seinem
Systeme getreu blieb. Mit der Pineal-
Glandel ward daher auch diese Antwort zugleich in das Behältniß veralteter Hypothesen getragen. Wie in aller Welt können
Eindrücke, gemacht auf Nerven die weit
auseinander, nach verschiedenen Hälften des
Gehirns, nach getrennten Hälften des Gehirns, gehen, zu gleicher Zeit auf einen
Punkt der Glandel fallen? Wie Eindrücke
von Tönen, die an entgegengesetzten Seiten
des Kopfes gemacht, nach entgegengesetzten
Richtungen zum Gehirn geschickt werden,
auf einen einzigen Punkt fallen?

Die Seh-Nerven, sagten andere, vermischen sich mit einander, folglich auch die
D 2 auf

*) Cartef. de Paſſionib. p. 17.

auf jedes Auge für sich gemachten Eindrücke.
Diese Erklärung blieb so lange wahrscheinlich, bis Santorini einen Menschen anatomierte, der schon seit langer Zeit am rechten
Auge blind gewesen war; an ihm den Nerven des rechten Auges dünner und dunkler
an Farbe fand, als den andern; diesen Nerven vor und nach der Zusammenkunft beyder Seh-Nerven untersuchte, und ihn immer ohne alle Vermischung an der rechten
Seite fortlaufen sah. *) Auch so lange
hätte sie nicht einmahl wahrscheinlich bleiben müßen, diese Erklärung, wenn man
die Frage gleich anfangs allgemein gemacht
hätte; die sich nicht berührenden, nicht vermischenden Geruch- und Gehör-Nerven hätten sie unmittelbar vernichtet.

Wir sehen und hören in der That nur mit
einem Auge, mit einem Ohre, sagten andere, weil ein Auge und ein Ohr immer an
Stärke einen Vorzug vor das andere hat.**)
Es kann seyn, daß die Männer, die dieß
aus

*) Boerhave de Morbis Nervor. Tom. II.
p. 500. Van Swieten Comm. in Aphorism.
Boerhavii Tom. I. p. 459.

**) Unzers Physiologie p. 78.

aus ihren eigenen Erfahrungen geschloßen
haben, jedesmahl nur ein Auge und ein
Ohr gebrauchen; gebrauchen es aber darum
auch alle? gebrauchen auch sie nur eine
Nasen-Oeffnung zum Riechen? Ich mache
ein Auge, ein Ohr zu, und sehe und höre
nun nicht so deutlich, nicht so stark als mit
beyden, sehe und höre ich also nicht würklich mit beyden? Ich stelle eine Fläche zwischen beyden Augen so, daß ich mit einem
Auge unmöglich das sehen kann, was hinter
dieser Fläche ist; sehe nun mit beyden Augen,
und sehe zugleich, was auf beyden Seiten
der Fläche ist; kann ich das, wenn ich nur
mit einem Auge jedesmahl sehe?

Wir sehen würklich alles doppelt, sagt
ein dritter, aber da wir durch das Gefühl
wißen, daß der gesehene Gegenstand einfach
ist: so verbeßern wir den Irrthum der Augen durch das Gefühl. *) Sieht denn darum ein gelbsüchtiger alles nicht gelb, weil
er weiß, daß es würklich nicht gelb ist? einer, der durch einen Fehler der Augen alles
doppelt sieht, nicht doppelt, weil auch er
durch das Gefühl weiß, daß es nicht dop-

D 3   pelt

*) Buffon. Hist. Nat. T. IV. p. 428. sqq. in 8.

pelt ift? Diefe Antwort ift alfo nichts als
voreilige Befriedigung mit einer verfteckten
Zweydeutigkeit des Ausdrucks. Das Urtheil kann zwar machen, daß wir dem finnlichen Scheine nicht beypflichten, daß wir
einen in der Ferne rund erfcheinenden Thurm
nicht für rund halten; aber es kann nicht
machen, daß wir anders empfinden, daß
wir den Thurm nicht rund zu fehen glauben, weil wir gewiß wißen, daß er es
nicht ift.

Wir fehen deswegen nicht doppelt, fagt
ein vierter, weil wir die Gegenftände von
einander nicht unterfcheiden, wenn fie vollkommen einerley Eindruck auf uns machen.
Nun ift der Eindruck, den derfelbe Gegen-
ftand in dem einen Auge macht, gerade derfelbe, den er im andern macht, folglich werden beyde für einen gehalten. Eben dies
gilt auch vom Geruche und Gehöre. *)
Sind denn aber hier die Eindrücke vollkommen einerley? Der Eindruck auf das eine
Auge wird an einem andern Orte des Gehirns gemacht, als der des andern, und

Dinge,

*) Haller Comment. in Prael. Boerhavii
Tom. IV. p. 261. fqq.

Dinge, die dem Orte nach verschieden sind,
sind es immer genug, um auch von der Seele unterschieden werden zu können, um von
ihr als ganz abgesonderte Eindrücke unterschieden werden zu müßen. Und warum
sehen wir denn alles doppelt, wenn wir mit
dem Finger das eine Auge ein wenig aus
seiner natürlichen Lage bringen? werden
hier nicht eben die Figuren, Farben, Lagen
der Gegenstände eben so gut, und eben so
wie vorher auf den Augen abgebildet?
Ist hier nicht der Eindruck von demselben Gegenstande derselbe? — Nicht so
ganz derselbe, denn er fällt in einem Auge auf einen andern Punkt der Netz-Haut,
als in dem andern — Und bey den schie-
lenden wie fällt er da? Nicht auch in einem Auge auf einen andern Punkte, als in
dem andern? und doch sehen sie alles
einfach!

Noch bis jetzt ist also keine genugthuende
Erklärung dieses Phänomens gegeben, und
was auch nicht so leicht eine hoffen läßt,
das ist die wenige Kenntniß, die wir von
der innern Einrichtung des Gehirns haben;
die dürftige Einsicht, die wir in die Natur

D 4 der

der Senſationen haben; die gänzlich fehlende Kenntniß von dem gemeinſchaftlichen
Senſorio, und der Art, wie dies von den
Nerven, die Seele vom Senſorio afficiert wird.

Siebentes Hauptſtück.

Vom Gefühle.

Nach dieſen allgemeinen Betrachtungen
wird es Zeit ſeyn, die Sinnen, jeden
ins beſondere zu unterſuchen, theils um ſie
daburch zu beſtätigen, theils um ſie beſtimmter zu machen, und theils auch, um zu andern allgemeinen Unterſuchungen den Weg
zu bahnen. Vom Gefühle fangen die vornehmſten, und wo ich nicht irre, auch die
meiſten Phyſiologen ihre Unterſuchungen an,
weil wir von ihm noch das meiſte, und das
deutlichſte wißen, und weil vermöge der Analogie ſich aus ihm auf die andern Sinne
ſchließen läßt. So wohl hierin, als auch
in den meiſten Fragen und Unterſuchungen
über die Sinne glaube ich dem Leitfaden
folgen zu müßen, den ſie mir darbieten, und
um

um besto mehr folgen zu müßen, da die Philosophen hier entweder gar nichts, oder etwas sehr unbestimmtes, oder auch etwas
sehr hypothetisches zu sagen pflegen.

Die unter der obern Haut überall ausgebreiteten Nerven-Wärtzchen, sind das
eigentliche Organ des Gefühls, und dies
wird dadurch bewiesen, daß das Gefühl
aufhört, so bald diese Wärtzchen verbrannt,
oder auf irgend eine andere Art zerstört werden. *) Nach der innern Einrichtung und
Beschaffenheit dieser Wärtzchen frage man
nicht, denn man würde etwas fragen, worauf sich weder durch ein unbewaffnetes noch
durch ein bewaffnetes Auge; weder durch
Versuche, noch durch Anatomie antworten
läßt; so fein ist die Structur dieser
Wärtzchen. **)

Die Körper selbst, in so fern sie Solidität und Ausdehnung haben, sind die
Ursachen, die in uns Gefühle hervorbringen, dies bedarf keines Beweises.

D 5

Die

---

*) Haller Comment. in Praelect. Boerhav II
Tom. IV. p. 2.

**) Ebendaselbst p. 5.

Die Berührung unserer Haut, und der Nerven-Wärtzchen durch die Haut, ist das, was uns jedesmahl fühlen macht, auch dieß hat weiter keinen Beweis nöthig.

Diese Berührung kann in den Wärtzchen weiter keine Veränderung hervorbringen, als daß sie sie auf verschiedene Art niederdrücken, zusammendrücken, aus einander zerren, zerreißen. In diesen Veränderungen also muß die Ursache der verschiedenen Sensationen liegen, die uns das Gefühl mittheilt. Man frage aber ja nicht, welche verschiedene Gestalten die Wärtzchen durch die Berührung annehmen können? denn davon läßt sich nichts wißen, weil sich von der Beschaffenheit der Wärtzchen selbst nichts wißen läßt. Man frage ja nicht, wie sich diese Modifikation der Wärtzchen dem Gehirn mittheilt, und von da in die Seele übergeht; denn auch das läßt sich nach dem oben gesagten nicht wißen.

Die Sensationen, die wir durch das Gefühl empfangen, sind die der Solidität, oder Festigkeit, der Härte und Weichheit, der Figur und Ausdehnung; der Kälte und Wärme; der Rauhigkeit und Glätte; der

Bewe-

Bewegung und Ruhe; des Kützels und
Juckens; des Brennens, Stechens, und
Drückens; des Aufſchwellens und Reißens
in den Gliedern; nebſt noch einigen andern
mehr. Dieſe Senſationen nun wie entſtehen ſie aus dieſen Eindrücken, dieſer
körperlichen Beſchaffenheiten, auf dieſe
Organe? Zum voraus wird man ſchon die
Anmerkung gemacht haben, daß ſich hier
im Allgemeinen etwas, im Detail nichts
antworten laßen wird. Dieſe Anmerkung
zu beſtätigen, und zugleich das Wißbare von
dem Nicht=Wißbaren abzuſondern, gehe ich
nun dieſe Senſationen in der hier angegebe-
nen Ordnung durch.

Solidität oder Feſtigkeit. Dieſe Empfindung iſt weiter nichts als Empfindung des
Druckes der Nerven ſelbſt; oder, wenn man
lieber will, des Widerſtandes, den die Körper auf unſere Nerven ausüben, wenn wir
ſie berühren.

Härte und Weichheit, drücken verſchie-
bene Grade des Widerſtandes fremder Körper aus, und werden daher durch das geringere oder größere Nachgeben der Körper
empfunden, wenn wir ſie drücken. Dieſes
Nach-

Nachgeben zu bestimmen, hilft uns noch eine
andere von dem bloßen Gegendrucke der
Körper verschiedene Empfindung des Gefühles, die nemlich, vermittelst welcher wir
uns bewußt sind, ob wir unsere Muskeln
stark oder schwach anstrengen. Fühlen wir,
oder befehlen wir unsern Sehnen starke An-
spannung, und bemerken wir dem ohngeachtet kein Nachgeben in dem berührten Körper: so nennen wir ihn hart, weich aber,
wenn das Gegentheil empfunden wird. Die
Härte und Weichheit wird zwar auch durch
den bloßen Druck eines Gliedes auf einen
fremden Körper; am meisten und genauesten
aber doch durch das Preßen eines Körpers
zwischen den Händen, Armen, oder Fingern
empfunden, weil wir dadurch die Grade des
Nachgebens am geschwindesten und leichtesten bestimmen können.

Figur und Ausdehnung. Figur kann
nicht anders als durch Berührung eines
Körpers an verschiedenen Seiten, als durch
die gleichzeitige Berührung von verschiedenen Punkten unsers Körpers empfunden
werden; weil ein einziger berührter Punkt
uns nur Solidität, Festigkeit, Weichheit
                                    anzeigt.

anzeigt. Die Umfaßung eines Körpers mit
unſern Fingern und Händen giebt uns die
Idee ſeiner Figur, wir erkennen dadurch,
ob er Ecken, Ungleichheiten hat, wie viel
Ecken und Ungleichheiten an ihm ſind, aus
wie vielen geraden oder krummen Linien ſeine
Oberfläche beſteht. So fühlen wir z. B.
das runde dadurch, daß wir an der ganzen
Oberfläche keine Ungleichheiten gewahr werden, und daß der Körper, wenn er zwiſchen
den Fingern oder Händen herumgedreht
wird, an keinem Orte anſtößt, an keinem
mehr Widerſtand thut, als an dem andern.
Das länglich runde wird auf eine ähnliche
Art gefühlt; indem wir den Körper mit den
Fingern oder Händen feſt umſchlingen: ſo
ſchließen ſich die äuſern Theile der Haut
überall gleich an ihn an; indem er aber nun
herumgedreht wird: ſo drückt die ungleiche
Oberfläche an einem Orte ſtärker gegen die
Nerven, als an dem andern, läßt an dem
einen Orte einen leeren Raum, und befreyt
dadurch die Nerven von dem Gegendrucke.
Dieſes ſtärkere Drücken an einem und gänzliche Aufhören des Drückens an dem andern Orte, giebt die Empfindung der länglich

lich runden Fläche. Das eckigte empfindet
sich noch leichter, denn alle Ecken drücken
stärker, weil sie an wenigern Punkten
drücken, leiden keine vollkommne Anschlies-
sung der Haut, und geben sich eben dadurch
zu erkennen, daß sie Ecken sind. Ausdehnung oder Größe, und darunter begriffene
Dicke, Länge, Breite der Körper werden
dadurch gefühlt, daß wir den Abstand der
Finger einer Hand, oder beyder Hände,
oder der Arme von einander bemerken. Und
diese Bemerkung geschieht theils durch das
unmittelbare Berühren der Finger und Hände selbst, wenn wir einen sehr dünnen Körper zwischen den Fingern haben; weil wir
durch diesen Körper den Gegendruck des andern Fingers fühlen, oder auch an einer
andern Stelle beyder Finger, sie so gleich
einander nähern können; theils auch durch
das Gefühl von Spannung der Sehnen und
Haut bey sehr dicken, oder langen, oder
breiten Körpern, weil wir an dem Grade
dieser Spannung merken, wie weit die Finger, der Arm aus einander gestreckt sind.

Kälte und Wärme. Wir beurtheilen sie,
sagt man, nach der Wärme und Kälte un-

sers

fers eigenen Körpers, so daß wir das warm
nennen, was wärmer ist als wir selbst, das
kalt; was kälter ist als wir selbst sind. *)
Diese Erklärung hat den einzigen kleinen
Fehler, daß sie das annimmt, was noch
erst erklärt werden soll; denn wenn man
wißen will, wie empfinden wir Wärme und
Kälte? so will man auch wißen, wie empfinden wir sie an uns selbst? Die Wärme
und Kälte an uns selbst entsteht von der ge-
schwindern oder langsamern Bewegung unsers Blutes, diese verursacht in den Arterien
und Venen eine größere oder kleinere Friktion; und da es nun überall Arterien und
Venen giebt; so theilt sich die Bewegung dieser Friktion auch den benachbarten Gefühl-
Nerven mit; und dies giebt der Seele die
Empfindung von unserer eigenen Wärme
oder Kälte.

Wie eine Friktion die Idee der Wärme
hervorbringen kann? das weiß ich freylich
nicht, und das wißen auch alle Physiologen
und Philosophen nicht. Genug sie bringt
sie hervor; dies beweiset sich dadurch, daß
wir

*) Haller Comm. in Praelect. Boerhavii
T. IV. p. 10.

wir uns allemahl warm fühlen, wenn sich
unser Blut schnell bewegt, daß wir in der
Kälte uns durch Bewegung des Körpers,
das ist, Bewegung des Blutes erwärmen
können.

Durch diese unsere eigene Wärme nun
empfinden wir auch die Wärme und Kälte
fremder Körper; ein Körper, der wärmer ist
als der unsrige, vermehrt die Bewegung
des Blutes, einer der kälter ist, vermindert
sie, und dadurch wird die Empfindung der
Wärme und Kälte den Gefühl-Nerven mitgetheilt. Dies wäre eine Art es zu erklären; aber ist es die einzige? Folgende scheint
mir auch nicht verwerflich zu seyn. Die
Kälte zieht alle Körper zusammen, so wie die
Wärme sie alle ausdehnt: dies ist eine allgemeine Erfahrung. Die Berührung eines
Körpers also, der kälter ist, zieht die Fibern
und Gefühl-Wärtzchen mehr zusammen; so
wie die Berührung eines wärmern sie mehr
ausdehnt; und das aus dieser Zusammen-
ziehung und Ausdehnung entstehende Gefühl, sollte das nicht die Empfindung der
Wärme und Kälte seyn? Welche Erklärung ist nun die beste? Gemeiniglich ist es
jedem

jedem die, die er selbst gefunden hat, und
so müßte es die letzte seyn; allein die Wahrheit zu gestehen, ich sehe keinen entscheiden-
den Grund, der einen für der andern einen
Vorzug zu geben. — Eine aber muß es
doch seyn. — Und warum nothwendig
eine? Können nicht beyde zugleich neben
einander stehen? Nicht beyde Ursachen das
ihrige zu der zu erklärenden Wirkung beytragen? So lange sie nun das können, und
wenn sie das können: so ist es wol das beste,
sie beyde mit einander zu verbinden.

Die von den Skeptikern und Idealisten
so berühmt gemachte Bemerkung, daß wir
einerley Körper zugleich warm und nicht
warm fühlen, wird sich nun aus diesen
Grund-Sätzen sehr leicht erklären laßen.
Wie ist es ohne die offenbarste Betrügerey
der Sinne möglich, sagen sie, einen Körper
zugleich warm und kalt zu fühlen? Wie ist
es möglich, ohne die offenbarste Betrügerey
der Sinne, sage ich, einen Körper nicht zugleich warm und kalt zu fühlen? Man setze,
die eine Hand sey merklich kälter als die andere; was wird nothwendig der Erfolg seyn
müßen, wenn beyde denselben Körper be-

II. Theil.　　　　P　　　　rühren?

rühren? Kein anderer als der, daß die
wärmere Hand ihn kalt, die kältere ihn
warm empfindet, wenn er nicht an sich
ganß eiskalt, sondern ein ganß klein wenig
von Wärme durchbrungen ist. Das also,
was sie für Betrug der Sinne ausgeben,
ist so weit entfernt, Betrug zu seyn, daß es
vielmehr Betrug seyn würde, wenn es nach
ihrer Idee kein Betrug wäre.

Rauhigkeit und Glätte. Sie werden auf
zwiefache Art gefühlt, entweder dadurch,
daß wir mit der Spiße der Finger über die
Oberfläche eines Körpers hinfahren, und
dadurch seine hervorragenden ungleichen
Theile, vermittelst des öftern Anstoßens;
seine gleiche Oberfläche, vermittelst der un-
gehinderten Bewegung gewahr werden.
Oder auch dadurch, daß wir die Fläche der
Hand an die Fläche des Körpers legen, und
ihre Gleichheit oder Ungleichheit nach der
gleichen oder ungleichen Berührung der
Punkte in unserer Hand beurtheilen.

Bewegung und Ruhe. Die erste wird
durch das succeßive Berühren mehrerer Ge-
fühl-Wärßchen; die andere durch den un-
verän-

veränderten Eindruck auf dieselben Wärtzchen empfunden.

Kützel und Jucken. Für die Erklärung
des Kützels haben wir schon viel gewonnen,
wenn wir die Beschaffenheit der kützlichen
Orte ausfindig gemacht haben. Solche
Theile unsers Körpers, die von fremden
Körpern oft berührt werden, als die Spitzen
der Finger, der obere Theil der Hand, sind
gar nicht kützlich; nur die pflegen es zu
seyn, die selten von andern, als uns selbst
berührt werden, als die innere Fläche der
Hand, die mittlere Fläche des Fußes. Unter den wenig berührten Theilen sind nicht
alle kützlich, und die kützlichen sind es nicht
in gleichem Grade; die sehr fleischichten mit
vielem Fette bedeckten Theile haben für den
Kützel keine Empfindlichkeit. Hieraus folgt,
daß nur da der Kützel eigentlich statt findet,
wo die Nerven nur sehr wenige Bedeckung
haben, folglich jeden ihnen mitgetheilten
Eindruck stärker aufnehmen, und der Seele
stärker übertragen. Die leichteste Berührung der inwendigen Nase, des inwendigen
Ohres von einer Feder, verursacht einen sehr
starken und fast unerträglichen Kützel. Die

P 2   den

den Kützel hervorbringende Berührung muß
keine starke, sondern eine gantz leise, kaum
über die Haut herfahrende seyn, man stecke
einen Finger in die Nase, oder in das Ohr,
man faße die Fuß-Fläche hart an, es wird
nicht kützeln. Warum? weil ein starker
Druck die Wärtzchen mehr preßt, als reitzt;
mehr stumpf, als empfindlich macht. Das
materielle des Kützels ist also eine leichte mit
steter Bewegung verbundene Berührung solcher Theile unsers Körpers, deren Gefühl-
Nerven sehr blos liegen, und durch öftere
Berührung nicht abgehärtet sind.

Diese Berührung nun, wie bringt sie die
Empfindung des Kützels hervor? Um dies
Problem auflösen zu können, müßen wir
vorläufig wißen, was für eine Art von Modifikation sie den Gefühl-Wärtzchen mittheilt; und das wißen wir im geringsten
nicht. Wenn wir es aber auch wüßten: so
müßten wir denn nun noch ferner wißen, wie
eine solche Bewegung der Nerven, eine solche
Empfindung der Seele mittheilen kann; und
dies wißen wir noch weit weniger als das
erste. An Erklärung folglich, und völlig
befriedigende Erklärung ist hier gar nicht zu
den-

denken. So viel können wir wol sehen, daß eine Berührung an den beschriebenen Orten eine weit lebhaftere Empfindung hervorbringen muß, als eine Anrührung jeder andern Stellen.

Wenn diese Theorie richtig wäre: so müßten wir uns auch selbst kützeln können, kann man sagen; Kützel soll ja aus der Berührung sehr empfindlicher Theile entstehen — Nicht, wenn sie richtig; sondern wenn sie schon vollständig wäre. Wir können uns selbst nicht kützeln, sagt man, und was versteht man darunter? Daß wir uns durch unsere eigene Berührung gar von der Empfindung des Kützels nichts mittheilen können? Dies ist offenbahr falsch, man berühre nur die innere Fläche der einen Hand gantz leise mit einem Finger der andern, und man wird ein gantz leises Kützeln empfinden, wenn man anders gegen diese Empfindung nicht mehr als gewöhnlich stumpf ist. Man kann folglich nichts anders darunter verstehen, als daß wir uns selbst nicht in einem so hohen Grade kützeln können, als wir von andern gekützelt werden. *)   Woher nun

P 3   dieser

*) Cartes. de Hom. p. 63.

dieser Unterschied der Grade? Nicht von der
Berührung selbst, denn wir können uns
selbst eben so sanft berühren, als es andere
können; nicht von der Verschiedenheit des
berührenden Gegenstandes, denn unsere Finger und fremde Finger, sind Finger, und
von der Verschiedenheit, die sich zwischen
ihnen finden kann, hängt hier bey weitem
so viel nicht ab, daß sich alles daraus ableiten ließe; kurz, von keinem einzigen körperlichen Umstande.

Nothwendig mischt sich hier die Einbildungskraft, oder wenn man lieber will, die
Furcht mit ins Spiel; allemahl wenn uns
ein anderer an einer sonst nicht gewohnten
Stelle anfaßen will, fühlen wir schon vorher einen gewißen Widerwillen, ein gewiſ-
ſes Schaudern, wir ziehen uns unwillkührlich zurück, und machen unwillkührlich Vor-
kehrungen, uns nicht sehr kützeln zu laßen.
Diese Furcht giebt uns schon eine gewiße
Vor-Empfindung des Kützels, und sie ist es
daher auch allein, die den Eindruck verstärkt,
und macht, daß fremdes Kützeln stärker als
eigenes empfunden wird. Sie muß aber
doch auch einige Ursache haben, diese Furcht,

weil

weil man sie sonst gar für angebohren halten müßte; es ist also noch die Frage übrig,
woher kommt es, daß wir uns vorher fürchten, wenn uns andere an kützlichen Orten,
nicht aber wenn wir uns selbst anfaßen
wollen?

Hiezu scheinen mehrere Ursachen das ihrige beyzutragen. Wir selbst berühren uns
ohne Besorgniß, weil wir selbst aus eigener
Erfahrung am besten wißen, wie stark wir
uns anfaßen müßen, um uns nicht wehe zu
thun. Andere wißen dies nicht, und berühren uns daher immer mit einer gewißen
Besorgniß, uns Schmerzen zu verursachen,
berühren uns leise und sanft, und kützeln
uns durch eben dies leise Berühren leichter
als wir selbst. Ferner finden unsere Ge-
spielen in der Jugend Vergnügen daran,
uns zu kützeln, wenn sie merken, daß wir
kützlich sind; unsere Ammen und Wärter in
der Kindheit, um uns dadurch aufzumun-
tern. Weil sie es aber oft übertreiben: so
machen sie es uns eben dadurch wiederlich,
und pflanzen uns Furcht ein, uns von
Fremden berühren zu laßen.

Die

Die Empfindung des Kützels läßt sich
nicht beschreiben; nur so viel läßt sich von
ihr sagen, daß sie im Anfange angenehm ist,
und uns zum Lachen bewegt. Wie, kann
man fragen, entsteht Lachen aus der Berührung unsers Körpers? Was in aller Welt
haben so heterogene Dinge mit einander gemein? — Und wie, kann man dagegen fragen, läßt sich sagen, ob diese Dinge heterogen sind, und was sie mit einander gemein
haben, da die Empfindung des Kützels einfach ist, und folglich auch in keine mit andern Empfindungen gemeinschaftliche, oder
nicht gemeinschaftliche Theile aufgelöset werden kann? Wenn aber gleich zwischen der
Empfindung des Kützels und der des Lachens
keine unmittelbare Aehnlichkeit gefunden werden kann: so läßt sich doch eine aus gewissen begleitenden Umständen hernehmen. So
oft uns etwas sehr lächerliches vorkommt,
und wir entweder nicht jetzt darüber lachen
dürfen, oder in einer ernsthaften Laune sind,
fühlen wir am Zwerchfell einen gewißen
Kützel, der uns unaufhörlich, oft auch un-
widerstehlich zum Lachen antreibt. Wir
wißen ferner aus andern Gründen, daß das
Zwerch-

Zwerchfell zur Respiration nothwendig ist,
daß ein Lachen die Werkzeuge der Respiration stärker als gewöhnlich, und häufiger
als gewöhnlich erschüttert werden. Daraus
sind wir berechtigt zu schließen: daß ein gewißer Reitz am Zwerchfell uns lachen macht;
um so viel mehr berechtigt so zu schließen,
da das Lachen oft aus blos körperlichern
Ursachen aus bloßem Reitze gewißer Nerven
entsteht, ohne daß die Ideen der Seele den
geringsten Antheil daran haben. Nun wissen wir ferner, daß die meisten Nerven
durch Nerven-Knoten, und Kommunika-
tions-Nerven mit einander zusammenhän-
gen: wir ziehen also daraus die wahrschein-
liche Vermuthung, daß die Gefühl-Nerven
mit den Nerven des Zwerchfells verknüpft
sind, daß der Kützel der erstern sich den letztern mittheilt, und daß er so uns durch das
Diaphragma lachen macht.

Ein lange fortgesetzter Kützel wird endlich
unerträglich, und so unerträglich, daß man
Ohnmachten darauf hat erfolgen sehen.
Dieß unerträgliche aber ist kein eigentlicher
Schmertz, es ist eine ganz von allen andern
unterschiedene, unbeschreibliche Empfindung,

P 5   aus

aus Vergnügen und Mißvergnügen zusammengesetzt. Zwar sagt Jemand, daß aller
Kützel von Natur vermischt ist; *) aber er
sagt es ohne Beweis, sagt es gegen die Erfahrung. In dem Kützel, den man sich selbst
verursacht, ist nichts unangenehmes, und
auch nicht allemahl kützeln uns andere so,
daß wir es unerträglich finden.

Dieses unausstehliche in manchem Kützel
nun, woher kommt es? Wüßten wir,
welche Bewegung der Gefühl-Wärtzchen
und der Nerven im Gehirn durch die Gefühl-
Wärtzchen mit dem Kützel verbunden ist: so
würden wir dies gar bald aus einer dadurch
verursachten Beschädigung der Nerven ableiten können. Da wir aber dies gar nicht
wißen: so bleibt uns nichts anders übrig,
als überhaupt zu sagen: es geschieht, weil
es dem Nerven-System nachtheilig ist.

Das Jucken. Was dies für eine Empfindung ist, wißen alle, und die es nicht
wißen, können es auch aus keiner Beschreibung lernen, weil sich keine davon geben
läßt. Woher es entsteht, wißen wir zwar
einigermaßen, aber noch lange nicht so, daß
wir

---

*) Joubert Traité du Ris p. 200.

wir sagen könnten, wir wüßten es hinlänglich. Wenn fremde Körper, als Staub,
Schweiß, u. s. w., sich an gewißen sehr em-
pfindlichen Theilen anhäufen; wenn die Haut
von gewißen Feuchtigkeiten aufgeschwellt
wird: so entsteht daraus ein Jucken. Wie
diese fremden Körper an sich beschaffen sind,
wie sie die Nerven reizen, wie sie durch diesen Reitz diese Empfindung erregen, das alles wißen wir nicht im geringsten; das alles
sagen uns auch die größten Physiologen
nicht. Denn sagen, daß gewiße scharfe
Feuchtigkeiten, die sich unter der Haut anhäufen, die Gefühl-Wärtzchen reitzen, *)
das heißt doch wol nicht viel mehr, als
Nichts sagen, heißt doch wol Nichts erklären.

Das Brennen, Stechen, Drücken. Von
diesen Empfindungen wißen wir so viel, daß
sie allemahl aus einer Verletzung, Beschädigung und Zerreißung der Gefühl-Wärtzchen
entstehen; daß sie uns allemahl höchst unangenehm und verhaßt sind. Wie aber die
Beschädigung der Nerven beym Brennen,
von

*) Haller Comment. in Praelect. Boerhavii.
Tom. IV. p. 11.

von der bey dem Drücken, und die bey dem
Drücken von der beym Stechen verschieden
ist; welche Art von Bewegung jede von ihnen im Nerven, und durch den Nerven im
Gehirn hervorbringt; wie die Seele daraus
solche und keine andern Empfindungen zieht;
davon wißen wir durchaus Nichts. Wir
wißen nicht nur Nichts davon: sondern es
ist uns auch durchaus unbegreiflich, wie die
Zerreißung der Nerven durch das Stechen
die Empfindung des Stechens geben kann,
die mit ihr nicht die geringste Aehnlichkeit,
nicht die geringste Verwandschaft zu haben
scheint. Ich sage scheint, denn wenn gar
keine da wäre, wenn eine solche Veränderung in den Nerven und durch die Nerven
im Gehirn gar keine Verwandschaft mit solchen Empfindungen hätte, wie könnten sie
denn aus ihnen entstehen, von ihnen verursacht werden?

Eben so unerklärlich wie diese sind auch
die Empfindungen des Schwellens, des
Reißens der Glieder, und andere ihnen ähnliche mehr. Ja sie sind darin noch weit un-
erklärlicher, daß wir von ihrer eigentlichen
Ursache weiter nichts als Muthmaßungen,

und

und noch dazu sehr vague Muthmaßungen
bisher haben aufbringen können.

Die gewöhnlichen Gränzen des Gefühls
weiß ein jeder aus eigener Erfahrung; die
Ueberschreitungen dieser Gränzen sind selten,
und verdienen daher angemerkt zu werden.
Nicht bloß weil sie selten sind, denn das
seltene ist selten das nützliche; sondern vielmehr, weil sie durch ihre Seltenheit die
Gränzen näher bestimmen helfen, die das
Gefühl erreichen kann. Man hat Beyspiele
gesehen, wo das Gefühl so scharf wurde,
daß jede Berührung Schmertz, auch sogar
Berührung der frischen Luft Schmertz verursachte. *) Man hat Blinde gesehen, die
die geringste Veränderung in der Atmosphäre bemerkten, und auch die zur Observation
einer Sonnen-Finsterniß günstige Zeit anzeigten; **) Blinde, die durch das bloße
Gefühl falsche Münzen von ächten unterschieden; ***) Blinde endlich, die auch den
Unter-

*) Hamburgisches Magazin Tom. 13. p. 223.
Tom. 20. p. 542, 556. Morgagni de Sedd.
Morbb. ep. 8. n. 29.

**) Diderot Lettre sur les aveugles p. 104.

***) Ebendas. p. 102.

Unterschied der Farben durch bloßes Anfühlen anzugeben im Stande waren. *)

Wie kann ein Blinder von der Farbe urtheilen? könnte man hier mit Recht einwenden, wenn man nicht wußte, oder wißen
mußte, daß solche Blinde nicht immer es gewesen, sondern es erst geworden sind. Ehe
sie es wurden, sammleten sie sich Ideen von
Farben durchs Gesicht, und diese durften
sie hernach nur auf das Gefühl anwenden,
als sie es geworden waren, um nach dem
Gefühle die Farben unterscheiden zu können.
Auf das Gefühl anwenden, kann man fortfahren, das läßt sich leicht sagen, aber nicht
so leicht verstehen; Farben können durchaus
nicht anders als durchs Gesicht erkannt werden, weil sie ohne Licht nicht seyn können;
sollen wir also auch das Licht fühlen können?
Nach diesem Fuße könnte man noch eine
Menge Einwürfe mehr machen, so gar unum-
stößliche Beweise machen, daß sich durchs
Gefühl von keiner Farbe urtheilen läßt;
was würde man aber damit ausrichten?
Etwa

*) Hamburgisches Magazin tom. 20. pag. 300.
   Haller Physiol. Tom. V. p. 94. Comment.
   in Praelect. Boerhavii Tom. IV. p. 9.

Etwa die Erfahrung falsch machen? Schwerlich, denn diese hier ist zu oft von zu hell-
sehenden glaubwürdigen Männern gemacht
worden. Was also ausrichten? Weiter
nichts, als bewiesen haben, daß die Farben
nicht als Farben, nicht vermittelst des Lichts
gefühlt werden können; aber bey weitem
noch nicht bewiesen haben, daß die Farben
nicht durch gewiße Neben = Umstände sich auch
dem Gefühle zu erkennen geben können.

Und diese Neben = Umstände nun, welche
sind sie denn? Schwerlich würde man sie
durch bloße Spekulation errathen können;
schwerlich würde man durch bloßes Raisonnement den hier so sehr scheinbaren Wieder-
spruch heben können, wenn nicht, die Blinden selbst ihn dadurch weggeschafft hätten,
daß sie ihre Kriteria der Farben anzeigten.
Sie waren von den verschiedenen Graden
der Rauhigkeit und Glätte hergenommen,
und beruheten auf die von den Blinden gemachten Beobachtungen, daß die schwarze
Farbe die rauheste, die rothe aber die glät-
teste beym Anfühlen sey. *) Sonderbar ist
hier-

*) Haller Physiol. Tom. V. p. 94. Comment.
in Praelect. Boerhavii Tom. IV. p. 10.

hierbey noch, daß diese große Schärfe des
Gefühles nach der Mahlzeit und bey feuch-
tem Wetter verlohren gieng. *) Ein Beweis, daß auch die Beschaffenheit der Luft
und die Speisen auf größere oder geringere
Schärfe der Sinne Einfluß haben.

Das Gefühl wird durch Krankheiten so
selten gantz verlohren, daß man daher geneigt seyn möchte, zu urtheilen, es werde
gar nicht verlohren, und hieraus zu schließen,
es könne gar nicht verlohren werden, wenn
nicht die medicinischen Beobachter Fälle auf-
gezeichnet hätten, in denen es gäntzlich verlohren gegangen ist. **) Zwischen derjenigen Schärfe des Gefühles, die auch Farben
unterscheidet, und die geringsten Veränderungen der Atmosphäre gewahr wird; und
seinem gäntzlichen Verluste giebt es unzählige
Stufen, und diese Stufen sind unter die
Menschen auf unzählig verschiedene Arten
ausgetheilt. Man nehme nur blos die äusere

*) Haller Comm. in Praelect. Boerhavii l. c.
   Zimmermann von der Erfahrung Tom. II.
   pag. 289.

**) Morgagni de Sedd. Morborum Ep. IV,
    n. 30. V, 4.

sere Haut bey verschiedenen Menschen, wie
verschieden ist sie nicht? wie sehr an Weichheit und Festigkeit, Feinheit und Grobheit
unterschieden? Von den Verschiedenheiten
der äusern Haut schließe man auf die Unterschiede der Nerven-Wärtzchen, der ganzen
Gefühl-Nerven; und man wird sich leicht
überzeugen, daß es vielleicht selten, vielleicht
auch gar nie zween Menschen giebt, die einen Gegenstand gerade auf dieselbe Art
durchs Gefühl empfinden. Man erwäge
ferner die mit dem menschlichen Körper
durch Abwechselungen des Alters, der Arbeit, der Gesundheit, der Nahrungs-Mittel, und anderer Umstände mehr beständig
vorgehenden Veränderungen; und man
wird nicht einen Augenblick anstehen, zu
bejahen, daß einerley Mensch einerley Sache
nicht nur nicht immer, sondern auch vielleicht niemahls gerade auf einerley Art
durchs Gefühl empfinden kann.

II. Theil. Q Achts

Achtes Hauptstück.

Vom Geschmacke.

Das Organ des Geschmackes ist die Zunge; aber nicht die ganze Zunge, sondern die auf ihrer Oberfläche ausgebreiteten Nerven-Wärtzchen. Dies erhellt daraus, daß die Zunge eines Hungrigen rauch wird, so bald ihm Speise vorgezeigt ward; daß hingegen die Zunge derer, die den Geschmack gantz verlohren haben, und den todten gantz glatt wird.*) Nach der innern Beschaffenheit dieser Wärtzchen frage man ja nicht, denn auch die äusere ist bey den Menschen so wenig sichtbar, daß man sich der Ochsenzungen bedienen muß, um sie einigermaßen zeigen zu können. **)

Derjenige Ort der Zunge, wo am deutlichsten und eigentlichsten geschmeckt wird, ist, den Bellinschen und Boerhaveschen Versuchen zu folge, die Spitze der Zunge, und die zunächst an der Spitze gelegenen Theile.

Bellin

*) Haller Comment. in Praelect. Boerhavii Tom. IV. p. 19.
**) Ebendas. p. 17.

Bellin berührte seine Zunge an ihren verschiedenen Stellen mit einem Pinsel, den er
mit Limonen-Saft, Salmiack, angefeuch-
tet hatte, und so fand er, daß an der Wur-
zel der Zunge einige, gegen die Mitte keine,
gegen die Spitze die deutlichste Empfindung
des Geschmackes hervorgebracht wurde. *)

Durch chymische Versuche hat man ausgemacht, daß dasjenige, was eigentlich den
Geschmack verursacht, gewiße unendlich
feine Theilchen in den Körpern sind, die
durch den Speichel im Munde aufgelöset,
und so zum Eindruck auf die Zunge geschickt gemacht werden. Diese Theilchen
hat man bald Salze, bald den Spiritum
rectorem olei genannt. **) Diese schmeck-
baren Körperchen aber hat noch kein Mensch
wegen ihrer großen Feinheit je gesehen; wir
wißen daher auch von ihrer Größe, Figur,
Bewegung nichts; nur das wißen wir von
ihnen, daß sie den Geschmack verursachen.

Von ihrem Eindrucke auf das Organ,
der Modifikation des Organs durch sie,

D 2 über-

*) Haller Comment. in Praelect Boerhav.
Tom. IV. p. 24.

**) Ebendas. p. 26.

überhaupt von der ganzen Art, wie das Schmecken geschieht, wißen wir folglich auch nichts beſtimmtes, nichts befriedigendes.

Der Empfindungen durch den Geſchmack iſt eine unendliche Anzahl; aber die wenigſten von ihnen haben eigene Nahmen bekommen. Süß, ſauer, bitter, herbe, ſind, wo nicht die einzigen, doch die vornehmſten Benennungen von Geſchmack = Empfindungen; und ſind nur generiſche Benennungen. Ein anderes iſt die Süßigkeit des Zuckers, ein anderes die des Honigs, ein anderes die der Birnen; ein anderes die der Pflaumen, ein anderes die des ſüßen Weines; u. ſ. w.

Wie entſtehen dieſe Empfindungen aus dieſen Salzen? Daß man dieß nicht wißen kann, iſt ſchon aus dem geſagten klar; aber vielleicht läßt es ſich errathen? Salz = Theilchen ſind Körper, haben alſo auch verſchiedene Figuren; dieſe verſchiedenen Figuren machen auf die Geſchmack= Wärtzchen verſchiedene Eindrücke; die Figuren der Salz = Theilchen ſind folglich die Urſachen der verſchiedenen Geſchmack = Empfindun-

pfindungen. *) Bis so weit geht alles vortrefflich; aber nur die Anwendung! Die
Figuren der Salz-Theilchen, brennen, stechen, nagen, ziehen die Geschmack-Wärtzchen zusammen, **) und diese Modifikationen geben die verschiedenen Empfindungen.
Welche von diesen Modifikationen macht den
süßen, welche den sauern Geschmack? Wie
müßen sie abgeändert werden, um die verschiedenen Gattungen des süßen hervorzubringen? Hier läßt sich zwar rathen, aber
nichts errathen, denn wenn man nun auch
eine gewiße Figur und einen gewißen Eindruck dieser Figur auf die Zunge ausgeson-
nen hat: so kann man doch nicht mit irgend
einigem Grade von Zuversicht sagen, daß
gerade diese Figur und dieser Eindruck der
Figur diesen Geschmack hervorbringt. Zwischen einer Figur und einer Empfindung des
Geschmacks, zwischen einem Eindruck auf
die Zunge und einer Empfindung des Geschmackes ist so wenig Verwandtschaft, daß
man unmöglich von einem auf das andere
D 3 schlie-

*) Cartes. de Hom. p. 65. Essay de Psycholo-
gie p. 95.
**) Essay de Psychologie l. c.

schließen, und also etwas errathen kann,
Auch rathen kann man nicht einmahl in den
meisten Fällen, die reichste Einbildungs-
Kraft muß nothwendig unterliegen, wenn
sie so vielerley Mobifikationen von Figuren
und Geschmack-Wärtzchen ausfindig machen
soll, als es Abänderungen des süßen, sauern,
und bittern giebt.

Da die Empfindung des Geschmackes sich
nach der jedesmahligen Beschaffenheit der
Nerven richtet; und da diese durch manche
Umstände veränderlich ist: so wird man
leicht die Folgerung ziehen, daß einerley
Sache unmöglich allen, einerley Sache unmöglich einem und ebendemselben zu verschie-
benen Zeiten einerley Empfindung mittheilen
kann. Es giebt Krankheiten, die den Geschmack verderben, den ikterischen ist alles
bitter, den chlorotischen Mädchen gefallen
nur scharfe Dinge; den hysterischen ist aller
Zucker widerlich. *) Die Verschiedenheit
des Alters verändert und verdirbt gleichfalls
den Geschmack; Zuckerwerk und alles süße
ist den Kindern angenehm, den Erwachsenen
gemei-

*) Haller Comment. in Praelect. Boerhavii
Tom. IV. p. 31.

gemeiniglich fade; das salzige, scharfe, spi-
rituöse gefällt den Erwachsenen, und mißfällt den Kindern. *) Auch die Verschiedenheit des Appetits verändert den Geschmack, dem Heißhungrigen schmeckt eine
Speise vortrefflich, die er bey mäßigem
Hunger unausstehlich gefunden haben würde. Die Ordnung endlich, in welcher die
Sachen geschmeckt werden, verändert gleichfalls den Geschmack; auf Honig und andere
süße Sachen schmeckt kein saurer Wein; so
wie im Gegentheil auf salzige herbe Sachen
kein süßer Wein schmeckt. **) Vielleicht,
sagt Boerhave, kommt dies daher, daß einige Theilchen der vorher geschmeckten Sachen in den Poris der Zunge hängen bleiben,
und den Eindruck der nachfolgenden hindern. Dies kann seyn, es kann aber auch
nicht seyn; und ist es wahrscheinlich auch in
der That nicht. Man weiß, daß nicht alle
Töne zusammen gut klingen, nicht alle Farben zusammen sich gut sehen laßen; sollen
hier auch Theilchen der Töne und Farben in

Q 4   den

*) Haller Comment. in Praelect. Boerhavii
Tom. IV. p. 31.

**) Ebendas. p. 32.

den Ohren und Augen hängen bleiben?
Oder sollen nicht vielmehr die Nerven den
einmahl empfangenen Eindruck, die einmahl
angenommene Bewegung, noch nach Hinweg-
nehmung der wirkenden Ursache eine Zeitlang behalten? Daß dies geschieht, ist
schon oben gesagt worden; und bey dem Hören und Sehen ist dies würklich der Fall:
thun wir also nicht besser, wenn wir sagen,
die vorhergehende noch fortdauernde Bewegung der Nerven ist der nachfolgenden entgegen; aus diesem Gegensatze entsteht eine
Art gemischter Bewegung, und diese gemisch-
te Bewegung ist gerade diejenige, die die
folgenden Töne, Geschmack-Empfindungen
und Farben unangenehm macht?

Was aus diesem allen richtig folgt, ist,
daß der Geschmack bey verschiedenen, und
bey einem in verschiedenen Altern und Umständen, verschieden seyn muß.

Neun-

Neuntes Hauptstück.

Vom Geruche.

Die Geruch-Nerven gehen durch kleine Oeffnungen von dem Gehirn oben in die Nase, breiten sich da aus, und machen die membranam Schneiderianam. Diese Membran ist das Organ des Geruchs. *) Von der innern Beschaffenheit dieser Nerven weiß man weiter nichts, als daß sie das Gehirn-Mark selbst, das ist, daß sie Nerven sind wie andere Nerven.

Von den riechenden Körpern gehen gewiße feine Theilchen aus, die durch das Anziehen des Othems bis oben in die Nase hinauf gezogen werden, und da den Geruch verursachen. Diese Körperchen nennt man Spiritus, und sagt daher, daß dieser Spiritus die Gegenstände des Geruches sind. Sehr fein müßen sie nothwendig seyn, denn ein Stückchen Ambra verliehrt von seinem Gewichte nichts, wenn man es auch länger als drey Tage hat duften laßen; ein einziger

Q 5 Gran

*) Haller Comment. in Praelect. Baerhavii Tom. V. p. 54.

Gran Ambra theilt seinen Geruch einer
großen Menge Papier mit, und dies Papier
behält den Geruch länger als 30 Jahre. *)
Von der Gestalt und Natur dieser Körperchen wißen wir nichts; nur das wißen wir,
daß sie sehr fein sind, und dies ist nicht viel
mehr als gar Nichts.

Der Empfindungen des Geruches ist eine
unnennbare Zahl; aber der Nahmen sind
noch weit weniger, als der Nahmen der
Geschmack-Empfindungen. Es riecht gut,
es riecht nicht gut, es stinkt, sind wo nicht
die einzigen, doch die gewöhnlichsten Benennungen der Geruche. Wollen wir sie genauer bezeichnen: so setzen wir noch den
Nahmen der riechenden Dinge hinzu, als
Rosen-Geruch, Ambra-Geruch, Violen-
Geruch, u. s. w. Da wir also so dürftig
von allem, was den Geruch angeht, unterrichtet sind: so ist es kein Wunder, daß selbst
die kühnsten Rather hier auch nicht einmahl
gerathen, vielweniger denn noch etwas errathen haben. Die Natur hat ihnen hier
das Bekenntniß ihres Unvermögens abge-
zwungen,

*) Haller Comment. in Praelect. Baerhavii
Tom. V. p. 67.

zwungen, welches sie ihnen bey den vorher,
gehenden Sinnen durch die deutlichsten Win-
ke angerathen hatte. *)

Auch im gemeinen Leben hat man die Bemerkung gemacht, daß manche Eindrücke
auf den Geruch-Nerven mit manchen auf
den Geschmack-Nerven eine große Aehnlichkeit haben. Der Geruch der großen weißen
Lilien gleicht dem süßen Geschmacke, der Geruch aus einer gereizten Ameisen-Republik
dem sauren Geschmacke, daher hat man auch
die Ausdrücke, es riecht süß, es riecht sauer,
in die Sprache des gemeinen Lebens aufge-
nommen. Woher diese Aehnlichkeit? Daher, sagt Boerhave, daß eben dieselben Substanzen, die uns Geruch-Empfindungen
geben, uns auch Geschmack-Empfindungen mittheilen, nur mit dem Unterschiede,
daß die riechenden Theilchen flüchtiger sind
als die schmeckenden. Man hat Erfahrungen, daß man einem Körper eben dadurch
den Geschmack benimmt, daß man seine
riechenden Theilchen von ihm absondert,
Die Nachbarschaft der Nase und des Mundes,

*) Cartes. de Hom. p. 68. Essay de Psycholo-
gie p. 60.

des, der Uebergang der Schneiderschen
Membrane in die Zunge macht, daß diese
Körperchen ihren Eindruck von der Nase bis
in die Zunge fortpflanzen. *)

Sehr sinnreich ausgedacht, wenn es doch
auch eben so wahr ausgedacht wäre! Wie
reimen sich folgende Erfahrungen damit?
Körper, die gut riechen, schmecken gewöhnlich
schlecht; man prüfe eine frische Rose, man
prüfe die Raucherwerke, und man wird einen sehr widerlichen Geschmack an ihnen
finden. Umgekehrt, Körper, die schlecht
riechen, schmecken dennoch gut; alter Käse,
Heeringe, und manche andere Sachen, sind
dem Geruche sehr unangenehm, dem Geschmacke aber sehr angenehm. Wie wäre
dies möglich, wenn einerley Substanz zugleich Geruch und Geschmack hervorbrächte?

Wie will man aber sonst diese Erscheinung
erklären? — Muß sie denn aber auch nothwendig erklärt werden? Und ist es nicht
beßer gar keine, als eine unrichtige Erklärung zu geben? Zwar könnte man sagen,
daß gewiße Gerüche durch die Gemeinschaft
der

*) Haller Comm. in Praelect. Boerhavii
Tom. IV. p. 72.

der Nerven in die Zunge übergehen, und da
eine eigene Empfindung hervorbringen; aber
man würde auch damit nichts befriedigendes vortragen, weil man noch immer nicht
erklären könnte, wie die Bewegungen der
Geschmack-Nerven den Bewegungen der Geruch-Nerven so ähnlich seyn können, daß
beyde fast einerley Empfindung geben.

Die riechenden Körperchen haben eine
ihnen eigene große Gewalt über das ganze
Nerven-System der Menschen; der bloße
Geruch des Moschus macht Ohnmachten;
der des Sal volatile vertreibt Ohnmachten;
verfaulte Körper erregen durch den bloßen
Geruch Eckel und Erbrechungen; gebratenes
Fleisch, und überhaupt alle frisch zubereitete
Speisen, erwecken durch den bloßen Geruch
Appetit; der bloße Geruch von gebranntem
Schwefel kann auf der Stelle tödten, und
man hat Beyspiele, daß Leute allein durch
den Geruch gestorben sind. *) Wie dieß
alles zugeht, wie diese subtilen Körper in
dem Gehirne und Nerven-Systeme solche
große Zerrüttungen hervorbringen und haben

*) Haller Comment. in Prael. Boerhavii
Tom. IV. p. 35, 74.

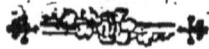

ben können, über das alles läßt sich nichts
befriedigendes, ja nicht einmahl etwas einigermaßen wahrscheinliches sagen.

Was von der Verschiedenheit der vorigen
Sinne bey verschiedenen und einem Menschen gesagt ist, gilt auch nach allen und
alltäglichen Erfahrungen vom Geruche. Einige sonderbare und nicht jedem vorkommen-
de Beyspiele will ich hersetzen: Rosen riechen
den meisten angenehm, es giebt aber doch
Leute, die von ihrem bloßen Geruche in
Ohnmacht fallen; Tuberosen verursachen
einigen Kopfschmerzen; der Geruch des
Weins ist manchen unerträglich, den andere
mit so vieler Wollust in sich saugen.*) Daß
dies von einer besondern Beschaffenheit der
Geruch-Nerven kommt, ist einleuchtend;
von welcher aber, vollkommen unerklärlich.

Beyspiele von auserordentlicher uns un-
begreiflicher Feinheit des Geruches sehen
wir täglich an manchen Thieren, und diese
überzeugen uns, daß unser Geruch noch
lange so fein nicht ist, als er seyn könnte.
Hiervon überführt uns auch jener Mönch in
Prag,

*) Haller Comment. in Praelect. Boerhavii
Tom. IV. p. 78.

Prag, von dem glaubwürdige Beobachter erzählen, daß er blos durch den Geruch habe unterscheiden können, ob Frauenzimmer keusch oder nicht keusch lebten. *) Vom Demokrit erzählt man ein ähnliches Beyspiel, man setzt aber nicht hinzu, ob er die Keuschheit gerochen habe. Die anscheinende Widersinnigkeit der Sache selbst, und der nicht ganz ungerechte Verdacht, daß ein Mönch leicht andere Probiersteine der Keuschheit gebrauchen dürfte, als den Geruch, könnte die ganze Erzählung verdächtig machen, wenn man nicht aus allgemeinen Erfahrungen bey Thieren, und besondern Beobachtungen bey Menschen wüßte, daß der Antrieb zur Wollust riechbar ist.

Von den Thieren wißen wir es, daß sie den Geruch zum einzigen Führer bey der Wahl ihrer Nahrungs-Mittel gebrauchen; von den Menschen glauben wir zu wißen, daß sie dieses Kriterium gar nicht gebrauchen können, weil uns weder unsere eigene, noch auch

*) Le Cat Traité des Sensationes et Pass. Tom. II. p. 257. Hamburgisches Magazin Tom. XX. p. 301. Observations de Physique Tom. II. p. 202, 303.

auch fremde Erfahrungen davon überzeugen.
Daher behaupten auch die Theoristen der
Geschichte der Menschheit durchgängig, daß
ein Mensch ohne alle Ideen und Erfahrungen nothwendig umkommen müßte, weil er
die Nahrungs-Mittel von den Giften nicht
würde unterscheiden können. Einige Beyspiele von Kindern, die man wild in den
Wäldern gefunden hat, und die unmöglich
die Kenntniß der Nahrungs-Mittel von andern konnten empfangen haben, weil sie
sonst nichts menschliches von ihnen empfangen hatten; hätten ihnen billig eine starke
Vermuthung für das Gegentheil geben sollen. Doch was brauchen wir Vermuthungen, da wir Fakta haben? Von einem dieser Wald-Menschen wird ausdrücklich erzählt, er habe durch den Geruch alle gesunde
Kräuter von den ungesunden unterscheiden
können. *) Das ist also ein offenbahrer
Beweis, daß wir durch unsere verfeinerte
Lebens-Art unsere Sinne nicht zugleich mit
verfeinern, und manche unserer ursprünglichen Fähigkeiten aufopfern. Es wird bey
die-

*) Zimmermann von der Erfahrung Tom. II.
pag. 289.

dieſer Geſchichte ausdrücklich angemerkt, die⸗
ſer nemliche Menſch habe dieſe Feinheit des
Geruchs verlohren, ſo bald er angefangen
habe ſolche Speiſen zu genießen, als wir ſie
jetzt zu bereiten pflegen.

Zehntes Hauptſtück.
Vom Gehöre.

Was man gemeiniglich ganz für das
Werkzeug des Hörens hält, das
Ohr, iſt größtentheils nur Hülfsmittel, das
ganze äuſſre Ohr, mit allen ſeinen Krüm⸗
mungen: das Trommelfell, mit ſeinem Am⸗
boſe und Hammer, ſind Mittel den Schall
zu verſtärken, fortzupflanzen, und zu mo⸗
dificieren. Der Gehör-Nerve, das ei⸗
gentliche Werkzeug des Hörens, liegt noch
hinter dem Trommelfell. Dieſer Nerve
iſt uns, was alle andre Nerven ſind, und
noch bis jetzt hat man an ihm keine Beſon⸗
derheit entdecken können, die auf die Erklä⸗
rung ſeiner Wirkung auch nur einen entfern⸗
ten Fingerzeig thäte.

Was dieſen Nerven in Bewegung ſetzt,
nennt man den Schall, und glaubt dabey

II. Theil.   N   etwas

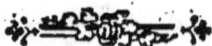

etwas sehr reelles und richtiges zu denken, wenn man den Schall denkt. Schon Cartesius bemerkte, daß das, was uns Schall ist, an sich nichts anders als eine gewiße dem Ohre mitgetheilte Bewegung ist, er schloß dieses sehr richtig daraus, daß alle schallende Körper eine gewiße zitternde Bewegung haben; und daß Körper, die dieser Bewegung nicht fähig sind, auch des Schalles unfähig sind. Die Luft, fuhr Cartesius fort, ist dasjenige, was durch den tönenden Körper in Bewegung gesetzt wird, was durch diese Bewegung unser Ohr rührt; und wurde darin von den meisten Philosophen und Physiologen gefolgt, weil mit ihm fast alle nichts weiter als den schallenden Körper und Luft sahen, oder dachten, und daraus richtig folgen zu können glaubten, es sey auch nichts anders da. Man glaubte folglich auch schon zuverläßig zu wißen, daß das, was uns hören macht, nichts anders als bewegte, oder genauer zu reden, vibrirende Luft ist.

Gleichwohl glaube ich behaupten zu können, daß man noch bis auf diese Stunde nicht weiß, was eigentlich dasjenige ist, was

unsern

unfern Gehör-Nerven afficiert. Man unterfuche die vielleicht zu alltägliche Erfahrung, als daß fie den Philofophen gehörig
hätte einleuchten follen, weil auch Philofophen ftillfchweigend den Werth der Dinge
nach ihrer Seltenheit zu beurtheilen pflegen;
man unterfuche, fage ich, die Erfahrung,
daß der Schall fich bey ftürmifchem Wetter
fortpflanßt, wie bey ruhigem; und daß er
durch den Sturm zwar in Anfehung der
Direktion, aber nicht in Anfehung der
Schnelligkeit verändert wird. Man erwäge,
daß durch den Sturm die ganße Luft in eine
heftige unordentliche Bewegung gefeßt wird,
daß der Schall eine ganß andere Art von
Bewegung, eine zitternde nemlich, erfordert,
und nun frage man fich, wie diefe verfchie-
denen Arten von Bewegungen zufammen be-
ftehen können? Wenn man denn nun diefe
Frage nicht anders beantworten kann, als
fo: die Bewegung der Luft im Sturme
muß nothwendig die des Schalles nicht neben fich leiden können: fo fchließe man; der
Schall kann keine bewegte Luft feyn. Diefe
Folgerung bekommt durch folgende Bemerkung noch mehr Gewicht: jeder Hörende fißt

in

in dem Mittelpunkte eines Kreifes; in diefem
Kreife fahren Wagen, fchreyen Leute, läuten Glocken, blafen Inftrumente, kurß, ge-
fchehen manche andere hörbare Dinge mehr.
Jedes von diefen bewegt die Luft, bewegt fie
auf eine ihm eigene Art, weil es fonft nicht
deutlich gehört werden könnte; alle diefe
Dinge vernimmt der Hörende in dem Mittelpunkte feines Kreifes vollkommen. Wie
kann eine und diefelbe in diefem Kreife ent-
haltene Luft fo viele verfchiedene Bewegungen leiden, fo viele verfchiedene Bewegungen lange genug aufbehalten, um fie bis an
den Mittelpunkt, an das Ohr des Hörenden
zu bringen? Unmöglich kann fie dies;
denn man nehme hiezu noch dies, daß jeder
Schall nach allen Direktions-Linien von dem
fchallenden Körper an gehört wird; daß
folglich der fchallende Körper an dem Mittelpunkte eines Kreifes fich befindet, den er
ganß mit zitternder Bewegung erfüllen muß;
daß daher verfchiedene fchallende Körper, deren Wirkungs-Kreife in einander fallen,
verfchiedene Vibrationen, das ift entweder
gar nichts, oder ganß verwirrte Töne hervorbringen müßen. Dasjenige alfo, was

eigentlich die Empfindung des Hörens
macht, ist wo nicht völlig unbekannt,
doch wenigstens ungewiß.

Und nun die Modifikation des Gehör-
Nerven, sollte die gewißer seyn? In den
Augen derer, die sich in Hypothesen so vest
hineinraisonniren, daß sie sie endlich für
ausgemachte Wahrheiten, wenigstens für
sehr große Wahrscheinlichkeiten halten, so
wie manche Lügner sich in ihre Erdichtungen
so hineinlügen, daß sie sie endlich selbst glauben; an den Augen dieser Leute, sage ich, ist
sie es zuverläßig. Die Vibrationen der
Luft, sagen Physiologen und Psychologen
einstimmig, theilen sich den Knochen des
Ohres mit, versetzen das Tympanum nebst
seinen benachbarten Theilen in eine zitternde
Bewegung, übertragen eben diese Bewegung
in die Gehör-Nerven, und diese dem Gehirne. *) Der Gehör-Nerve also zittert; und
doch soll Hartleys und anderer Vibrations-
System blos darum falsch seyn, weil kein
Nerve vibrieren kann! Daß der Herr von
Haller, der sonst alles, was sich reimt, und

R 3   nicht

*) Haller Comment. in Praelect., Boerhavii
Tom. IV. p. 363, 397.

nicht reimt, mit Adlers-Augen sieht, den
Widerspruch seines eigenen Systems hier
nicht gesehen hat, wundert mich ein wenig;
und würde mich noch mehr wundern, wenn
ich nicht in allen Systemen ohne Ausnahme
Inkonsequenzen zu sehen schon gewohnt wäre. In diesem Systeme also darf der Nerve
nicht zittern, und wenn er nicht zittert, was
thut er denn? In dem Hartleyschen Systeme darf er zwar zittern; aber da dürfen
es auch alle übrige Nerven, und wenn das
ist, warum hören wir nicht auch durch die
Nase, oder die Zunge?

Doch die Gehör-Nerven mögen vibriren
oder nicht vibriren, oder irgend eine andere
Modifikation erfahren, welche sie wollen;
so bleibt uns dennoch das eigentliche Hören
unerklärbar. Nie werden wir es mit allem
unserm Scharfsinne dahin bringen, die Frage, wie entsteht aus solchen Modifikationen
der Nerven die Empfindung des Schalles?
genugthuend zu beantworten. Dieser Schall
nun hat unzählige Verschiedenheiten, die
man durch mancherley Benennungen, als
klatschen, klappern, klirren, raßeln, rau-
schen, u. s. w. zwar größtentheils, aber bey
wei---

weitem noch nicht vollständig bezeichnet hat.
Sie laßen sich auch unmöglich alle bezeich,
nen, weil fast jeder harte Körper, und jede
Bewegung eines harten Körpers auf einen
harten, einen eigenen Schall hervorbringt.
Vorzüglich werden unter ihnen diejenigen
bemerkt, die man unter dem Nahmen der
Töne eigentlich kennt; weil sie der Gegen,
stand einer eigenen Kunst, und einer schönen
Kunst geworden sind. Daß diese Töne aus
einer großen Anzahl von Vibrationen in ei,
ner gegebenen Zeit entstehen, hat man an
den Saiten der musikalischen Instrumente
bemerkt, und von da diese Lehre auch auf
die übrigen tönenden Körper hinübergetra,
gen. Daß ein Ton in dem Ohre durch die
ihm analoge Vibrationen des Trommelfells,
der Knochen am Kopfe, und die Erschütte,
rung der Nerven dem Ohre mitgetheilt wird,
hat man hieraus sehr leicht und natürlich
abgeleitet. Wie aber einerley Trommelfell,
einerley Nerve zugleich mehrere Töne em,
pfinden, mehrere verschiedene Modifikatio,
nen haben kann, ohne sie zu vermischen,
dabey hat man schon mehr Schwierigkeiten
gefunden; man hat verschiedene Hypothesen

R 4 gemacht,

gemacht, und am Ende doch gestehen müßen, daß dies Geheimniß der Natur für uns zu erhaben ist.

Eigentlich hören wir, und können wir nichts weiter hören als den Schall, und doch sprechen wir täglich von Menschen, die wir gehen, von Pferden, die wir laufen, von größern oder kleinern Glocken, die wir läuten; und von Entfernungen, in denen wir die Körper schallen hören; ist dies nicht wiedersinnig? Nicht vielleicht gar unmöglich? Wie kann man Entfernungen und Größen hören? So wie man Farben fühlen, und das Saure riechen kann. Das Ohr für sich allein kann von allen diesen Dingen nicht urtheilen; weil es weiter nichts als verschiedene Arten von Schällen in ihrer verschiedenen Stärke und Schwäche empfindet. Aber eben diese Verschiedenheiten sind es, die da machen, daß wir Menschen, Pferde, und andere sich bewegende Dinge blos am Schalle erkennen können. Wenn wir einen Menschen gehen sehen, und zugleich seinen Tritt hören: so verbinden sich beyde Empfindungen durch die Ideen-Association so genau, daß hernach die wiederkehrende Empfindung dieses

ses

ſes.Schalles die dabey gehabte Empfindung des Geſichtes erneuert, und uns dabey einen gehenden Menſchen darſtellt. Durch Erfahrung und beſtändige Gewohnheit vermehrt ſich die Anzahl dieſer Aſſociationen unaufhörlich, und ſo lernen wir nach und nach aus dem bloßen gehörten Schalle auf die ſchallenden Dinge ſelbſt ſchließen; lernen jedes Thier, jeden bekannten Menſchen an ſeiner Stimme, ſeinem Gange, und allen ſeinen ſchallenden Bewegungen erkennen.

Auf eben die Art lernen wir auch die Größe der ſchallenden Körper aus dem bloßen Schalle erkennen. Durch Erfahrungen ſammlen wir endlich die mancherley einzelnen Töne unter verſchiedene Claßen, und unterſcheiden Töne der Glocken, der Trompeten, der Menſchen, u. ſ. w. Durch Erfahrungen bemerken wir die verſchiedenen Grade von Stärke und Schwäche, die ein Glocken- ein Trompeten-Ton haben kann. Durch Erfahrungen endlich beſtimmen wir, welcher Grad des Tones einer großen, welcher einer kleinen Glocke zukommt, und ſo lernen wir aus der Stärke und Schwäche des Tons auf die Größe des tönenden Ge-

génſtan-

genstandes schließen. Auf eben die Art lernen wir auch die Entfernung des Gegenstandes aus seinem Tone abnehmen. Erst bestimmen wir aus der Beschaffenheit des Tones den ihn verursachenden Gegenstand, und
sagen, das ist eine Menschenstimme; dann
folgern wir aus eben dieser Beschaffenheit
des Tones, ob es die Stimme eines Man-
nes oder eines Weibes, eines Kindes oder
eines Alten ist. Nachdem wir dies festgesetzt
haben: so merken wir auf den Grad der
Stärke dieser Stimme, und schließen aus
der Erfahrung, daß die Stimme sich besto
mehr verringert, je mehr sich die Entfernung
vergrößert, aus den Beobachtungen über die
Stärke der Stimme in gewissen durch das
Auge angegebnen Entfernungen, wie weit
ohngefähr der schreyende Mensch entfernt
seyn kann.

So wie nicht alle Sachen gut nach einander riechen und schmecken: so ist auch nicht
jede Folge, oder Gleichzeitigkeit der Töne
gleich angenehm. Töne, die sich zusammen
angenehm hören lassen, nennt man harmo-
nische, und sagt daher ganz richtig, daß uns
die Harmonie angenehm, die Disharmonie

unan-

unangenehm ist. Bey ben Sinnen des Geruchs und Geschmacks setzt man bie Ursache des Angenehmen ober Unangenehmen ihrer Folge zwar nicht völlig bestimmend, aber doch im Allgemeinen richtig, in bie Unverträglichkeit ber auf einander folgenden Nerven-Modifikationen; warum soll bieß nicht auch bey ber Harmonie und Disharmonie ber Töne statt finden? Warum nicht einerley Ursache unter beynahe völlig einerley Umständen, beynahe einerley Wirkung hervorbringen? Gleichwohl hat man hier Geheimniße gesucht, und weil man sie gefunden zu haben glaubte, auch zu geheimnißreichen Erklärungen seine Zuflucht genommen, bie man hätte entbehren können, wenn man von einem Sinne auf ben andern hätte schließen wollen. Das frembe Wort Harmonie, in bem man schon seit Pythagoras Zeiten große Geheimniße zu finden geglaubt hatte; bie mathematischen Ausrechnungen ber Verhältniße harmonischer Töne zu einander; und bie Bestimmung ber Vibrationen harmonischer Sayten, führten hier auch große Geister von bem geraden Wege, auf labyrinthische Pfade, aus benen sie keinen Ausgang fanden. Proportionen,
sagte

ſagte man, ſind der Seele allemal angenehm, dieſe aber finden ſich zwiſchen den harmoniſchen Tönen; dieſer iſt ſich die Seele bewußt, und bemerkt ſie auch, ohne daß ſie es gewahr wird, indem ſie insgeheim die Vibrationen der Töne überzählt, und durch das Ueberzählen die Harmoniſchen von den Nichtharmoniſchen unterſcheidet. *)

Daß manche dies vor und nach Leibniß geſagt hatten, darüber würde ich mich nicht wundern; aber daß auch er es mit ihnen geſagt hätte, darüber würde ich mich ſehr wundern, wenn ich nicht wüßte, daß auch Leibniß manches ſagte, was er nur von einer Seite angeſehen hatte. Die Seele ſoll die Vibrationen zählen, und weis nicht einmal durch das Ohr allein, daß es Vibrationen giebt; ſoll Vibrationen berechnen, und hat alle Mühe von der Welt, durch mancherley Verſuche auszumachen, daß es Vibrationen giebt; ſoll Proportionen zwiſchen Tönen bemerken, und hat ſich vor dem berühmten pythagoriſchen Verſuche von ſolchen Proportionen gar nichts träumen laſſen — Das thut ſie alles insgeheim, ohne es ſich deut-

lich

*) Leibnitz Oeuvres. T. II. p. 38.

lich bewußt zu ſeyn. — So haben wir alſo
in unſerer bekannten Seele noch eine andere
geheime unbekannte, und dieſe unbekannte
täuſcht die bekannte, wo ſie nur kann. Mit
ſolchen geheimen unbekannten Kräften kann
man alles in der Welt erklären, was man
will; nur Schade, daß ihre Exiſtenz ſo leicht
nicht mehr geglaubt wird, als vor einigen
hundert Jahren; Schade daß ſelbſt Leibnitz
an der Zerſtörung dieſer geheimen Eigenſchaften gearbeitet hat. — Doch wir wollen einmal zugeben, daß die Seele eine ſolche geheime Arithmetik beſitzt; was hat Leibnitz
damit gewonnen? Daß ſie die Vibrationen
zähle, und dadurch beſtimmen kann, in welchem Verhältniße ein Ton zum andern ſteht.
Ein jeder Ton hat zu dem andern ein gewißes Verhältniß, und ein jedes Verhältniß
iſt ein Verhältniß, warum giebt es darinn
nur gewiße Verhältniße. die harmoniſch ſind?
Warum ſind es nicht alle? Oder iſt etwa ein
Verhältniß der Seele angenehmer, als ein
anderes? Mich dünkt, nicht. Allein kann
der Algebraiſt oder Rechenmeiſter ſagen, nicht
alle Verhältniße und Proportionen gefallen
uns gleich gut, einige haben immer den Vor-

zug

zug vor andern. Dies kann man ihm als
Algebraisten zugeben, weil man ihm die angenehme Empfindung nicht absprechen kann,
die er daraus zieht, daß einige Zahlen zu genauen Berechnungen und leichten Auflösungen bequemer sind als andere. Nur muß
er daraus nicht folgern wollen, daß diese nur
ihm angenehme Empfindung es auch dem
Nicht-Algebraisten seyn soll, nur nicht verlangen wollen, daß das, was zufälliger Weise
angenehm ist, es von Natur seyn soll; nur
nicht erstreiten wollen, daß seine Vermischung
und Verwechselung von Empfindungen nicht
Verwechselung, sondern Natur sey. — Doch
auch das auf einen Augenblick eingeräumt,
was hat er damit gewonnen? Nichts mehr
und nichts weniger, als daß die Seele bey
Anhörung einer Harmonie eben das Vergnügen empfindet, welches sie aus der Betrachtung des Ebenmaßes der Zahlen zieht. Also darf man sich nur hinsetzen, und harmo-
nisch proportionirte Zahlen anschauen, um
eine Harmonie zu hören! Also empfindet der,
der eine Harmonie hört, nichts anders als
der, der eine große Proportion von Zahlen
betrachtet! Entweder der Algebraist muß wie

eine

eine vollstimmige Mufik gehört, oder er muß
bey der besten Mufik nichts als kalkuliert
haben, um zwey so heterogene Dinge, als
das Vergnügen aus dem Anhören der Harmonie, und aus dem Anschauen proportio-
nierter Zahlen, für einerley ansehen zu
können.

Man hört nicht nur durch das äusere
Ohr, man hört auch durch den Mund, und
daher haben sich auch einige des folgenden
Mittels bedient, mit Tauben zu reden: sie
legen ihnen einen Stock oder einen starken
eisernen Drath zwischen die Zähne, nehmen
das andere Ende deßelben in den Mund;
fangen nun an zu reden, und der Taube
hört alles. *) Ein taubgewordener Mufik-
gerständiger nahm die Wirbel seines Instru-
ments zwischen den Zähnen, und spielte richtig. **) Die Ursache findet sich leicht darin,
daß die Knochen des Kopfes in zitternde Bewegung gesetzt werden, daß diese Bewegung
vermittelst der Oeffnung, die aus dem
Munde nach dem Ohre geht, den Gehör-
Ner-

*) Haller Physiol. Tom. V. p. 253.
**) Haller Comment. in Praelect. Boerhavii
Tom. IV. p. 414.

Nerven modificiert, und dadurch hör-
bar wird.

So wie die übrigen Sinne, werden auch
die Ohren, durch manche Zufälle außerordentlich empfindlich. Vom Albin sagt man,
daß er ein unerträgliches Geräusch empfunden habe, wenn Leute in seiner Gegend rit-
ten, und zwar dies auch dann, wenn sie
noch einige, vermuthlich keine deutsche Mei-
len, entfernt waren. *)

Und hieraus, so wie auch aus manchen
andern alltäglichen Erfahrungen, wird man
den Satz abziehen, daß auch das Gehör bey
verschiedenen, und bey einem in verschiedenen Umständen verschieden ist.

Eilftes Hauptstück.

Vom Gesichte.

Die Seh-Nerven gehen aus dem Gehirn
bis hinten in das Auge, und endigen
sich da in einen Membran, die man die
Netz-Haut nennt, und diese Netz-Haut,

die

*) Haller in Novis Comm. Societ. Reg. Goet-
tingenf. Tom. III. p. 32.

die kaum den dritten Theil der Größe des
hintersten Auges ausmacht, ist das Werkzeug des Sehens. *) Alle übrigen Theile
des Auges dienen nur dazu, die Lichtstrahlen durchzulaßen, zu brechen, und dem Organe zum rechten Sehen zuzubereiten. Zwar
haben sich auch Physiologen gefunden, die
der Netz-Haut das Sehen haben absprechen
wollen; allein noch bis jetzt hat man ihre
Gründe so schwach, und die gegenseitigen
so stark gefunden, daß man die alte Meynung zu verlaßen sich nicht genöthigt gesehen hat.

Die Beschaffenheit dieser Netz-Haut, die
Arten ihrer Modifikation, die Art der Fortpflanzung dieser Modifikation bis ins Gehirn, kennen wir eben so wenig, als wir
dies bey allen übrigen Nerven kennen. Das
was wir sehen, ist nach allen Erfahrungen
nichts als von den gesehenen Körpern auf
die Augen zurückgeworfenes Licht. Von
der Natur des Lichtes der Figur seiner Theile, der Art seiner Bewegung, seiner Wirkung

*) Haller Comment. in Praelect. Boerhav.
Tom. IV. p. 259, 260.

II. Theil.　　　　S

kung auf das Auge, und den Seh-Nerven
haben wir durchaus nicht die geringste befriedigende Kenntniß. Hypothesen haben
sich auch hier gegen Hypothesen, Vermuthungen gegen Vermuthungen gestellt; alle
haben gewiße Wahrscheinlichkeiten für sich,
und alle können uns doch die eigentliche Art
des Sehens nicht hinlänglich erklären.
Dieses zurückgeworfene Licht modificiert sich
eben durch die Zurückwerfung auf verschiedene Arten, und kommt daher von den
Körpern auf verschiedene Arten zu unserm
Auge. Hieraus entstehen die Empfindungen der Farben. Diese Farben, die bey
dem Philosophen so gut als bey dem Pöbel
vorher für reelle Eigenschaften der Körper
gegolten hatten, sind durch Newtons Pris-
ma zu bloßen Phänomenen unwidersprechlich
herabgesetzt worden. Und da sie nun Phänomene wurden: so war es natürlich, daß
sich Philosophen, Mathematiker und Physiologen die Frage vorlegten, wie werden sie
es? Wie kann ein auf gewiße Art modi-
ficierter Lichtstrahl die Empfindung der
Farbe hervorbringen? Um diese Frage zu
beantworten, fieng man damit an, daß man
die

die Beschaffenheiten der Lichtstrahlen unter=
suchte, und nachforschte, was ein Körper
mit ihnen anfangen müßte, um schwarz,
weiß, roth, u. s. w. zu erscheinen? Schwarz,
war die Antwort, ist er, wenn er alle Licht=
strahlen verschluckt, weiß, wenn er sie alle,
roth, wenn er nur die rothen Lichtstrahlen
zurückschickt, u. s. w.; und so würden also
die Farben der Körper zu Lichtstrahlen.
Hieburch war nun zwar in der Kenntniß der
Farben ein Schritt gethan; aber in der Er=
kenntniß der Empfindung war keiner. Denn
wenn man frägt, woher kommt es, daß die
Rose roth aussieht: so ist die Antwort, es
kommt daher, daß sie selbst roth ist, eben so
aufklärend als die, es kommt daher, daß
die zurückgeschickten Lichtstrahlen roth sind.
In beyden Fällen bleibt noch immer die Fra=
ge übrig, wie kommt es, daß gewiße Licht=
strahlen durch gewiße Modifikationen der
Seh=Nerven uns eine andere Empfindung
geben, als gewiße andere Lichtstrahlen? und
dies ist eben die Frage, die uns an die Ein=
geschränktheit unserer Kenntniße erinnert,
und die dem menschlichen Verstande gewiß
immer unbeantwortlich bleiben muß.

S 2   Außer

Außer dem Lichte und den Farben, als
eigentlichen Gegenständen des Gesichtes,
werden wir auch von den Figuren, der
Größe, der Bewegung und den Entfernungen der Körper durch das Gesicht unterrichtet. Auf welche Art erkennen wir nun diese?
Die Figuren werden durch sich selbst, das
ist, durch ihren unmittelbaren Eindruck auf
das Auge erkannt; die von der ganzen Fläche
eines Körpers zurückgeschickten Lichtstrahlen
fallen in das Auge, zeichnen da sein Bild
auf der Netzhaut ab, und an diesem Bilde
ist nothwendig auch die Figur. Daß die
gesehenen Körper sich im Auge wie in einem
Spiegel abbilden, lehrt uns das Anschauen
fremder Augen, in denen wir diese Bilder
deutlich entworfen sehen.

Daß diese Bilder sich hinten im Auge umgekehrt entwerfen, das ist, das unterste des
Gegenstandes zu oben kehren müßen, ist aus
der Optik, aus den mit dem Ochsen-Auge
oft gemachten Versuchen unleugbar; eben so
unleugbar ist es aus unserer eigenen Empfindung, daß wir die Menschen nicht auf
den Köpfen stehen sehen: wie läßt sich dieser Widerspruch heben? Muß nicht noth-

wendig der Eindruck auf den Seh-Nerven,
wenn er zum Gehirn kommt, alles umgekehrt darstellen? Er muß es nicht, sagt Einer, weil er auf seinem Wege zum Gehirn
wieder umgekehrt wird. *) Diese Behauptung ist sehr kühn, mit welchem Beweise
kann man sie nur einigermaßen annehmlich
machen? Zur Durchkreuzung der einzelnen
Fibern des Seh-Nervens könnte man allenfalls seine Zuflucht nehmen, wenn man nicht
wüßte, daß eine solche Durchkreuzung allen
anatomischen Erfahrungen widerspricht. Aber
vielleicht ist sie dem menschlichen Auge unsicht-
bar, diese Durchkreuzung? — Sie sey es
immerhin, und denn können wir weder wissen, daß sie da ist, noch daß sie nicht da
ist. — Sie muß nothwendig da seyn, weil
sich sonst das Phänomen nicht erklären
läßt — Ich weiß zwar wohl, daß in unsern Systemen allen manche Sätze blos darum als gültige Sätze stehen, weil wir in der
Erklärungs-Noth gerade keine andere schick-
liche finden konnten; daß der Schluß das
ist, so, weil wir es uns nicht anders vorstellen können, bey allen Systematikern für

S 3 sehr

*) Le Theisme Tom. II. p. 188.

sehr gültig angesehen wird, ob sie gleich ihn
in die Logiken aufzunehmen bisher noch Bedenken getragen haben; allein ich weiß auch,
daß eben diese Sätze die unsichersten sind,
und jenem Sande der arabischen Wüsten
gleichen, den ein starker Wind bald hie bald
dorthin setzt; daß eben diese Sätze die
Schaumblasen sind, die sich die Systemati-
ker einander so lange zublasen, bis sie endlich
von dem vielen Blasen zerplatzen. Und da nun
dieser Satz weiter keinen Grund für sich hat,
als den Ausspruch seines Erfinders: so glaube ich ihn mit Recht in einen Winkel so lange
stellen zu können, bis er vielleicht mit beßern
Befestigungen umgeben dereinst wieder her-
vorgezogen wird.

Wir sehen auch in der That verkehrt, sagt
ein Anderer, aber wir betrügen uns nur
darin, daß wir recht zu sehen glauben. *)
Zwar lautet dies anfangs sehr widersinnig;
allein es ist doch nicht so ungereimt, als es
scheint. Man höre nur folgendes: ob ein
Mensch auf seinem Kopfe oder auf seinen
Füßen steht, das beurtheilen wir einzig und
allein

*) Nouvelle Theorie de la Vision p. 95. Von
Berkeley, wie man sagt.

allein darnach; ob sein Kopf oder seine Füße
der Erde am nächsten sind: das Bild im
Auge stellt uns den Kopf der Menschen da
vor, wo würklich seine Füße sind; allein es
stellt uns den Menschen nicht allein vor; sondern es drückt zugleich das Verhältniß des
Standes dieses Menschen zur Erde mit aus:
folglich kann uns dieses Bild einen Menschen
nicht anders als mit den Füßen nach der
Erde gekehrt vorstellen, und folglich müßen
wir nothwendig urtheilen, daß wir ihn gerade sehen. Diese Erklärung ist in der That
sehr sinnreich, so sinnreich, daß man fast
bedauern möchte, sie nicht wahr finden zu
können. Durch das Auge allein könnten
wir in diesem Falle den Betrug nicht entdecken; allein man nehme das Gefühl zu
Hülfe, und man wird sehen, daß diese ganze
subtile Erklärung wie ein subtiler Dunst ver-
schwindet. Durch das Gefühl kennen wir
die Theile unsers eigenen und fremder Körper eben so gut als durch das Auge, und
können also auch blos durch das Gefühl von
der wahren Stellung der Dinge urtheilen.
Wäre nun diese Erklärung richtig: so müßten Gefühl und Gesicht in ihrem beständigen

S 4　　　Wie-

Wiederspruche stehen, und dies ist allen Erfahrungen gerade entgegen. Der Verfaßer
dieser Erklärung nimmt, mit andern Menschen an, daß unser Körper perpendikular
auf die Oberfläche der Erdkugel steht: dieß
vorausgesetzt, sehe ich einen Menschen gegen
mir über an; das Bild von ihm stellt sich
verkehrt im Auge dar; so daß er dem Auge
da die Füße zu haben scheint, wo würklich
sein Kopf ist. Nun verschließe ich meine
Augen, und betrachte durch das Gefühl diesen Menschen, ich bücke mich an die Erde,
fühle seine Füße, und fühle, daß sie auf der
Erde ruhen, ich fühle seinen Kopf, und fühle ihn oben; fühle folglich seine Füße und
seinen Kopf, da wo ich meine eigene Füße,
meinen eigenen Kopf fühle; das ist, ich fühle
ihn perpendikular auf der Erdfläche stehend.
Das Bild also des stehenden Menschen durch
das Gefühl ist gerade dem, das das Auge
entwirft, entgegengesetzt. Und doch stimmen
beyde überein; wenn ich die Augen wieder
eröffne, wenn ich die Hand nach seinem Fuße
bringen will, so sehe ich, daß ich sie eben
so bewegen muß, wie ich sie bewegte, als
ich blos nach dem Gefühle untersuchte. Ein
ande-

anderes Beyspiel kann die Sache noch deutlicher machen: gesetzt ich sehe einen Menschen gerade vor mir stehen: so stellt mir
das Bild im Auge seine rechte Hand gerade
gegen meine rechte, und seine linke gerade
gegen meine linke über, vor: da doch nothwendig seine linke gegen meine rechte, und
seine rechte gegen meine linke Hand über seyn
muß. Nun strecke ich meine rechte in gerader Linie aus, und dies kann ich nach bloßem
Gefühl, ohne Beyhülfe des Gesühls thun,
ich faße ihn bey der Hand, die gerade gegen
meine rechte über ist, und erfahre von ihm,
daß dies seine linke ist; ich sehe genau darauf, sehe die gerade Linie meiner Hand, sehe
seine gerade gegen über befindliche, sehe,
daß auch dies seine linke ist, da ich doch
nach der Voraussetzung sehen mußte, daß
es seine rechte ist.

Das Bild im Auge ist zwar verkehrt, sagt
ein Dritter; aber wir sehen deswegen recht,
weil der untere Theil des Auges seine Empfindung auf den obern, und der obere die
seinige auf den untern hinzieht, und erläutert diese Versetzung der Empfindung durch
das Beyspiel eines Blinden, der mit kreutz-

weis

weiß über einander gelegten Stäben fühlt,
und den Gegenstand, den er durch den linken Arm empfindet, dennoch an die rechte
Seite setzt. *) Was eine Versetzung der
Sensation ist, dürfte man wol schwerlich
aus den Worten selbst verstehen; also zum
Gleichniße; vielleicht giebts da Licht. Der
Blinde hält den Stab in der linken Hand
nach der rechten Seite, quer hinüber, er
stößt damit an einen da befindlichen Körper,
und urtheilt, daß dieser Körper nach der
rechten Seite liegt, ob er gleich die Empfindung durch den linken Arm bekömmt, und
folglich urtheilen mußte, er läge an der linken Seite. Er versetzt also hier die Sensation von der linken auf die rechte Seite; und
gerade eben so macht es auch das Auge.
Irre ich nicht: so hinkt dies Gleichniß auf
mehr als einem Beine. Der Blinde versetzt seine Sensation nicht; es bleibt immer
der linke Arm der fühlende, und er glaubt
nie mit dem rechten zu fühlen, die Sensation wird also nicht versetzt, sie bleibt wo
sie ist. Die Gegenstände, die wir durch den
linken Arm empfinden, setzen wir nicht auch
auf

*) Voltaire Philofophie de Newton p. 72.

auf die linke Seite des Körpers, weil uns
unser Gefühl hinlänglich lehrt, daß wir den
linken Arm sehr gut nach der rechten Seite
unsers Körpers bewegen, und dadurch auch
das empfinden können, was an der rechten
Seite liegt. Folglich gründet sich dies
Gleichniß auch noch auf die falsche Voraussetzung, daß wir den Gegenständen außer
uns da ihren Platz anweisen, wo die sie fühlende Hand oder Seite liegt. Nur denn
ließe sich durch diese Vergleichung etwas er-
läutern, wenn wir allemahl das, was uns
an der linken Seite des Körpers berührt,
auch als links gelegen empfänden.

Alle Lehrer der Optik, spricht der Herr
von Voltaire, sagen so; ich wundere mich,
wie sie alle etwas so läppisches sagen können, schlage den Deskartes nach, und finde,
nicht daß er dies auch sagt, sondern daß
Voltaire ihm oder seinen Nachfolgern etwas
nachspricht, das er nicht verstanden hätte.
Man höre folgendes Raisonnement des Deskartes, und urtheile: die Lage der Dinge
außer uns beurtheilen wir nicht nach irgend
einem Bilde, sondern blos nach dem Verhältniße gewißer Theile des Gehirns zu den
äusern

äusern Gegenständen: die Lage dieser Ge-
hirn-Theilchen benachrichtigt uns zuerst von
den Theilen unsers eigenen Körpers, die jedesmahl eine Veränderung leiden, und durch
die Kenntniß dieser veränderten Theile erkennen wir hernach auch die Lage der äusern
Gegenstände. Man setze einen Blinden, der
seinen Stab in der rechten Hand nach der
linken zu ausstreckt, und mit diesem Stabe
etwas berührt, die Berührung fühlt er in
der rechten Hand, und urtheilt dennoch,
daß der berührte Gegenstand zur linken liegt,
weil die Nerven der rechten Hand durch den
Stab alle Berührungen gewahr werden, die
in der Direktions-Linie liegen, nach welcher
der Stab ausgestreckt ist. Dies auf das
Auge angewandt giebt folgende Auflösung
unsers Problems: man nehme an, daß gewiße Punkte der Netz-Haut mit gewißen andern Punkten im Gehirn Gemeinschaft haben, daß die Seele nach den Punkten im
Gehirn allein von der Lage der Sachen urtheilt: so muß sie nothwendig diejenigen
Punkte des Gegenstandes zu oberst sehen,
die solche Punkte des Gehirns durch die Augen afficieren, vermittelst welcher sie ur-

theilt,

thellt, daß ein Gegenstand oben, nicht unten ist: so muß sie also die Gegenstände nicht sehen, wenn gleich das Bild im Auge verkehrt ist. *)

Diese Erklärung kommt im Grunde mit der schon angeführten überein, die die Bilder entweder im Gehirn selbst, oder in ihrem Uebergange zum Gehirn wieder umwenden läßt; nun hat ihn Cartesius einen größern Schein zu geben gesucht. Und dieser Schein, fürchte ich, wird sich in ein bloßes Blendwerk verwandeln, wird genauer betrachtet uns zeigen, daß auch Deskartes nicht recht wußte was er sagen wollte. Die ganze Schwierigkeit dieses Problems besteht in folgendem: das Bild im Auge liegt auf dem Netz-Häutchen verkehrt; von dem Netz-Häutchen geht es durch die Seh-Nerven gerades Weges zu dem gemeinschaftlichen Sensorio, und nun sieht die Seele den Gegenstand nicht verkehrt, sondern aufrecht und gerade; sieht das Bild des Gegenstandes vollkömmen in seiner natürlichen Lage. Gleichwohl scheint sie es nothwendig umgekehrt sehen zu müßen, denn man setze, daß

*) Cartes. Dioptric. c. 6. §. 9, 10.

ein Mensch auf dem Kopfe stehe; daß er in
dieser Stellung seinen ganzen Körper an den
unsrigen lege, daß wir endlich die Augen
verschloßen haben, und von seiner Stellung
nichts wißen; wird uns nicht da unser Gefühl allein sagen, und sagen müßen, daß er
verkehrt steht? Gerade eben so verhält sichs
auch mit dem Sehen, denn das Sehen ge-
schicht durch das Bild im Auge, und theilt
sich der Seele durch eine Art von Gefühl
mit; es muß also auch verkehrt gesehen werden. Die Vergleichung des Deskartes erläutert und beweiset hier nichts, denn der
Blinde fühlt den Eindruck auf den Stab
mit der rechten Hand, und setzt ihn nie auf
die linke Seite seines Körpers; und dieß
müßte er doch thun, wenn das Gleichniß
paßen sollte, weil der Eindruck des Kopfes
eines gerade stehenden Menschen unten im
Auge gemacht, und doch dieser Kopf so gesehen wird, als wäre er oben gemacht worden. Daß aber der Blinde dem ohngeachtet urtheilt, der berührte Gegenstand sey auf
der linken Seite gelegen, kommt daher, daß
er aus der Erfahrung weiß, der Gegenstand
dürfe nicht nothwendig gerade da liegen, wo

der

der Eindruck auf sein Gefühl gemacht wird,
er könne seine rechte Hand nach der linken
Seite bewegen, und da befindliche Gegenstände berühren. Sollte nun dies Urtheil
auch bey dem Auge statt finden: so müßten
wir die Lichtstrahlen gleich den Händen von
oben nach unten bewegen, und also auch
gerade stehende Sachen verkehrt sehen können, so oft es uns gefiele; so müßten wir
nicht unmittelbar nach dem Eindrucke auf
das Auge von der Stellung der Gegenstände
urtheilen; gleich wie wir nicht unmittelbar
nach dem Gefühle ihre Lage bestimmen.

Bis jetzt also sehe ich keine Art, dieß
Problem völlig befriedigend aufzulösen. Vielleicht thut man am besten, wenn man kurz
die Antwort giebt, es ist ein Gesetz der Seele, die Sachen sich gerade ihren Bildern im
Auge entgegengesetzt vorzustellen. Zwar ist
dies mehr den Knoten zerhauen, als ihn
auflösen; allein dies ist doch im Grunde eben
die Antwort die wir geben müßen, wenn
wir nach der Erklärung unserer übrigen Sensationen gefragt werden. In der Empfindung des Schalles ist nicht die geringste Empfindung

pfindung von Vibrationen, in der des Brennens, nicht die geringste Vorstellung von
außerordentlich heftig bewegten oder zerriße-
nen Nerven; und überhaupt ist in den wenigsten Sensationen die geringste Aehnlichkeit
mit ihren wirkenden Ursachen. Warum
wollen wir, daß dies im Gesichte mehr als
in den übrigen Empfindungen seyn soll?
Was uns hier am meisten hiezu bewegt, das
ist ohne Zweifel, daß wir eben das Bild,
welches sich im Auge darstellt, auch in der
Empfindung der Seele gegenwärtig haben,
und folglich geneigt sind zu glauben, dieses
Bild gehe gerades Weges aus dem Auge zur
Seele über. Allein auch dies ist sichtbar
falsch, in den Seh-Nerven geht nothwendig das Bild verlohren, in dem Eindrucke
im Gehirn kann auch das Bild nicht abgezeichnet werden, denn welch ein ungeheures
Gehirn müßte das seyn, welches alle die
Bilder auf einmahl fassen könnte, die die
Ueberschauung einer vor uns liegenden Aus-
sicht uns darstellt? Und wer hat je Bilder
im Gehirn abgezeichnet gefunden? Mit einem Worte, von dem Bilde der gesehenen
Sachen im Auge dürfen wir nicht auf die

Empfin-

Empfindung der Seele schließen, dies beweiset auch noch das Sehen der —

Entfernung. Die Bilder der Gegenstände sind im Auge, wir müßen also nothwendig alles im Auge sehen, so wie wir den Geschmack auf der Zunge, den Geruch in der Nase fühlen; und doch thun wir dies nicht, doch sehen wir alles außer uns, von unserm Körper entfernt. Woher dies? Von dem Eindrucke, des Lichtes auf das Auge selbst? Unmöglich, auch der berühmte Blinde des Cheselden, sahe in den ersten Zeiten seiner geöffneten Augen, alles in den Augen selbst, er glaubte, daß alles, was er sahe, seine Augen berührte, so wie die Gegenstände des Gefühls die Haut berühren. *) Woher also? Offenbahr von der Beyhülfe des Gefühls; immer würden wir glauben und glauben müßen, daß alles, was wir sehen, im Auge selbst ist, wenn uns nicht das Gefühl lehrte, daß es nicht da ist. Wir greifen nach den gesehenen Bildern, greifen nichts, schließen, daß nichts da ist, und gewöhnen so unser Auge,

*) Voltaire Philofophie de Newton p. 81.

II. Theil.   T

Auge, die Bilder von sich zu entfernen.
Diese Gewohnheit wird endlich so stark, daß
wir auch Senfationen, die würklich im Auge
sind, und die wir selbst im Auge zu seyn
überzeugt sind, doch außer das Auge setzen.
Wenn man sich die Augen fest zudrückt, und
nun allerley Farben und Funken abwechseln
sieht: so sieht man sie außer dem Auge, ob
man gleich weiß, daß sie nothwendig im
Auge selbst seyn müßen.

Wir sehen nicht nur die Gegenstände von
uns entfernt, sondern wir sehen auch die
Größe dieser Entfernung; ob es gleich gewißer als gewiß ist, daß die Entfernung
nichts sichtbares ist, weil sie nichts körper-
liches ist. Den Maaßstab dieser Entfernung
haben die Mathematiker durch gewiße Winkel auf folgende Art anzugeben, und zugleich
zu erklären sich bemühet. Wir richten beyde
Augen auf den entfernten Gegenstand, und
da die geraden Linien von jedem Auge in einen Punkt bey dem Gegenstande sich in einen
Winkel vereinigen: so bestimmen wir die
Entfernung durch die Größe dieses Winkels. *) Wie aber wenn ein Mensch nur

ein

*) Cartes. Dioptric. cap. 6. §. 13.

ein Auge hat? Kann denn der die Entfernung auch noch beurtheilen? — Er drehet
sein Auge erst nach einer Ecke des entfernten
Gegenstandes, dann nach der andern, und
bestimmt dadurch die Größe des Winkels *) — Wie aber wenn ich unvermerkt
diesen Gegenstand wegnehme, und einen kleinen unterschiebe, der in derselben Entfernung einen kleinern Winkel macht? Oder einen größern, der in derselben Entfernung
einen größern Winkel macht? Wird denn
nicht der erste entfernter, der letzte näher
scheinen müßen, als jener war? — Ohne
Zweifel, aber aus der bekannten Größe urtheilt man von der Entfernung. — Und
die Größe, wornach mißt man die aus? —
Nach eben dem Seh-Winkel — Wie aber
wenn ich nun einen großen Gegenstand so
weit von mir stelle, daß er eben den Seh-
Winkel macht, den ein kleinerer in geringerer
Entfernung macht? Werde ich sie da nicht
für gleich groß halten? — Nein, weil
die Größe nach der Entfernung bestimmt
wird — So wird denn also die Entfer-

T 2   nung

*) Cartes. Dioptric. c. 6. §. 17.

nung durch die Größe, und die Größe
durch die Entfernung bestimmt, welch ein
Zirkel!

Hierzu setzt Berkeley noch folgende Gründe: die Winkel und Linien, nach welchen
wir die Entfernung, der Behauptung der
Mathematiker zufolge, beurtheilen sollen, sehen wir nicht, wie können wir denn nach
ihnen urtheilen? Sie sind offenbahr nichts
als Erdichtungen der Mathematiker, um
ihre Demonstrationen dadurch sinnlich zu
machen, in der Natur giebt es keine solche
Seh-Winkel und Seh-Linien: weil man
sie nicht sieht, weil man bey Untersuchung
der Entfernungen an keine Winkel und keine
Linien denkt. Ja wenn wir die Lichtstrahlen selbst deutlich sähen, wenn von dem einen Ende des Gegenstandes einer, von dem
andern ein anderer Lichtstrahl sichtbar in unser Auge fiele, denn könnten wir allenfalls
nach solchen gesehenen Linien und Winkeln
uns richten; da aber dies nicht ist; da wir
von Natur nicht einmahl wißen, ob es solche
Linien giebt, wenn es uns nicht die Optik
vorher beybringt: so ist unleugbar, daß sie
in das Urtheil über Entfernungen keinen

Einfluß

Einfluß haben. *) Vielleicht aber haben
sie ihn, ohne daß wir es wißen? Vielleicht
urtheilen wir nach dunkeln Ideen? — Mit
euren ewigen Dunkelheiten! Es wäre würklich sonderbar, daß wir in der That gelehr-
ter und geschickter wären, als wir selbst einmahl wißen; sonderbar, daß wir große nie
gesehene Schätze der Weisheit in uns verschloßen hielten! Doch hievon unten ein
mehreres — Jetzt will ich einmahl die
dunkeln Ideen, hinter die man sehr oft die
Dunkelheiten seines eigenen Kopfes versteckt,
um seinen eigenen Mangel an Einsicht auf
eine feine Art auf die Rechnung der Natur
zu schreiben, auf einen Augenblick annehmen; und auch denn, sage ich, läßt sich dadurch nichts aufhellen. Sollen wir nach
der Größe der Augenwinkel die Entfernungen und Größen der Körper beurtheilen: so
müßen wir alle entweder eine natürliche oder
eine erworbene Kenntniß von der Größe der
Winkel haben. Wo aber steckt die? Ein
Landmann, der von der Größe der Winkel
nichts weiß, der nicht einmahl weiß, daß
es Winkel giebt, unterscheidet doch die Ent-

T 3 fernun-

*) Nouvelle Theorie de la Vision p. 7, 8.

fernungen und Größen der Körper; Kinder, die
auf dem Papiere größere Winkel von kleinern
zu unterscheiden Mühe haben, urtheilen von
Entfernungen und Größen richtig. Gesetzt
aber auch diese urtheilten noch nach dunkeln
Begriffen: so ist es überhaupt unmöglich,
aus der Größe des Seh-Winkels die Größe
und Entfernung eines Körpers zu erkennen.
Winkel haben selbst eine Größe, und diese
Größe wird durch die Entfernung ihrer
Schenkel von einander bestimmt: heißt das
also nicht Größe durch Größe, Entfernung
durch Entfernung sehen? Wodurch sieht
man denn die Größe des Winkels? —
Durch die Entfernung seiner Schenkel —
und die Entfernung der Schenkel? — Hier
sind wir am Ende, und müßen folglich gestehen, daß die Größe des Winkels an sich
durch das Auge nicht erkannt werden kann.

Da also der Seh-Winkel für sich die
Entfernung nicht bestimmen kann, was ist
es denn, das uns dies beurtheilen hilft?
Berkeley schlägt dazu verschiedene Kriteria
vor, die aber alle beweisen, daß er in der
Errichtung eines neuen Systems nicht so
glücklich war, als in der Zerstöhrung eines
alten.

alten. Die Stellung der Augen, sagt er,
ist ein Mittel, die Entfernung zu erkennen,
denn wir entfernen beyde Augäpfel von einander, wenn wir einen nahen, und nähern
sie einander, wenn wir einen fernen Gegenstand sehen wollen. *)   Dies wäre etwas
gesagt, wenn es keine einäugige gäbe, die
dem ohngeachtet von der Entfernung sehr
gut urtheilen.   Die Dunkelheit und Deutlichkeit des Bildes, sagt er zweytens, hilft
uns die Entfernungen unterscheiden, denn
Sachen, die sehr entfernt sind, entwerfen
ein dunkeles Bild, welches immer heller
wird, je mehr sich die Sache nähert, und
endlich wieder in Dunkelheit übergeht, wenn
sie ganz nahe vor das Auge gebracht wird.**)
Dies hatte schon vor ihm Cartesius gelehrt, ***) und auch der hatte nicht gesehen, daß wir nach diesen Kennzeichen sehr
nahe und sehr entfernte Gegenstände gleich
entfernt sehen müßen, weil sie in beyden
Fällen ein gleich dunkles Bild in das Auge

T 4   wer-

*) Nouvelle Theorie de la Vision p. 9.

**) Ebendas. p. 12.

***) Cartes. Dioptric. cap. 6. §. 14.

werfen. Und gesetzt auch dies wäre nicht:
so kann doch dies allein kein Kriterium der
Entfernung seyn; woher wißen wir denn,
daß nahe Gegenstände deutlich, entfernte
dunkel gesehen werden? Nicht wahr aus
den Erfahrungen, über ihre Entfernung?
Also um die Entfernung zu erkennen, müßen
wir auf die Dunkelheit und Deutlichkeit des
Bildes sehen, und um diese Dunkelheit auf
die Entfernung anwenden zu können, müssen wir schon die Entfernung kennen? Das
heißt, sich in einem ewigen Kreise herum-
drehen. Die Anstrengung des Auges, fährt
er drittens fort, hilft uns von der Entfernung urtheilen, denn wir müßen unser Auge
sehr anstrengen, wenn wir etwas in der
Ferne erkennen wollen. *) Auch dies hatte
schon vor ihm Cartesius gesagt, **) und
noch deutlicher als er dadurch bestimmt,
daß sich der Stern im Auge verengert oder
erweitert, je nachdem wir auf etwas in der
Ferne scharf, oder in der Nähe nicht scharf
sehen wollen. Beyde bemerkten wieder nicht,
daß

---

*) Nouvelle Theorie de la Vision p. 14.
**) Cartes. Dioptric. cap. 6. §. 11.

daß auch dies allein keine Entfernung bestimmen helfen kann, denn um zu wißen,
daß ein Körper, der mit großer Anstrengung
beschaut werden muß, um deutlich gesehen
zu werden, entfernt liegt, muß man schon
wißen, daß er entfernt ist. Beyde hatten
nicht bemerkt, daß wir nach diesem Kriterio
kleine sehr nahe Körper eben so entfernt sehen müßen, als entfernte sehr große, weil
in beyden Fällen gleiche Anstrengung des
Auges erfordert wird. Cartesius giebt noch
ein viertes Kriterium an, welches von der
schon vorher bekannten Größe der Körper
hergenommen ist, und sich auf die Erfahrung gründet, daß die Körper nach Verhältniß ihrer wachsenden Entfernung an scheinbarer Größe abnehmen. *) Allein auch dies
hält eben so wenig Probe als die vorhergehenden. Um das Maaß der Entfernung
aus dem Maaße der abnehmenden Größe bestimmen zu können, muß man schon die Entfernung aus andern Gründen angeben
können.

Wenn also diese Merkmahle nicht Probe
halten, welches sind die wahren? Keine andere

*) Cartes. Dioptric. cap. 6. §. 15.

dere können es seyn als solche, die ursprünglich aus dem Gefühle hergenommen sind,
und sich auf das Gefühl gründen. Daß
das Auge für sich allein nicht von Entfernungen urtheilen kann, ist aus dem gesagten klar, und folglich ist es auch klar, daß
das Auge hier von dem Gefühl geleitet wird,
weil kein anderer Sinn als dieser ursprünglich von Entfernungen urtheilen kann. Die
Vergleichung des Gesichtes mit dem Gefühle
aber giebt uns mehrere Kriteria der Entfernungen, die aber alle für verschiedene Fälle
sind; zuerst will ich das erste und ursprüngliche aufsuchen, von welchem alle übrigen
nur Abänderungen sind.

Durch das Gefühl vor sich allein können
wir bestimmen, nicht nur daß ein Körper
von dem unsrigen entfernt ist, sondern auch
wie weit er es ist, vorausgesetzt, daß diese
Entfernung nicht ganz außer den Punkten
liegt, die wir mit bloßen, oder auch mit be-
waffneten Händen erreichen können. Durch
bloße Hände sind wir im Stande anzugeben, ob ein anderer Körper eine Spanne,
einen halben oder ganzen Arm lang von dem
unsrigen liegt; durch bewaffnete, ob er ei-

nen oder mehrere Faden entfernt ist, wenn
wir einen nach der Länge unserer Arme, oder
Spanne ausgemeßenen Stab in die Hand
nehmen. Diese Ausmeßung kann auch ein
Blindgebohrner gebrauchen; ein Sehender
hat noch eine andere, weiter reichende, und
das ist die der Schritte, wodurch er Entfernungen von größerer Länge als jene ersten ausmeßen kann. Dies auf das Auge
angewandt giebt folgende Theorie: zuerst
lernt das Auge vom Gefühle die Gegenstände von sich entfernt sehen; dann werden die
Entfernungen nahe gelegener Gegenstände,
durch Spannen, und andere kleinere Maaße
vermittelst des Gefühles festgesetzt. Hiedurch
prägen sich Bilder von Entfernungen und
Längen der Einbildungskraft ein, deren Anwendung auf einzelne Fälle durch gewiße
unbeweglich stehende Körper erleichtert wird.
Gesetzt ein Blindgebohrner erlangt sein Gesicht, er sitzt auf seinem Stuhle, an seinem
Tische, durch das Gefühl mißt er die Längen und Breiten beyder Körper aus; nun
sieht er verschiedenes auf seinem Tische in
verschiedener Entfernung liegen, also sieht
er zuerst auf das Ende des Tisches, welches

er

er am nächsten bey sich durch das Gefühl gefunden hat, von diesem Punkte geht er aus,
und schätzt das am nächsten, was diesem
Ende nahe steht; zwischen diesen und den
übrigen Dingen sieht er leere Zwischen-
räume, und rechnet folglich alles das entfernter, was hinter die zuerst festgesetzten
Körper befindlich ist. Die kleinen zuerst ge-
sammleten Ideen von Distanzen werden
durch Erfahrung nach und nach erweitert,
und man lernt sich auch Bilder von Längen,
die Ellen und mehrere Schritte fassen, der
Imagination einprägen. Durch diese bestimmt man alsdenn, ob ein Gegenstand
zehn, zwanzig und mehrere Schritte entfernt
ist, auf eine der vorigen ähnliche Art, das
ist, man sieht zuerst auf die zunächst liegenden Gegenstände, stellt die andern in Gedanken in eine Linie mit diesen, oder stellt
das Auge so, daß sie in einer Linie erscheinen; und dann geht man von dem nächsten
zu dem entferntern, vermittelst der bemerkten
Zwischenräume, sieht folglich einen Gegenstand entfernter als den andern. Diesem
Raisonnement kommt auch die Erfahrung
zu Hülfe; sie sagt uns, daß Leute, die viel
mit

mit Längen-Maaßen umgehen, aus dem
bloßen Anblicke eines Stück Tuches urtheilen, wie viel Ellen es lang seyn muß; sie
sagt uns, daß Leute, die oft Entfernungen
nach Schritten oder Ruthen ausmeßen, sogleich aus dem Anschauen einer Distanz die
Anzahl ihrer Schritte oder Ruthen richtig
bestimmen; sie sagt uns endlich, daß die
Richtigkeit unsers eigenen Augen-Maaßes
blos von der größern oder kleinern Aufmerksamkeit abhängt, mit der wir Entfernungen
gegen einander halten.   Dies alles zeigt
offenbahr, daß wir durch Uebung Bilder
von Entfernungen der Einbildungskraft einprägen, durch die wir hernach jede Entfernungen in Gedanken auszumeßen im Stande sind.

Ein anderes, aber zusammengesetzteres
Kriterium der Entfernung wird von der
Größe der Körper hergenommen; nur nicht
so hergenommen, wie es Berkeley und Deskartes vorgestellt haben. Wir drücken nemlich das Bild der Größen verschiedener Körper unserer Einbildungskraft ein, wie dies
zugeht, wird gleich unten erklärt werden.
Eben diese Gegenstände nun sehen wir hernach)

nach in einiger Entfernung von uns, sehen
sie kleiner als sie seyn müßen, nähern uns
ihnen; sehen sie dadurch allmählig größer,
und folgern also die Entfernung aus der
scheinbaren Größe. Doch dies Kennzeichen
ist von wenigem Nutzen, und wird nicht sehr
oft gebraucht, weil es sehr betrügerisch ist.
Ein uns bekannter Gegenstand wird in der
Ferne selten so klein gesehen, als er nach
Verhältniß der Entfernung gesehen werden
mußte. Ein hundert Schritte von uns
stehender Mensch muß uns kleiner scheinen,
als einer der nur funfzig entfernt ist, und
doch sehen wir beyde gleich groß, so bald
wir vorher wißen, daß sie es würklich sind.

Ein drittes Merkmahl wird aus der
Dunkelheit des Bildes einer bekannten
Sache, verbunden mit einer gewißen Anstrengung der Augen, hergeleitet. Eine bekannte Sache, die wir sonst hell sahen, sehen wir in größerer Entfernung dunkel; wir
strengen die Augen auf eine gewiße Art an,
die sich leichter empfinden als beschreiben
läße, um ihn so deutlich wie sonst zu sehen;
und richten nicht viel aus. Wir nähern
uns ihm, und finden, daß durch die Annähe-

rung

rung das Bild mehr Deutlichkeit bekömmt;
sammlen uns Beobachtungen über das Ab-
und Zunehmen der Dunkelheit, und beurtheilen nach ihnen die Entfernung schon vorher bekannter Gegenstände. In gar zu
großer Nähe wird gleichfalls eine Sache
dunkel gesehen, aber denn ermüdet sie das
Auge, und macht es stumpf. Durch diese
Ermüdung unterscheiden wir folglich gar zu
nahe dunkle Bilder, von gar zu fernen
dunkeln. Dieses Merkmahl gewinnt noch
mehr Zuverläßigkeit und Brauchbarkeit dadurch, daß wir nach mancherley Beobachtungen endlich den Stand-Punkt bestimmen
lernen, aus welchem wir die uns bekannten
Dinge am deutlichsten sehen können, daß
wir folglich die Entfernung aller uns nicht
fremden Gegenstände, aus der bloßen Deutlichkeit ihrer Bilder erkennen.

Die Bilder im Auge sind klein, und doch
sehen wir die Gegenstände viele tausendmahl
größer als sie; der ganze eigentlich empfin-
bende Theil des Auges ist klein, und doch
empfinden wir durch ihn auf einmahl Ge-
genden und Landschaften, die viele Millionen mahl größer sind als er. Wie können

so

so viele Bilder in einen so engen Raum zu=
sammengedränget, wie so kleine Abdrücke
die Gegenstände so groß sehen laßen? Dieß
wäre unmöglich, wenn nicht die Bilder im
Auge ohngefähr eben das Verhältniß zu den
durch sie erregten Vorstellungen hätten, das
Worte zu den durch sie bezeichneten Ideen
haben; das ist, wenn die Bilder nicht blos
Zeichen und Veranlaßungen von Ideen, nicht
aber unmittelbar Ideen selbst wären, oder
unmittelbar zu Vorstellungen würden. Wenn
man also frägt wie es kömmt, daß wir aus
so kleinen Bildern im Auge so große Vorstel=
lungen in der Seele entwerfen; so muß dar=
auf ohngefähr so geantwortet werden: die
Bilder stellen uns die beyden äusersten En=
den der Gegenstände vor; und eben diese
erkennen wir auch durch das Gefühl. Durch
das Gefühl meßen wir die Entfernung die=
ser beyden äusersten Enden mit Spannen,
Längen der Arme, mit einem Worte, durch
das Gefühl bestimmen wir das Verhältniß
der Größe anderer Körper zu der Größe des
unsrigen. Hiedurch nun prägen wir der
Imagination Vorstellungen von Größen ein,
und diese Vorstellungen vergleichen wir mit
den

den Bildern im Auge. Dadurch erhalten
wir vermittelst vieler Uebung und langer Gewohnheit die Fertigkeit, diese der Einbildungskraft eingedrückten Bilder allemahl an
die Stelle der Bilder im Auge zu setzen, und
so die Sache größer zu sehen, als sie nach
dem bloßen Eindrucke des Bildes gesehen
werden könnten.

Dieser Erklärung, kann man sagen, fehlen zur völligen Gewißheit die Beweise zwee-
ner Haupt-Punkte, des einen, daß die Imagination die Sensationen verbeßert, des
andern, daß wir ursprünglich die Sachen so
klein sehen, als sie sich im Auge abbilden ⸺
Der erste Punkt, antworte ich, ist durch
Erfahrungen ausgemacht, wie gleich erhellen
wird, und kann auch daraus bewiesen werden, daß der Blinde des Cheselden anfangs
von den Größen sehr unrichtig urtheilte. *)
Wie hätte er dies gekonnt, wenn ihm sein
Auge für sich, und die Seh-Winkel von Natur die Größen anzeigten? Wie nicht begreifen können, daß das Gesicht ihm die Idee
gäbe;

*) Voltaire Philosophie de Newton p. 81.

II. Theil.　　　　　　　Ü

gâbe, daß sein Haus größer ſey als ſein
Zimmer, wenn er dies unmittelbar aus dem
bloßen Anſchauen gelernt hätte? Er mußte
alſo erſt die Empfindungen des Auges durch
die des Gefühls berichtigen, ehe er die
Größen genau ſehen lernte. Der andere
Punkt hat zwar bis jetzt, ſo viel ich weiß,
noch keine Erfahrung für ſich; aber auch
noch keine wider ſich, und es hindert uns
alſo nichts, ihn einzuräumen — Er hat
keine für ſich, folglich iſt er blos Voraus-
ſetzung — Immerhin, und für etwas
mehr gebe ich ihn auch nicht aus, zufrieden,
wenn er künftig einmahl einem Arzte wie
Cheſelden einen Wink giebt, auf ihn in zu
machenden Verſuchen zu achten. Hätte Cheſelden ſeinen Blinden gefragt, wie groß er
die Gegenſtände ſähe; oder hätte er, wenn
er es vielleicht gewußt hat, dies aufgezeich-
net: ſo hätte er uns einen großen Dienſt dadurch gethan: ſo hätte er uns ein beſtimmtes Faktum geliefert, nach dem wir unſere
Erklärungen in dieſer dunkeln Materie richten könnten.

Einerley Körper erſcheint uns in verſchiedenen Entfernungen nicht immer gleich groß,

woher

woher dies? Von der Verschiedenheit des
Seh-Winkels, sagt man; und hat Recht,
wenn man als Mathematiker die scheinbare
Größe berechnen; Unrecht aber, wenn man
als Philosoph die Ursache dieser Erscheinung
angeben will. Daß wir nicht, nach Winkeln
urtheilen, ist schon mehrmahls gesagt, und
wie ich mir schmeichele, hinlänglich bewiesen
worden, und folglich ist dies nicht Ursache;
es ist aber Begleitung, nothwendige Folge
der Ursache, und folglich kann es zur Be-
rechnung der scheinbaren Größe sehr gut gebraucht werden. Welches ist sie denn nun
diese Ursache, wenn es nicht der Seh-Winkel ist? Nichts anders als das Bild selbst,
denn nur durch das Bild sehen wir. Je
weiter sich ein Körper vom Auge entfernt,
desto spitziger wird der Winkel, den die von
seinen beyden äusersten Enden in das Auge
fallenden Linien machen, folglich desto kleiner auch das Bild, folglich desto kleiner auch
die scheinbare Größe.

So müßen wir also einen Gegenstand,
wenn er sich noch einmahl so weit entfernt,
auch noch einmahl so klein sehen; ein Mensch,
der 400 Schritte von uns steht, muß uns

noch

noch einmahl so klein scheinen, als eben der
selbe in der Entfernung von 50 Schritten.
Und gleichwahl ist dies nicht, gleichwohl
sehen wir ihn, wo nicht vollkommen, doch
beynahe eben so groß in der einen als in der
andern Entfernung! Wie reimen sich diese
Widersprüche? Beweisen sie nicht, daß die
oben angezeigte Regel falsch ist? — Das
nun wol nicht, aber das, daß diese Regel
Ausnahmen leidet, daß noch andere Ursachen
eintreten, die die Vorstellung der scheinbaren
Größe verändern; daß wir noch andere Kriteria haben, nach welcher wir die Größe entfernter Gegenstände beurtheilen.

Und diese Kriterien sind, die Entfernung
zusammengenommen mit der bekannten
Größe der Gegenstände. *) Wir sehen in
der Entfernung eine menschliche Figur, und
wißen nicht ob es ein Erwachsener oder ein
Kind ist, und sehen diese Figur klein; wir
sehen in eben der Entfernung eine menschli-
liche Figur, und wißen, daß es ein Erwachsener ist, und sehen sie groß. Desagüliers
bewies dies durch folgenden Versuch: er
setzte zwey Lichter von gleicher Höhe und
Stär-

*) Cartes. Dioptric. cap. 6. §. 16.

Stärke, eins noch einmahl so weit als das
andere von dem Auge des Zuschauers; und
der Zuschauer erklärte beyde für gleich groß,
weil er wußte, daß ihre Größe würklich einerley, nur die Entfernung verschieden war. Hätte
er blos nach der Entfernung geurtheilt: so
hätte ihm eins größer als das andere scheinen müßen; er urtheilte also nach der vorher bekannten Größe; und die seiner Imagination davon vorschwebende Idee verän-
derte die Sensation. Um sich hiervon zu
überzeugen, ließ Desagüliers den Zuschauer
die Augen auf einige Minuten verschließen,
und setzte unterdeßen ein nur halb so hohes
Licht, in dieselbe Linie, nahe bey dem erstern
großen. Nun ließ er ihn wieder hinsehen,
und er sahe das halb so kleine Licht eben so
groß, als das weggenommene größere, weil
er noch die vorigen Lichter zu sehen glaubte,
und sie in eben derselben Entfernung von
einander zu sehen glaubte. *) Offenbahr
setzte hier wieder die Einbildungskraft die
Idee von der vorigen Größe an die Stelle
der Empfindung des kleinern Lichtes; offenbahr also ist sie es, die unsere Sensation

U 3　　　　von

*) Hamburgisches Magazin Tom. IV. p. 329.

von den Größen der Körper modificiert und
verfälscht.

Hieraus läßt sich nun die bekannte, und
unter den Philosophen durch ihre Streitigkeiten berühmte Erscheinung erklären, woher es kommt, daß der aufgehende Mond
uns größer scheint, als wenn er hoch am
Himmel da steht. Hieraus würden auch
alle sie einstimmig erklärt haben, wenn nicht
einige Sonderlinge die Wahrheit entweder
nicht hätten sehen können, oder aus Hypo-
thesensucht nicht hätten sehen wollen. Der
Dunstkreis der Erde verursacht durch die
Strahlenbrechung dies Phänomen, hatten einige gesagt, und aus Gassendi,
Hobbes hatten den Ungrund dieser Behauptung dargethan. Die Dünste, hatten sie gesagt, verursachen keine Strahlenbrechung, denn ihre Theilchen machen kein
Continuum aus, und das müßen alle Körper, die die Strahlen brechen sollen. *)
Sie hätten noch hinzusetzen können, daß
wir sehr oft die Sonne oder den Mond durch
dicken Nebel scheinen, und sie doch nicht
größer sehen, als ohne Nebel bey heiterm
Him-

*) Hobbes de Homme cap. 7. §. 7.

Himmel; daß also die Dünſte hier gar keinen Einfluß haben. Dem allem ungeachtet blieb doch Berkeley bey der alten Meynung, die er aber auf eine andere Art aufſtußte, um ſie jenen Einwürfen unzugänglich zu machen. Nicht die Strahlenbrechung, ſondern die Auffangung der Strahlen durch die Dünſte, ſagte er, macht uns den Mond größer ſcheinen; weil dadurch das Bild im Auge dunkler, und durch die Dunkelheit größer gemacht wird. *) Die Erfahrung, daß uns Dinge, die wir in der Dämmerung, oder bey ſchwachem Lichte ſehen, größer ſcheinen, wollte er auch hier anwenden, war aber in dieſer Anwendung ſehr unglücklich, oder ſehr unvorſichtig. Denn ſo müßten uns auch Sonne und Mond, durch Nebel oder durch ein angeſchwärztes Glas geſehen, größer ſcheinen, als ſonſt.

Die Urſache dieſes Phänomens liegt alſo blos in dem Einfluße, den die Idee der Entfernung auf das Sehen hat; aber wie liegt ſie darin? So daß dieſe Entfernung würklich größer iſt, und würklich größer geſehen wird; aber ſo, daß ſie es uns nur zu ſeyn ſcheint?

U 4

*) Nouvelle Theorie de la Viſion p. 55.

scheint? Das erste nahm Hobbes an, und
verfehlte die Wahrheit nur um einige
Schritte. Das Auge, sagte er, befindet
sich nicht im Mittelpunkte, sondern auf der
Oberfläche der Erdkugel; nun aber ist die
Erde rund, und folglich ist die Entfernung
von ihrer Oberfläche nach dem niedrigsten
Punkte des Gesichts-Kreises größer, als die
von der Oberfläche nach dem Scheitel-Punk-
te, diese größere Entfernung giebt einen
größern Seh-Winkel, und der größere
Seh-Winkel ein größeres Bild. *)   So
viel Sätze: so viel Fehler. Der Mond bewegt sich in einem Kreise um die Erde, und
folglich ist er von ihr gleich weit an allen
ihren Punkten entfernt. Die größere Entfernung giebt einen kleinern Seh-Winkel,
und also auch ein kleineres Bild. Was
Hobbes bey diesen Sätzen gedacht hat, kann
ich nicht einsehen, wahrscheinlich glaubte er
mehr dabey zu denken, als sich würklich dabey denken läßt. Und dies ist in der Hitze
des Nachdenkens nicht selten; schon Mon-
tagne bemerkt, daß der Seelen-Blick allemahl um so viel mehr verdunkelt wird, je
mehr

*) Hobbes de Hom. cap. 3. §. 7.

Seite.

mehr man ihn mit Gewalt auf einen Punkt heftet. Dies, glaube ich, begegnet jedem, der mit großer Anstrengung über Sachen nachdenkt, wovon er keine deutlichen Begriffe hat; da wir uns in solchen Fällen fest vorgesetzt haben, nicht eher aufzuhören, bis wir die Auflösung der Schwierigkeiten gefunden haben: so machen wir in der Hitze ein quid pro quo, und setzen leere Worte an die Stelle der Begriffe.

Das letzte, nemlich daß uns die Entfernung nur größer zu seyn scheint, haben Mallebranche, und mit ihm die besten Optiker und Philosophen angenommen. Wie uns einerley Entfernung größer und kleiner scheinen kann, läßt sich aus dem vorhergehenden leicht ableiten; wenn man sich nur an den Satz erinnert, daß die Größe der Entfernung durch die Menge hinter einander stehender Körper bestimmt wird, deren einzelne Zwischen-Räume wir sehen. Gesetzt es stehen eine Reihe Säulen 50 Schritte von mir in gleichen Entfernungen von einander, und ich sehe diese von der Seite an; so werden mir ihre Zwischen-Räume klein, und also auch der ganze Platz, den sie ein-

U 5

nehmen,

nehmen, klein scheinen, weil ich von der
Seite, die Entfernung einer Säule von der
andern nicht genau ins Auge faßen kann.
Gesetzt ich sehe eben diese Säulen von vorne:
so werden mir ihre Zwischen-Räume größer,
folglich auch der Platz, den sie einnehmen,
größer scheinen, weil ich so die Entfernung
jeder Säule von der andern deutlicher ins
Auge faßen, und sie in ihrer völligen Größe
sehen kann.   Also kann einerley Entfernung
oder Raum dadurch dem Auge verkleinert
werden, daß man ihm seine einzelnen Abtheilungen entzieht: man setze einen Kirchthurm hinter eine hohe Mauer, er wird
nahe an ihr, und auch dem Auge nahe zu
seyn scheinen.   Im Gegentheil kann einerley Raum blos dadurch dem Auge größer
gemacht werden, daß man ihn mit mehreren Gegenständen in gewißen Entfernungen
anfüllt; man sehe eben diesen Kirchthurm
und eben diese Mauer von einer Seite, wo
die zwischen ihnen liegenden Häuser, Gär-
ten, Gaßen in die Augen fallen, und er
wird weiter von der Mauer, auch weiter
vom Auge entfernt zu seyn scheinen, als er
es würklich ist.   Dies nun auf den jetzigen

Fall

Fall vom aufgehenden Monde angewandt, giebt folgenden Haupt-Satz: er muß uns weiter entfernt scheinen, als wenn er hoch oben am Himmel steht; weil wir an der Fläche der Erde hin, Felder, Häuser, Wälder, zwischen ihm und uns erblicken, und dadurch die Entfernung von uns genauer bestimmen; als wenn er oben steht, wo zwischen ihm und uns nicht der geringste sichtbare Gegenstand vorkömmt, und wo folglich die Idee der Entfernung in der Imagination verkleinert wird. Dieser Satz verglichen mit dem, daß die Idee der Entfernung die Idee des gesehenen Gegenstandes vergrößert; giebt die Folge, daß uns der aufgehende Mond aus keinen andern als perspektivischen Gründen größer als der schon lange aufgegangene scheinen muß. *)

Endlich giebt uns das Gesicht auch noch Ideen von der Bewegung, und auch diese würde es uns nicht geben, wenn wir nicht das Gefühl dabey zu Hülfe nähmen. Daß sich ein Körper bewegt, können wir nicht anders sehen, als dadurch, daß sich sein

Bild

*) Mallebranche de la Recherche de la Verité Liv. I. chap. 7, 9.

Bild im Auge bewegt. Zwar sagt Hobbes,
daß wir die Bewegung anderer Körper aus
der Bewegung unserer Augen-Axe beym Ansehen gewahr werden: *) allein er sagt auch
hier etwas, das er nicht genau untersucht
hatte. Die Bewegung unserer Augen-Axe
fühlen wir nicht allemahl, vornemlich nicht,
wenn sie sehr langsam ist, und wenn wir auf
die gesehenen Dinge unsere ganze Aufmerksamkeit gerichtet haben. Und wenn wir sie
auch allemahl fühlten: so würde sie uns
doch nicht allemahl zum Kriterio der Bewegung dienen können, weil es manche so langsame Bewegungen giebt, daß wir sie mit
unveränderter Augen-Axe sehen, mit verän-
derter nicht sehen können. Dergleichen ist
z. B. die Bewegung der Infusions-Thier-
chen unter dem Mikroskopio. Nun können
sich die Bilder im Auge auf zwiefache Art
bewegen, entweder wenn ihre Gegenstände
von der Stelle rücken, oder wenn das Auge
selbst seinen Platz verläßt. In beyden
Fällen sehen wir Bewegung, um also
zu entscheiden, ob die gesehene Bewegung der Gegenstände, oder unsere eigene
ist,

*) Hobbes de Hom. cap. 2.

es muß aus dem Gefühle entschieden werden, ob wir selbst in jedem Falle uns bewegen, oder nicht. Daraus nemlich, daß wir
fühlen, wir bewegen uns jetzt nicht, folgern
wir, daß die Bewegung der Bilder im Auge,
von der Bewegung der äußern Gegenstände
selbst entstehen muß.

Hieraus nun erklärt es sich, woher es
kommt, daß wir manchen Dingen Bewegung zuschreiben, die würklich keine haben;
daß wir z. B. die Sonne auf und nieder-
gehen sehen, und diese Bewegung der Sonne
selbst zuschreiben, daß wir das Ufer sich bewegen sehen, wenn wir selbst in einem
Schiffe schnell uns vorüber bewegen. Da
wir in beyden, und mehreren ähnlichen Fällen an uns selbst keine Bewegung fühlen, so
folgern wir daraus, daß die Gegenstände
selbst sich bewegen müßen.

Aber auch denn, wenn wir selbst wißen
und fühlen, daß wir uns bewegen, schreiben
wir noch oft unsere eigene Bewegung den
Gegenständen zu. Man fährt auf einem
Wagen schnell dahin, und sieht die Bäume,
die Häuser sich bewegen; man sieht aus dem
Fenster auf ein etwas entferntes Haus,
unter-

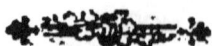

unterdeßen daß man den Kopf vor und rückwärts bewegt, und sieht nicht sich selbst, sondern jenes Haus sich bewegen: wie reimt
sich dies zu der eben gegebenen Erklärung?
Zeigt es nicht offenbahr, daß das Gefühl
hier entweder gar keinen oder doch einen
sehr geringen Einfluß hat? Das nun eben
nicht; aber das, daß wir uns nicht gewöhnt
haben, alle Irrthümer des Auges durch das
Gefühl zu berichtigen. Dadurch, daß wir
unsere meisten Bewegungen gehend machen,
gewöhnen wir das Auge, die hiedurch verursachte Bewegung der Bilder nicht in die
Gegenstände, sondern in uns selbst zu sehen.
Wenn hingegen die Bilder sich mit einer
großen Schnelligkeit und Gleichförmigkeit im
Auge bewegen: so sind wir allemahl geneigt, ihre Bewegung auf Rechnung der
Gegenstände zu schreiben, theils weil diese
Art der Bewegung uns weniger gewöhnlich,
und theils auch, weil sie derjenigen vollkommen ähnlich ist, die die Bilder machen,
wenn wir die Bewegung den Gegenständen
selbst zuschreiben. Die Empfindung im Auge ist in beyden Fällen völlig einerley. Das
Bild einer Kugel bewegt sich auf einerley

Art

Art im Auge, wenn wir still stehen, und die
Kugel fortgestoßen wird, und wenn die Kugel ruhet, und unser Auge auf eben die einförmige Art von der Stelle gerückt wird,
wie es bey der bewegten Kugel geschehen müßte.

Es giebt noch eine andere Art des Irrthums der Augen, da wir die Gegenstände
sich bewegen sehen, ohne daß weder sie, noch
die Augen bewegt werden. Schwindel,
Trunkenheit, und andere ähnliche Zufälle
geben Beyspiele dazu. Woher denn dies?
Nirgends anders, als aus gewißen innern
Bewegungen im Gehirn, durch welche der
Seh-Nerve und die Netz-Haut eben die
Veränderungen leiden, die sie bey einer würklichen Bewegung der Gegenstände erfahren
mußten. Worin aber eigentlich diese Veränderung besteht, wißen wir eben so wenig,
als wir die Art aller übrigen Gehirn-Ver-
änderungen kennen.

Die beyden Contraria, sehr geschwinde,
und sehr langsame Bewegung haben das mit
einander gemein, daß sie beyde nicht gesehen
werden können. Die Bewegung des Mi-
nuten-Zeigers auf einer Taschen-Uhr, und
die

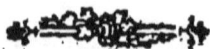

die einer abgeschoßenen Kugel laßen sich
nicht sehen. Nicht die erste, weil der Raum,
den der Zeiger in jeden Augenblicken durch-
läuft, so klein in unsern Augen ist, daß er
von dem vorhergehenden und folgenden
nicht unterschieden werden kann. Man vergrößere das Ziffer-Blatt, verlängere den
Zeiger, oder man sehe es durch ein starkes
Vergrößerungs-Glas an, und man wird
die Bewegung des Zeigers sehen. Nicht die
letzte, weil die Bewegung der Kugel zu schnell
ist, als daß sie auf die Augen Eindruck machen könnte. Um einen Gegenstand deutlich
zu sehen, muß man die Augen-Axe gerade
gegen ihn richten, die Kugel aber fährt so
schnell vorbey, daß die Bewegung des Auges ihr nicht folgen, folglich seine Axe nicht
auf die Kugel genau gerichtet werden kann.
Zwar sagt Locke, dies kommt daher, daß die
Schnelligkeit der Bewegung die Schnelligkeit
unsers Ideen-Ganges übertrifft; allein ich
fürchte, dies möchte mehr subtile als wahre
Erklärung seyn. Man vergrößere die Kugel, und behalte ihre vorige Geschwindigkeit
bey, und man wird ihre Bewegung sichtbar
machen.

Aus

Aus eben dem Grunde ist es abzuleiten,
daß wir bey manchen sehr schnellen Bewegungen gar keine sehen. Ein sehr schnell
herumgedrehter Kräusel, oder ein schnell
herumgeschwenkter Feuer - Brand scheinen
sich gar nicht zu bewegen. Der erste nicht,
weil die im Kreise sich herumdrehenden
Punkte seiner Peripherie nicht mit der Augen-Axe gefaßt werden können; weil sie sich
zu schnell entfernen, als daß wir aus ihrer
Lage gegen umliegende Körper ihre Veränderung schließen könnten. Der letzte nicht,
weil er uns die Idee eines stillstehenden feurigen Kreises dadurch giebt, daß der Eindruck des Lichtes auf den Seh-Nerven noch
nicht aufgehört hat, wenn der Brand schon
an einem andern Orte ist, daß folglich alle
diese einzelnen fortdauernden Eindrücke zusammen, die Empfindung eines feurigen Kreises hervorbringen.

Weil wir fast alle nur des Tages sehen:
folgern wir sehr voreilig daraus, daß man
des Nachts nicht sehen könne, und wenn
man uns die Katzen, oder andere des Nachts
herumgehende Thiere entgegenstellt: so sind
wir geneigt, ihnen eine ganz besondere Ei-

II. Theil.   X   genschaft

genſchaft deswegen zuzuſchreiben. Gleichwohl hat es auch Menſchen gegeben, die
im Dunkeln ſehen konnten: man erzählt von
einem Engelländer, der in ein dunkles Ge-
fängniß geworfen wurde, daß er ſich nach
und nach gewöhnte, erſt die Wände ſeines
Gefängnißes, dann auch ſeine eigene Haut
zu ſehen, und daß er zuletzt auch ſo gar in
der größten Dunkelheit ſeines unterirdiſchen
Loches leſen konnte. *) Eben dies erzählt
man auch von einem Mädchen. **) Und
damit wir es weniger wunderbar, mithin
mehr glaublich finden mögen: ſo ſagen uns
alle Reiſe-Beſchreiber einſtimmig, daß es
in Aſien und Amerika eine beſondre Art Leute giebt, die des Tages faſt nichts, des
Nachts aber alles ſehen können. Dieſe
Menſchen ſind unter dem Nahmen der Ca-
kerlaken, Albinos, nebſt einigen andern, in
den Reiſebeſchreibungen bekannt. ***)

Soll-

*) Haller Comment. in Praelect. Boerhavii
Tom. IV. p. 33, 282.

**) Obſervations de la Phyſique Tom. II.
p. 185. Tom. III. p. 269.

***) Pauw. Recherches Philoſophiques ſur les

Ame-

Sollte dies nicht vielleicht daher kommen, daß die Augen selbst Licht in sich enthalten, und durch ihr eigen Licht sehen? Man sehe einmahl eine Katze, welche funkelnde, blitzen= de Augen sie im Dunkeln hat! Könnten die so funkeln, wenn sie nicht Licht in sich hiel= ten? So ohngefähr haben einige geschloßen, und so würden wir vielleicht alle schließen, wenn uns nicht Beobachtungen sagten, daß das Auge in manchen Krankheiten so em= pfindlich werden kann, daß es das Licht gar nicht erträgt; *) und wenn nicht Boerhave und Haller gezeigt hätten, daß es eigentlich gar keine vollkommene Finsterniß giebt, daß das, was wir Finsterniß nennen, nur in einer großen Schwächung des Lichtes be= steht; und daß unsere Sinne sich endlich an eine gewiße Stärke des Eindruckes so sehr gewöhnen, daß sie das gar nicht empfinden, was unter diesem gewöhnlichen Grad liegt,

X 2 ob

Americains Tom. II. p. 8. sqq. Neuhoffs Reisen nach Ostindien in der Berlinischen Sammlung von Reisebeschreibungen Tom. XIV. pag. 183.

*) Haller in Novis Comm. Societ. Reg. Goet= tingens. Tom. III. p. 32.

ob sie es gleich von Natur zu empfinden geschickt sind. *)

Außer dem Sehen dient auch das Auge
noch manchmahl zum Hören. Zum Hören,
wird man sagen, wie ist das möglich? Eben
so möglich als daß das Gefühl zum Sehen
der Farben dienen kann — Mienen-
Sprache kann man freylich durch das Auge
verstehen, das ist bekannt genug, und wenn
also die hier verstanden würde: so wäre das
weiter nichts, als ein ungewöhnlicher Aus-
bruck einer sehr gewöhnlichen Sache. —
Davon ist aber auch hier die Rede nicht,
sondern von der eigentlichen Sprache durch
den Mund. Man hat Taube gefunden, die
alle Reden durch das bloße Gesicht verstanden. **) Die Obfervatoren setzen hinzu,
daß diese Leute an der bloßen Bewegung des
Mundes alles sehen konnten, was gesagt
wurde. ***) Dies giebt uns nun zwar einiges

*) Haller Comm. in Prael. Boerhavii Tom. IV.
   p. 279. fqq. p. 33.

**) Obfervations de Phyfique Tom. II. p. 209.
    Tom. III. p. 279. Acta Naturae Curiofor.
    Tom. I. p. 117.

***) Derham Theologie phyfique Liv. IV. ch. 3.

niges Licht, allein noch immer nicht genug, um alles deutlich sehen zu können; allein was Ammann hierüber gesagt hat, klärt das ganze Geheimniß auf einmahl auf. Er gieng von dieser Beobachtung aus, um eine Theorie zu finden, nach der man auch Taube reden lehren könnte; er folgerte aus den Beobachtungen seiner Vorgänger, daß jeder Buchstabe des Alphabets eine eigene sichtbare Bewegung des Mundes erfordert; er suchte diese Bewegung auf, und machte durch sie Stumme redend; indem er ihnen diese Bewegung vor dem Spiegel zeigte, sie sie nachahmen ließ, den Schall aus ihrem Munde hervorlockte, und so sie theils verstehen lehrte, was andere sagen, theils auch auf das verstandene vernehmlich antworten.

Zwölftes Hauptstück.

Von dem Betruge der Sinne.

Aus dem, was bisher zerstreut über die Verschiedenheiten der Empfindungen gesagt ist, lassen sich nun leicht folgende

drey

drey Sätze abziehen: ‒ bie Senſationen ſtimmen nicht immer mit der wahren Beſchaffenheit ihrer Urſachen und Gegenſtände überein; ſie ſtellen einerley Gegenſtand, einerley Menſchen unter verſchiedenen Umſtänden verſchieden dar; ſie ſtellen einerley Gegenſtände verſchiedenen Menſchen verſchieden dar. Dieſe drey Sätze hat man ſchon ſeit den erſten Zeiten der Philoſophie unter den allgemeinen Ausdruck zuſammengefaßt: die Sinne trügen.

Die Zweifler fanden dieſen Satz ſehr bequem, die Gewißheit unſerer Erkenntniß zu beſtreiten, und ſie gebrauchten ihn mit ſo vielem Scharfſinne, daß ſie auch die entſchloßenſten Dogmatiker zittern machten. Denn wenn wir uns auf unſere ſinnliche Erkenntniß nicht verlaßen können, wie können wir denn das geringſte von dem, was außer uns vorgeht, mit einiger rechtmäßigen Zuverläßigkeit wißen? Kein Wunder alſo, daß ſich dieſe aus aller Macht dagegen ſetzten, aus aller Macht zu behaupten ſuchten, die Sinne trügen nicht. Dies that ſchon Epikur, und wurde von allen, nur nicht von ſeinen eigenen Anhängern, ausgelacht: dies

haben

haben nach ihm auch noch einige Neuere gethan, und verdienen mit eben dem Gelächter
empfangen zu werden. Die Sinne, sagen
sie, trügen nicht, denn wenn wir einen viereckten Thurm rund sehen: so ist es wahr,
daß er uns rund scheint. *) Aber die Frage
ist ja hier nicht von dem Scheinen, sondern
von dem Seyn; es wird hier zugegeben,
daß ein viereckter Thurm rund scheinen kann,
das ist, daß ihn unsere Augen rund vorstellen können, das ist, daß sie uns betrügen.
So bestätigt also die Antwort selbst den
Satz, den sie bestreiten sollte. — Wer heißt
uns aber den Schein für das Seyn nehmen?
Wer berechtigt uns zu sagen, der Thurm,
den wir rund sehen, ist rund? Müßen wir
nicht vielmehr so sagen: wir sehen den
Thurm rund, er scheint uns rund? Wäre
dadurch nicht aller Irrthum gehoben? —
Gehoben nun wol eben nicht, sondern etwas weiter zurück geschoben. Wenn wir
sagten, der Thurm scheint uns rund: so
würden wir zwar in diesem Satze nichts ir-
riges sagen, wir würden zwar das gewin-
nen, daß man uns nicht überführen könnte,

X 4   einen

*) Le Camus Medecine de l'esprit T. I. p. 41.

einen falſchen Satz vorgebracht zu haben;
aber in Anſehung der Haupt-Sache hätten
wir nichts gewonnen, man würde uns doch
nicht überführen können, daß die Sinne
nicht trügen. Eben daduch daß wir ſagten, er ſcheint rund, würden wir auch ſchon
ſagen, er iſt vielleicht nicht rund, das iſt,
ſagen, das Auge ſtellt ihn anders vor als er
iſt. Eben dadurch daß wir ſagten, er
ſcheint rund, würden wir zugeben, daß wir
nicht wüßten, ob er rund iſt, das iſt, daß
die ſinnlichen Erſcheinungen allein nicht zur
Erkenntuiß der Wahrheit leiten. Und dies
eben iſt es, was die Zweifler ſuchen; den
Schein geben ſie gerne zu, und nur um dieſen ſtatt des Seyns einzuführen, haben ſie
aus den Winkeln aller Wißenſchaften Zweifel und Subtilitäten hervorgeſucht.

Da alſo von dieſer Seite der Skepticismus unzugänglich iſt, da man ohne allen
Erfahrungen gerade ins Geſicht zu widerſprechen nicht leugnen kann, daß die Sinne
trügen: ſo thut man, glaube ich, am beſten, ihnen dies einzuräumen, und einen andern Weg zu ihrer Faßung zu ſuchen. Dieſer andere Weg wird ſich hoffentlich finden,
wenn

wenn man die Frage, in wie fern trügen
die Sinne? untersucht, und so jenen unbe-
ſtimmten, und eben durch ſeine Unbeſtimmtheit zu den ſkeptiſchen Abſichten vollkommen
bequemen Satz, in gewiße engere Gränzen
einſchließt. Siebt man den Zweiflern dieſen Satz ohne alle Einſchränkung zu: ſo können ſie ihn eben wegen ſeiner Vieldeutigkeit
und Unbeſtimmtheit bald ſo viel ſagen laßen,
die Sinne trügen immer, bald ſo viel, die
Sinne trügen alle, bald ſo viel, die Sinne
trügen alle zugleich; und aus jeder von dieſen Bedeutungen können ſie allemahl die vor-
theilhafteſten Schlüße für ſich ziehen. Und
dies thun ſie auch würklich, man darf nur
den Sextus mit einiger Aufmerkſamkeit gele-
ſen haben, um hiervon überzeugt zu ſeyn;
um deſto mehr iſt es alſo zu verwundern,
daß man dieſe ſchwache Seite nicht geſehen,
oder wenn man ſie geſehen, nicht beßer genutzt hat.

Die Frage, in wie fern trügen die Sinne?
auf die oben bemerkten drey verſchiedenen
Bedeutungen dieſes Gemein-Platzes angewandt, löſet ſich in drey verſchiedene Fragen auf; deren erſte dieſe iſt: in wie fern

X 5

ſtim-

ſtimmlen unſere Senſationen mit der Natur der Dinge ſelbſt überein? Gern möchten die Skeptiker den Satz erſchleichen, daß
in allen unſern Senſationen nichts mit den
Sachen ſelbſt übereinſtimmendes iſt, gern
uns unbemerkt dahin bringen, allen unſern
Empfindungen alle Realität abzuſprechen.
Und dies haben ſie auch würklich bey einem
großen, wo nicht gar dem größten Theile
der neuern Philoſophen erſchlichen, die ſich
dahin vereinigt zu haben ſcheinen, daß in
unſern Senſationen nichts reelles iſt — Wie
erſchlichen, werden ſie ſagen? Wir ſollten
uns haben beſchleichen laßen? — Zuverläßig, und dies, hoffe ich, ſoll aus der Unterſuchung der ſkeptiſchen Gründe offenbahr
werden.

Verſchiedene Thiere, ſagt Sextus, empfinden einerley Sache auf verſchiedene Art,
was dem Hunde gut ſchmeckt, verabſcheut
das Pferd, und was dem Pferde ſüß iſt, iſt
dem Menſchen ein Eckel. Dies iſt ſo wahr,
daß man nicht zwey Thier = Geſchlechter auffinden wird, die an einerley Sache einerley
Vergnügen finden; was folgt alſo anders
hieraus, als daß unſere Empfindungen uns
von

von der wahren Natur der Dinge nichts sagen; weil unmöglich einerley Sache so entgegengesetzte Beschaffenheiten haben kann. *)
Ja was noch mehr ist, fährt er fort, so
macht einerley Sache auf verschiedene unserer Sinne gantz verschiedene Eindrücke?
Dem Geruche ist die Rose angenehm, dem
Geschmacke mißfällt sie, dem Auge gefällt die
Citrone, der Zunge ist sie beleidigend, u. s. w.
Wie ist dies möglich, wenn die Sinne uns
die wahre Natur der Dinge entdecken? oder
wenn dies auch möglich ist, wie sollen wir
aus solchen Verschiedenheiten die Wahrheit
hervorsuchen? Welchem unter den Sinnen
sollen wir trauen, dem Auge, oder dem Geruche,
oder dem Geschmacke? Alle haben gleiches
Recht, Zutrauen von uns zu verlangen, alle
widersprechen sich; was können wir also anders, als uns auf keinen verlaßen? **)

Aus diesen Gründen folgt noch weiter
nichts, als daß einige Sensationen uns von
der wahren Natur der Dinge nicht unterrichten; aber bey weitem noch nicht, daß es

gar

*) Sext. Emp. Pyrrhen. Hypotypos I, 14,
sect. 40.

**) Ebendas. sect. 92. sqq.

gar keine thun. Schon Cartesius machte
die Bemerkung, daß die Empfindungen der
Gerüche, Geschmäcke, der Schälle der
Farben, des Stechens, Brennens, u. s. w.
mit ihren Ursachen und Gegenständen nicht
die geringste Aehnlichkeit haben, und uns
von der wahren Beschaffenheit ihrer Ursachen
nicht im geringsten unterrichten. Diese Bemerkungen habe ich in den vorhergehenden
Hauptstücken an ihren Orten mit eingefloch-
ten, und dies ist es auch alles, was aus
den skeptischen Schlüßen folgt, und was
man ihnen mit beyden Händen gern zugiebt.
Dagegen aber erwartet, oder vielmehr verlangt man auch von ihnen, daß sie so be-
scheiden seyn sollen, nicht anstatt des Fingers die ganze Hand, oder mit dem Finger
die ganze Hand nach sich zu reißen.

Die Empfindungen von Solidität, Bewegung, Ausdehnung und Figur, hatten die
alten Skeptiker unangefochten gelaßen, und
also wäre den Dogmatikern noch immer die
Ausflucht übrig geblieben, daß diese wenigstens Realität in sich schließen, wenn sie die
Stärke ihres Raisonnements nach dieser
Seite hätten lehren wollen. Es scheint
aber,

aber, daß sie dies gar nicht bemerkt haben, wenigstens ist mir bisher noch keine Stelle vorgekommen, aus der ich hätte schließen können, daß sie von dieser Seite die Zweifler angegriffen haben. Was die Alten nicht sahen, das haben große Geister unter den Neuern gesehen, und Locke war, wo ich nicht irre, der erste, der gegen die Zweifler ausdrücklich bemerkte, daß in diesen Ideen etwas reelles ist. Allein auch er scheint den ganzen Zusammenhang der Sache nicht übersehen zu haben, weil auch er auf die hiegegen von Mallebranche gemachten scharfsinnigen Einwendungen nicht achtete.

Sie haben nichts geringers zur Absicht, oder doch zur unmittelbaren Folge, diese Einwendungen, als daß auch diese Empfindungen nicht reell sind. Was Ausdehnung an sich ist, sagt Mallebranche, davon geben uns unsere Sinne keine sichere Nachricht; vielmehr ist es gewiß, daß sie uns auch hier gantz falsch berichten. Durch Mikroskopia weiß man, daß es Thierchen giebt, die noch über tausendmahl kleiner sind als das kleinste Sand-Korn; durch die Vernunft weiß man, daß diese Thierchen, Herzen, Adern,

Blut,

Blut, und überhaupt alles haben müßen, was zum animalischen Leben gehört. Wie unendlich klein müßen nicht die Herzen dieser unendlich kleinen Thiere seyn! Wie unendlich klein ihre Blut-Gefäße! Wie noch unendlich kleiner die Blut-Theilchen in diesen Gefäßen! Eine solche Kleinigkeit übersteigt alle unsere Vorstellungen von Ausdehnung; es ist also gewiß, daß wir die Ausdehnung nicht so sehen wie sie an sich ist. Noch mehr gewiß, wenn wir erwägen, daß uns diese Thiere größer scheinen würden, wenn unsere Augen so gemacht wären, wie die Mikroskopia; noch mehr gewiß, wenn wir überlegen, daß diese kleine Thierchen sich von der Ausdehnung gantz andere Begriffe machen müßen; noch mehr gewiß, wenn wir endlich noch hinzusetzen, daß unsere Augen in der That Mikroskopia sind, daß ein Mensch dieselbe Sache mit einem Auge größer sieht als mit dem andern, daß es nicht zwey Menschen giebt, die einerley Sache gleich groß sehen. *) Die Figuren der Körper, die wir so deutlich, so gewiß zu sehen glauben,

*) Mallebranche de la Recherche de la Verité Liv. I. chap. 6.

ßen, sehen wir um kein Haarbreit deutlicher
und gewißer als die Ausdehnung; wir können aus dem bloßen Anschauen nicht erkennen, ob eine gewiße Figur ein Zirkel oder
eine Ellipse, ein Quadrat oder ein Parallelo-
gramma ist.   Ja wir können durch das
Auge nicht mit Sicherheit entscheiden, ob
eine gegebene Linie gerade, oder nicht gerade
ist.   Da nun dies von den Figuren gilt, die
wir ganz nahe vor Augen haben, was muß
denn nicht erfolgen, wenn sie ein wenig entfernt sind? *)   Von der Bewegung läßt sich
eben dies, mit eben der Evidenz sagen; die
eigentliche Größe der Körper, also auch die
eigentliche Größe der Entfernungen kennen
wir durch das Auge nicht, wie eben gesagt
ist, wie können wir also die eigentliche
Schnelligkeit der Bewegung sehen? Wie oft
glauben wir nicht Dinge sich bewegen zu
sehen, die doch würklich ruhen. **)

  Beweisen nicht diese Schlüße auf das
strengste, daß unsere Empfindungen von Figur, Größe, und Bewegung relativ sind,
daß

*) Mallebranche de la Recherche de la Verité
  Liv. I. chap. 7.

**) Ebendas. chap. 8.

daß wir sie uns ganz anders vorstellen würden, wenn wir andere Augen hätten? —
Sie scheinen dies freylich in aller Strenge
zu beweisen; aber ich hoffe, sie scheinen es
auch nur. Daraus, daß wir die Körper
größer oder kleiner sehen würden, wenn wir
andere Augen hätten, folgt nach allen Regeln der Logik nichts mehr und nichts weniger, als daß wir sie nicht vollkommen so sehen, wie sie ist. Daraus, daß wir manche
ähnliche Figuren durch das bloße Auge nicht
unterscheiden können, folgt weiter nichts,
als daß wir keine vollkommne genaue Idee
der Figuren durch das Auge empfangen; so
wie auch daraus, daß wir von der eigentlichen Größe der Bewegung durch das Auge
keine genaue Ideen erhalten, nichts anders
folgt, als daß wir die Bewegung nicht genau so sehen, wie sie ist. Von hier aber
bis zu dem Satze, es ist in den Empfindungen von diesen Dingen gar nichts reelles,
ist, dünkt mich, noch eine ziemlich große Entfernung; eine eben so große, als zwischen
den beyden Sätzen: die Empfindungen von
Figur, Ausdehnung und Bewegung haben
manches relative an sich: und sie sind nichts
als

als relativ. Diese Lücke hat noch kein Zweifler ergänzt, und wird auch wahrscheinlich
nie ein Zweifler ergänzen können. Gleichwol hat man aus diesen Beweisen mit aller
Zuversicht der vollkommensten Richtigkeit geschloßen, daß alle diese Empfindungen blos
relativ sind; gleichwol sind es eben diese
Beweise, auf die sich die Vertheidiger des
relativen so groß dünken, auf die sie ihren
ganzen Sieg bauen! Wahrlich ein elender
Sieg, wenn er keine gegründetern Stützen
hat! Wahrlich ein Sieg, so wie manche
andere, der sich nicht auf die Tapferkeit der
Krieger, sondern auf die Feigherzigkeit, oder
Unerfahrenheit der Gegner gründet!

Es ist also bis jetzt noch nicht bewiesen,
daß diese Empfindungen nichts reelles an
sich haben; aber ist denn darum das Gegentheil schon ausgemacht? — Freylich das
nicht; wie aber wenn sich zeigen ließe, daß
kein Beweis für das vollkomme relative
dieser Empfindungen möglich ist? Denn würde doch wol die entgegengesetzte Meynung
ein beträchtliches Uebergewicht von Wahrscheinlichkeit bekommen? und dies läßt sich
zum Glücke würklich zeigen. Daß die Em-

II. Theil.   Y   pfindung

pfinbung eines Tones nicht das enthält, was
der Ton seiner Natur nach ist, wißen wir
aus keiner andern Quelle, als aus der Vergleichung des Gehöres mit dem Gesichte.
Das Gesicht überzeugt uns, daß eine tönen-
de Saite vibrirt, es überzeugt uns, daß
diese Vibration der Saite allein die Empfindung des Tons hervorbringt; von allem diesem aber ist in der Empfindung des Tones
nichts enthalten, folglich ist diese Empfindung blos relativ. Durch eben diesen Weg
gelangen wir auch zur Erkenntniß des
Satzes, daß die Jbeen des Geschmackes
nichts reelles sind, denn durch das Gesicht
wißen wir, daß diese Jdee von gewißen subtilen Körpern hervorgebracht, und durch
ihre Figuren hervorgebracht wird; auch davon aber sagt uns der Geschmack nichts.
Ueberhaupt also giebt es für uns keinen andern Weg, die Realität und Nicht-Realität der Empfindungen zu erkennen, als ihre
Vergleichung unter einander. Dieser Weg
nun kann bey den Jbeen der Bewegung,
Ausdehnung, und Figur nicht gebraucht
werden, weil hier die verschiedenen Sinne
einander nicht nur nicht widersprechen, son-

dern

dern auch auf das freundſchaftlichſte übereinſtimmen. Geſicht und Gefühl geben uns
einerley Idee von dieſen Gegenſtänden, Geruch, Geſchmack, und Gehör aber gar keine; wie können wir alſo beweiſen, daß ſie
nicht reell ſind?

Wir können nicht nur nicht beweiſen,
daß ſie nicht reell ſind; wir können auch beweiſen, daß ſie mit allem ihren relativen,
doch noch Realität in ſich ſchließen, das iſt,
daß ſie in manchen Stücken uns das würklich zu erkennen geben, was in der Natur
außer unſerer Empfindung vorgeht. Bey
der Solidität empfinden wir einen gewißen
unſern Organen gethanen Widerſtand; geſetzt dies Gefühl ſey falſch: es gäbe würklich keinen Widerſtand in der Materie: ſo
folgt, daß alle Körper in einem einzigen
Punkte des Raums exiſtieren können: ſo
folgt, daß gar keine Körper ſind, denn wie
läßt ſichs denken, daß etwas ein Körper,
und doch nicht ſolide ſeyn ſoll? Eben dies
folgt auch, wenn man annimmt, daß das,
was wir als Ausdehnung und Bewegung
kennen, nicht würklich das iſt, wofür wir
es halten. Dem Idealismus zu entweichen,

Y 2　　　　　iſt

ift alsbenn nicht möglich, und daß biefer
Idealismus nichts ist, glaube ich eben hinlänglich gezeigt zu haben.

Diefe Empfindungen alfo find nicht blos
relativ, und haben etwas der Natur der
Dinge angemeßenes in ſich; darum aber find
ſie doch nicht von allem relativen gänzlich frey. Daß einer einen Körper größer,
der andere ihn kleiner ſieht, überhaupt daß
wir ganz andere Empfindungen von Ausdehnung, Größe, und Bewegung haben
würden, wenn wir andere Augen hätten,
überzeugt uns mehr als zu deutlich, daß
auch hier noch ſehr vieles auf die Rechnung
der Organe geſchrieben werden muß. Dies
alles aber macht noch nicht, daß die ganzen
Empfindungen relativ find, Ausdehnung
bleibt Ausdehnung, man mag ſie ſich größer
oder kleiner vorſtellen; Bewegung bleibt Bewegung, man mag von dem Grade ihrer
Schnelligkeit für Empfindungen haben,
welche man will.

Der andere ſkeptiſche Allgemein-Plaß:
die Sinne ſtellen einerley Gegenſtände demſelben Menſchen, nicht immer unter derſelben Geſtalt dar, enthält gleichfalls neben
vie-

vielem wahren auch vieles falsche. Viel
wahres, und nichts als wahres, wenn man
ihn immer in der strengen Bedeutung nimmt,
in der ich ihn hier vorgetragen habe; viel
falsches aber, und nichts als falsches, wenn
man ihn auch so gebraucht, daß er einen beständigen Trug der Sinne anzeigt, wenn
man aus ihm folgert, daß wir uns auf die
Berichte der Sinne gar nicht verlaßen
können.

In wie fern also mahlen die Sinne denselben Gegenstand verschieden ab? So, daß
sie es unaufhörlich thun? So, daß es alle
Sinne zugleich thun? Beyde Fragen müssen offenbahr verneinet werden. Den Tisch,
den ich gestern viereckt gesehen habe, sehe
ich auch heute noch vireckt; das Brod, welches mir vor zwanzig Jahren gut schmeckte,
schmeckt mir auch noch heute, u. s. w. Aus
diesen, und unzähligen andern unleugbaren
Erfahrungen folgt unmittelbar, daß wir
viele Dinge lange Zeit, manche auch unser
ganzes Leben hindurch auf einerley Art empfinden. Zwar giebt es auch in Ansehung
ihrer mancherley Veränderungen; durch
Krankheit der Augen kann ich meinen vier-

Y 3   eckten

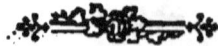

eckten Tiſch morgen nicht vierekt ſehen;
durch Verderbung des Magens kann mein
gutes Brod mir morgen nicht gut ſchmecken;
aber dieſe Veränderungen ſind doch nur von
kurzer Dauer, und faſt immer kehrt der vorige Eindruck von demſelben Gegenſtande
wieder zurück.

Wenn aber auch ein Sinn in einem Falle
trügt: ſo trügen doch in demſelben Falle
nicht mehrere zugleich. Wenn auch mein
Auge den Stab im Waßer krumm ſieht: ſo
ſtellt doch das Gefühl ihn mir nicht krumm
vor; wenn auch mein Ohr einen Schall hört:
ſo ſagt mir doch darum mein Auge und mein
Gefühl nicht, daß jetzt würklich die Urſache
des Schalles vor mir liege. Zwar giebt es
auch Fälle, wo alle Sinne zugleich trügen;
zwar glauben Leute im hitzigen Fieber, im
Wahnſinn, eben das auch zu fühlen, zu
riechen, was ſie ihre erhitzte Phantaſie durch
das Auge erblicken läßt; allein dieſe Fälle
ſind ſelten, und in dieſen Fällen weiß man,
daß man nicht richtig empfunden hat, wenn
man wieder zu ſich gekommen iſt.

Auch der Satz; verſchiedene Menſchen
empfinden einerley Sache auf verſchiedene
Art,

Art, ist verschiedener Auslegungen fähig,
und diese verschiedenen Auslegungen sind
auch würklich von verschiedenen Philosophen
angenommen worden. Jeder Mensch, sagt
einer unter ihnen, hat sein eigenes Empfin-
dungs = System, jeder empfindet jeden Gegenstand auf eine ihm eigene Art; *) und
sagt damit etwas wahres, und auch etwas
falsches. Etwas wahres, wenn er blos
das versteht, daß kein Mensch vollkommen
dieselbe Empfindung von demselben Gegenstande empfängt, die ein anderer von ihm
hat; daß die Empfindungen verschiedener
Menschen in Ansehung der Grade der Deutlichkeit, Stärke, und manchmahl auch der
Art verschieden sind. Die Ursachen dieser
Verschiedenheit sind theils zu oft von andern
angeführt, theils auch von mir oben zu deutlich angezeigt worden, als daß ich sie hier
aus einander zu setzen nöthig hätte. Etwas
falsches aber, wenn er dies versteht, daß
kein Mensch eben dieselbe Art von Empfindung von demselben Gegenstande hat, die
ein anderer durch ihn erhält. Nach allen
äusern Erfahrungen und Beobachtungen sind

Y 4 hie

*) Le Theisme Tom. II. p. 186.

die Empfindungen mehrerer Menschen von einerley Sache verschieden, und auch nicht verschieden. Viele sehen einerley Tisch vor sich, alle sagen, er ist viereckt, alle sehen ihn viereckt, und in so fern haben alle einerley Empfindung; aber alle sehen ihn nicht gleich viereckt, einer sieht die Ecken spitziger, der andere stumpfer, einer etwas länglichter, ein anderer etwas quadratischer, u. s. w. Viele sehen ein Stück Gold, alle sagen, es ist gelb, alle sehen es gelb, und sehen in so fern einerley; aber nicht alle sehen es gleich gelb, der eine etwas blaßer, der andere etwas heller, u. s. w., und in so fern sehen alle nicht einerley.

Dreyzehntes Hauptstück.

Von den angenehmen und unangeneh= men Sensationen.

In Ansehung des Eindruckes von Gefallen oder Mißfallen, den die Sensationen in unserer Seele hervorbringen, laßen sie sich bequem in angenehme, unangenehme, und mittlere eintheilen. Worin dieses Ge=
fallen

fallen und Mißfallen besteht, wißen wir eben
so wenig, und können wir eben so wenig
wißen, als, worin eigentlich die Empfindung des weißen, rothen oder grünen besteht. Wir fühlen ein gewißes Behagen,
einen gewißen Wohlstand, eine gewiße Beruhigung bey manchen Sensationen, wir
wünschen ihre Fortdauer, und sehen ihr Ende ungern; wir fühlen eine gewiße Unruhe,
eine gewiße Unzufriedenheit, ein gewißes
Bestreben, sie von uns zu entfernen bey
gewißen andern Sensationen, und sehen ihr
Ende gern; das ist es alles, was wir von
der Natur des Angenehmen und Unangenehmen bey den Sensationen sagen können.
Wie die Seele dieses Angenehme und Unangenehme appercipiert, wie sie dadurch mobi-
ficiert, und in welchen Zustand sie dadurch
versetzt wird, ist unsern Augen durch einen
dicken Nebel verborgen.

Ich habe mit allen meinen Vorgängern
gesagt, daß es mittlere, oder gleichgültige
Sensationen giebt, und beziehe mich, dies
zu beweisen, auf das Anfühlen meiner eigenen Hand, oder irgend eines andern nicht
zu rauhen, auch nicht zu weichen Körpers;

Y 5   auf

auf das Anhören eines einzelnen Tones auf einem Instrumente; und auf manche andere Sensationen mehr. Leugnen, daß diese weder angenehm noch unangenehm sind, heißt seine eigene Empfindung verleugnen; und doch leugnet es Robinet dadurch, daß er behauptet, es gäbe gar keine mittlere Sensationen. *) Den Beweis dieses Paradoxons zu führen, sollte ihm gegen die Evidenz aller Erfahrungen sicher schwer geworden seyn. Vermuthlich weil er dies fühlte, begnügte er sich mit seinem bloßen Machtspruche, und ersparte dadurch den Philosophen die Mühe, ihn zu widerlegen.

Jeder Sinn ist uns eine reiche Quelle ihm eigener angenehmer und unangenehmer Sensationen; weil das Angenehme und Unangenehme des einen Sinnes durch den andern eben so wenig als der eigentliche Gegenstand eines Sinnes durch den andern empfunden werden kann. Jeder Sinn ist daher auch nicht gleich reichhaltig an Sensationen von jeder dieser Arten. Das Gefühl giebt sie uns von allen Arten, angenehme, im Kützel, der Wärme, den Anfühlen weicher zarter Kör-

*) Robinet. de la Nature T. I. p. 417.

Körper; unangenehme, im Brennen, Ste‑
chen, Schneiden; mittlere, im Berühren der
Körper, auf die wir stehen, sitzen, und man‑
cher andern mehr. Das Gesicht giebt uns
weniger angenehme, aber auch weniger un‑
angenehme, und desto mehr mittlere Sensa‑
tionen. Unangenehme, wenn das Licht zu
stark, die Farben zu hell, oder auch zu dun‑
kel sind. Angenehme, wenn beyde in einem
gewißen mittlern Verhältniße zur Empfind‑
lichkeit des Auges stehen; so daß es dadurch
weder zu stark noch zu schwach gerührt wird.
Unter den Farben giebt es wenige, die an
und für sich dem Auge angenehm sind, nur
die grüne und himmelblaue scheinen hierauf
gegründeten Anspruch machen zu können;
aber auch wenige, die ihm, einzeln genom‑
men, unangenehm sind, die hochgelbe, und
schneeweiße scheinen, wo nicht einzig, doch
wenigstens vorzüglich hieher zu gehören.
Unter den Gestalten der Körper scheinen
keine unmittelbar dem Auge zu gefallen, ich
sage unmittelbar, damit man nicht zufällige,
aus Reflexion entstehende Empfindungen der
Imagination für Sensationen des Auges
nehmen möge. Zwar haben die Pythagoräer
und

und nach ihnen Plato gewißen Figuren eine
vorzügliche Schönheit, das ist, etwas vorzüglich angenehmes zuschreiben wollen; sie
haben behaupten wollen, unter allen Figuren wären die zirkelförmigen, oder kugelrun-
den die schönsten. Allein die Wahrheit zu
gestehen, ich kann an ihr nichts eigentlich
schönes finden; ich glaube einen Würfel, eine Kugel, ein jedes Polygon mit allem dem
Vergnügen zu sehen, mit dem ich eine Kugel
sehe, das ist, mit gar keinem. Man weiß,
daß die erhitzte Einbildungskraft, und vor-
nehmlich das Bedürfniß eines Beweises uns
Sachen kann angenehm finden laßen, die es
an sich nicht sind; man weiß, daß beyde
Philosophen den Satz beweisen wollten, die
Form der Welt sey die schönste; man weiß
endlich, daß sie die Welt für kugelrund hielten. Sollte man daraus nicht mit hinlänglichem Grunde schließen können, daß
ihre Einbildungskraft sie hier einer Sache
eine vorzügliche Anmuth hat leihen laßen,
die eigentlich gar keine hat?

Aber haben nicht Mahler und Bildhauer
gewiße Ideale von Schönheiten? Hat nicht
auch Hogarth eine Schönheits-Linie entdeckt?

deckt? Folgt nicht daraus offenbahr, daß auch manche Gestalten dem Auge unmittelbar angenehm, manche andere aber unmittelbar unangenehm sind? Nicht so sehr wie man denken möchte. Man stelle einen Adonis wie einen preußischen Soldaten auf die Parade, und er wird nicht mehr Adonis seyn; man gebe dem Körper eines Sclaven die Stellung des Borghesischen Fechters, und er wird mehr gefallen, als jener steife Adonis. Offenbahr also erhöhet, und erniedrigt die Stellung die Schönheit, und warum? Weil sie im ersten Falle Ausdruck von Unbiegsamkeit, von Zwang, von Unbequemlichkeit; im andern aber, von Leichtigkeit, Ungezwungenheit, Freyheit, ist. Auf eben die Art nun gefallen uns gewiße Formen von Menschen mehr als andere, weil gerade in diesen Formen Abbildung von Gesundheit, Stärke, Thätigkeit, Munterkeit, in andern aber, von Schwachheit, Krankheit, Trägheit, Niedergeschlagenheit, sich findet; weil die Gestalten uns an gewiße andere Empfindungen erinnern, und dadurch angenehm oder unangenehm, schön oder häßlich werden. Das Auge scheint an und für

sich

sich an diesem Vergnügen oder Mißvergnügen keinen Theil zu haben, wie könnten sonst
verschiedene Nationen verschiedene Formen
menschlicher Körper für schön halten? Wie
sonst der Mohr Schönheit in aufgeworfenen
Lippen, eingedrückter Nase; der Chinese in
kleinen zusammengepreßten Frauenzimmer-
Füßen; und manche andere Nationen in zu-
gespitzten Köpfen finden? Wermuth ist allen Nationen bitter, Zucker allen Nationen
süß; müßen also nicht auch eben dieselben
Gestalten allen gefallen, wenn diese Empfindung dem Auge für sich zukäme? Einen
schönen Mohren darf man ohne aufgeworfe-
ne Lippen und eingedrückte Nase nicht mahlen; wie wenn nun alle Menschen Mohren
wären? Würde da nicht auch das Ideal
menschlicher Schönheit dicke Lippen und
platte Nasen haben müßen? Noch mehr:
es giebt Leute, die gute, gesunde, und helle
Augen haben, und doch das Schöne in den
Formen nicht empfinden; aber es giebt keine
Leute, die eine gute gesunde Nase haben,
und doch die Rose nicht angenehm finden;
es giebt keine Leute, die eine gute ge-

sunde

funbe Zunge haben; und doch den Wermuth nicht bitter finden. Offenbahr
also hängt das angenehme und unangenehme der Gestalten nicht von dem Auge unmittelbar; sondern von gewißen Neben = Empfindungen ab, die an einem andern Orte
näher untersucht werden sollen.

Was vom Auge jetzt gesagt ist, gilt auch
mit einigen kleinen Veränderungen vom
Ohre. Die Töne an sich sind uns größtentheils weder angenehm noch unangenehm,
man gehe alle Töne auf einem musikalischen
Instrumente durch, und man wird einen so
angenehm als den andern finden. Zwar
scheinen uns manchmahl einige Töne allein
vorzüglich angenehm zu seyn; allein man
nehme gleich darauf andere, und frage sich,
ob nicht auch die eben so gefallen? so wird
man sich überzeugen, daß sie es nur scheinen. Oder, im Fall dieser Versuch nicht
gleich gelingen, im Fall man zu einer Zeit
für einen Ton eine hartnäckige Prädilektion
fühlen sollte: so stelle man denselben Versuch nach Verfließung einiger Zeit an, und
man wird alsdenn den vorigen Ton nicht
ange-

angenehmer als alle übrigen finden. Doch
giebt es einige wenige, nicht eigentlich Töne,
sondern Schälle, die uns unmittelbar unangenehm sind. Und das sind die, welche das
Ohr zu sehr betäuben, auch wol oft gar
taub machen; das sind die, welche es zu
heftig reizen, als manches Knarren der Thü-
ren, das Kreischen der Feilen auf dem Eisen,
und verschiedene andere mehr.

Gefühl und Gehör geben uns also größtentheils gleichgültige Sensationen; Geruch
und Geschmack hingegen fast gar keine. Alles was wir riechen und schmecken, riecht
und schmeckt uns entweder gut, oder nicht
gut; oder es schmeckt und riecht gar nicht.
Jetzt wenigstens wüßte ich mich auf nichts
zu besinnen, das ich eben so gern schmecken
als nicht schmecken, eben so gern riechen als
nicht riechen möchte.

Gewiße Empfindungen nun, warum sind
sie augenehm? und gewiße andere, warum
sind sie unangenehm? Diese Fragen müßen
nothwendig demjenigen sehr kühn vorkommen, der sich aus dem vorhergehenden noch
erinnert, daß wir die wahre Natur des angenehmen und unangenehmen nicht kennen.

Schon

Schon hieraus wird er den Schluß ziehen, daß sich hierüber nichts befriedigendes sagen läßt, und um diesen Schluß auf den Probierstein der Erfahrung zu legen, wird er das, was hierüber von andern gesagt ist, mit einem etwas argwöhnischen Auge untersuchen. Cartesius bemerkte aus den Erfahrungen des Gefühls, daß wir allemahl denn Schmertz empfinden, wenn unser Körper beschädigt wird, und leitete daraus den Satz ab, daß der Schmertz aus einer Zerreißung der zusammenhängenden empfindenden Theile unsers Körpers entsteht. Dieser Satz wäre untadelhaft gewesen, wenn er ihn nicht auch auf Fälle hätte anwenden wollen, aus denen er nicht abgezogen war. Bey den heftigsten Schmerzen der Gicht, des Podagra, der Colik, ist keine Zerreißung der empfindenden Theile; auch bey der bloßen Berührung eines entblößten Nerven ist keine Zerreißung, und doch heftiger Schmertz. Wer hat je bey einem unangenehmen Geruche, einem widerlichen Geschmacke Beschädigung der Nase, und der Zunge wahrgenommen? Beschädigung ist mit Schmertz allemahl verbunden, gar zu widerliche Ge-

rüche machen ohnmächtig, und Gicht und
Colik entstehen aus Beschädigungen der Nerven. Worin aber diese Beschädigung jedesmahl besteht, das wißen wir eben so wenig,
als worin das den Nerven wohlthuende besteht, welches uns angenehme Sensationen giebt.

Diese Beschädigung aber, oder diese der
Natur angemeßene Berührung der Nerven,
woburch giebt sie angenehme, oder unangenehme Sensationen? Hier antwortete Cartesius nichts, oder wenn er etwas antworten wollte: so könnte es nichts anders seyn,
als daß es vermöge des göttlichen Willens
geschähe, der dadurch für die Erhaltung
unsers Körpers hätte sorgen wollen. Dies
wäre im Grunde weiter nichts gesagt, als
es geschieht, weil es geschieht, und also
mag diese Antwort zugleich mit der, es geschieht vermöge der Vereinigungs-Gesetze des
Körpers mit der Seele, die am Ende eben
das mit andern Worten sagt, in ihre Dunkelheit zurück gehen. Was aber Cartesius
nicht sagte, das setzte Leibnitz hinzu; sein
oben angeführter Versuch, das Vergnügen
über die Harmonie aus gewißen geheimen
Berech-

Berechnungen arithmetiſcher, oder geometri-
ſcher Proportionen der Zahlen zu erklären,
gab ihm die Vermuthung an die Hand, daß
ſich wol alle ſinnliche Vergnügungen auf
intellektuelle möchten zurückführen laßen. *)
Dieſe Vermuthung, ſo ſinnreich ſie auch
anfangs ſcheint, ſo wenig iſt ſie doch gegründet. Woher entſtehen denn alle intellektuelle
Vergnügungen? Wenn Ideen aus Senſationen werden, werden denn nicht auch
manche geiſtige Ergötzungen aus Senſationen? Und welches ſoll denn in dieſem Falle
das intellektuelle Vergnügen ſeyn, welches
den angenehmen Geruch der Roſe, den ſüßen
Geſchmack des Zuckers hervorbringt? Welche
Proportion, welches Verhältniß, welches
Ebenmaaß ſoll hier zum Grunde liggen?
Davon ſagte Leibnitz nichts, und er that
wohl daran, denn es ſollte ſeinem rechnen-
den Geiſte ſchwer geworden ſeyn, hier etwas einem Verhältniße ähnliches aufzufinden.

Doch was brauchen wir auch Verhältniße; Perrault weiß ſich ohne ſie zu helfen.
In unſerer Kindheit, ſagt er, wußten wir

Z 2 deut-

*) Leibnitz Oeuvres Tom. II. p. 38.

deutlich, was uns schädlich und nützlich ist,
und nach dieser deutlichen Kenntniß schätzten
wir die Dinge. Sie gieng durch die lange
Gewohnheit endlich in Empfindung über,
diese deutliche Kenntniß; und so schätzen wir
also, ohne es zu wißen, die Gegenstände
nach ihrem erkannten Nutzen oder Schaden;
so haben wir endlich das als unangenehm
empfinden gelernt, was wir vorher als
schädlich kannten, und das als angenehm,
was wir vorher uns nützlich zu seyn wußten. *) In unserer Kindheit wären wir also klüger gewesen, als wir es in unserm Alter sind! Als Kinder hätten wir deutlich
gewußt was uns nützt oder schadet; als alte
erfahrne wüßten wir davon nichts! Und woher wäre uns denn diese große Weisheit in
unserer Kindheit gekommen? Wäre sie aus
Erfahrungen gesammlet? Das ist unmöglich; oder wäre sie wol gar angeboren?
Das ist eben so unmöglich, wie unten gezeigt werden soll. Und wie kann aus deutlichen Ideen dunkle Empfindung, wie überhaupt aus Ideen Empfindung werden? Weg
also mit dieser deutlichen Kenntniß, weg
mit

*) Perrault Traité des Sens Partie II.

mit der Verwandlung der Ideen in Empfindungen!

Was bleibt uns denn nun in dieser Verlegenheit noch übrig? Das was uns in so
vielen, ja in den meisten Fällen übrig bleibt,
wo wir etwas erklären sollen, — unsere
Unwißenheit. Ohne Zurückhaltung nur rein,
nur dreist heraus gesagt, wir wißen nicht,
und können mit aller unserer hochtrabenden
Weisheit nicht wißen, wie angenehme und
unangenehme Sensationen aus gewißen Modifikationen der Nerven entstehen. Was
hilft es uns, wenn wir unsere Unwißenheit
in einen Schwall dunkler, nichts bedeuten-
der Worte hüllen, und unter dieser gelehrten Hülle uns selbst und andern weiser scheinen, als wir würklich sind?

Nicht allen ist alles angenehm; nicht allen
ist alles unangenehm, woher dies? Wenn
wir wüßten, warum uns überhaupt etwas
angenehm oder unangenehm ist: so könnten
wir auch dieß wißen; da wir aber jenes
nicht wißen: so müßen wir uns entschließen
auch dies nicht zu wißen. So viel können
wir jedoch aus Erfahrungen folgern, daß
die ursprüngliche Einrichtung der Organe,

die

die zufällige Veränderung in den Organen, und endlich eine lange Gewohnheit diese Verschiedenheiten hervorbringen.

Die ursprüngliche Einrichtung der Organe. Ein Mensch hat von Natur schwächere Augen als ein anderer, dem erstern ist starkes Licht, helle blendende Farbe also nothwendig empfindlicher, als dem andern, folglich kann der erste diese Dinge nicht leiden, die der andere gantz erträglich finden kann. Ein Mensch hat stumpfere Ohren als der andere, dem erstern sind Schälle gleichgültig, die der andere unerträglich findet; und so in vielen andern Fällen mehr.

Die zufällige Veränderung in den Organen. Ein Mensch ißt von einer ihm angenehmen Speise zu viel, und dadurch wird sie ihm wo nicht auf immer, doch wenigstens auf einige Zeit zum Eckel. Einem Hungrigen schmeckt eben die Speise vortrefflich, die er bey mittelmäßigem Appetite widerlich findet. Hunger und Durst haben großen Einfluß in die Empfindungen des Geschmackes und Geruches; einem Hungrigen riecht die Speise weit angenehmer als einem Gesättigten. Weil Geruch und Geschmack in genauer

nauer Verbindung mit dem Magen stehen:
so ist es auch natürlich, daß sie sich nach
ihm richten. Und daher kommt es auch,
daß die bloße Verderbung des Magens
manchen Dingen unangenehmen Geruch
und Geschmack giebt, die sie sonst sehr angenehm haben.

Endlich lange Gewohnheit. Man weiß
aus Reisebeschreibungen, daß Fisch-Thran
den Ostiaken ein sehr angenehmes Getränk
ist, und man weiß auch aus seiner eigenen
Empfindung, daß nichts den Sinnen der
übrigen Erden-Bewohner mehr zuwider ist
als eben dies. Man weiß, daß Leute, die
den ganzen Tag hindurch schwere Arbeit verrichten, an ihren Händen wenig Gefühl haben, und daß sie überhaupt von körperlichem
Schmerze bey weitem nicht so angegriffen
werden, als andere, die ein weichlicheres
Leben führen. Die Körper solcher Leute sind
fester und härter anzufühlen, als die der
Weichlinge; ihre Hände haben Schwielen,
und ihre ganze Haut ist fester; die Gefühl-
Nerven sind folglich durch die Arbeit mit
einer stärkern Bedeckung überzogen, durch
die sie schwächer fühlen. Da der äußere

Z 4   Kör-

Körper durch Arbeit abgehärtet wird, warum soll es nicht auch der innere? Warum
nicht auch die Nerven selbst? Warum nicht
auch durch die Nerven das Gehirn? Daß
dies oder etwas ähnliches mit den Leuten
vorgehen muß, die eine harte Lebens-Art
führen, ist auch daraus klar, daß sie allen
äusern Eindrücken mehr widerstehen, als die
Weichlinge; daß auch die nicht unmittelbar
durch Arbeit abgehärteten Organe, der Seele weniger heftige Empfindungen mittheilen.
Wenn der Irokese seinen Kriegs-Gefange-
nen durch den ausgesuchtesten, und auch der
Grausamkeit der Nerone und Phalarisse ent-
wischten Martern in den Tod quält: so findet sich unter ihrem ganzen Haufen, keine,
auch unter dem weiblichen Geschlechte, keine
so weiche Seele, die nur im geringsten Mit-
leiden dabey empfände. Ein zarter Euro-
päer würde durch den bloßen Anblick der
wahrhaftig höllischen Martern von Sinnen
kommen.

Vier-

Vierzehntes Hauptstück.

Vom Einflusse des Körpers und der Seele auf einander.

Daß Körper und Seele auf einander Einfluß haben, hat man längst erkannt, man hat auch längst über diesen Einfluß einzelne Beobachtungen gemacht; anstatt aber diese Beobachtungen zu sammlen, und durch sie fest zu setzen, wie groß dieser gegenseitige Einfluß ist, hat man sich in endlosen Untersuchungen über die Erklärung dieses Einflußes verlohren. So viel als die Verfertiger der Hypothesen über die Gemeinschaft des Leibes und der Seele von diesen Beobachtungen jedesmahl gebrauchten, führten sie davon an, und ließen das übrige wichtigere dahinten. Daher kam es denn auch, daß ihre Hypothesen selbst einseitig und mangelhaft wurden, daß man sich an statt des wißbaren mit dem beschäftigte, das die Natur unsern Augen mit Fleiß verhüllt zu haben scheint. So viel ist indeß aus dem, was bisher über diese Materie disputiert worden ist, unleugbar, daß der Körper auf

Z 5   die

die Seele, und umgekehrt, auch die Seele
auf den Körper Einfluß hat. Jeden von
diesen Sätzen will ich vor sich betrachten,
und ihn so genau zu bestimmen suchen, als
die mir bisher bekannt gewordenen Beobachtungen erlauben werden. Sollte Kennern
diese Bestimmung nicht vollständig genug
scheinen: so werden sie leicht das fehlende
ergänzen können, und ich werde mich mit
dem Bewußtseyn einer nicht ganz fehlge-
schlagenen Untersuchung beruhigen.

1) Der Körper hat auf die Seele Einfluß, das ist, die Fähigkeiten und Kräfte
der Seele werden durch die jedesmahlige
Beschaffenheit des Körpers auf eine ge-
wisse Art modificiert; es hängt von dem
Zustande des Körpers ab, ob, und wie
die Seele ihre Thätigkeiten äusern soll.
Bisher hat man unter dem Einfluß des
Körpers auf die Seele fast nur die Sensationen verstanden, weil diese am leichtesten
bemerkt würden; die übrigen eben so wichtigen Theile dieses Einflußes aber hat man
der Medicin zu betrachten überlaßen. Weil
aber auf die richtige Bestimmung dieses
Satzes bey der Entscheidung der Streitigkeiten

.ten über die Wirkung des Clima auf den
. Menschen, über die Entstehung der Leidenschaften und manche andere eben so erheb-
liche Gegenstände fast alles ankömmt: so
habe ich geglaubt, aus den Bemerkungen
der Aerzte das zu dieser Absicht dienliche
herüber nehmen, und den Satz an sich weiter
ausdehnen zu müßen, als er bisher ist ausgedehnt worden. Hat also die Beschaffenheit des Körpers auf die Seelen-Fähigkeiten Einfluß, auf welche denn vorzüglich?
Auf die Sensationen. Aus dem, was
bisher von den Empfindungen gesagt ist,
erhellt, dünkt mich, zur Genüge, daß die
Stärke und Schwäche, die Dunkelheit und
Deutlichkeit, der Sensationen von der Organisation größtentheils abhängt. Aber
nicht nur dies, sondern auch die Art der
Sensationen selbst beruhet auf der Beschaffenheit des Körpers, darin, daß wir ganz
andere Empfindungen theils von denselben,
theils auch von ganz andern Gegenständen
haben würden, wenn unsere Sinnen anders gebauet wären. Hätten wir Augen
wie Mikroskopia gebauet: so würden wir
alles kleine unendlich größer, und alles große
faß

faſt gar nicht ſehen. Wäre unſere Zunge
eingerichtet wie die eines Pferdes: ſo wür-
ben uns die Dinge gantz anders ſchmecken
als jetzt. Eben dies läßt ſich auch von allen andern Sinnen ſagen, und daraus mit
Recht folgern, daß allein unſere jetzige Organiſation uns ſo empfinden macht, wie wir
empfinden. Zwar könnte man an der Richtigkeit dieſes Schlußes noch aus dem Grunde zweifeln, weil man nicht weiß, ob eine
menſchliche Seele ſich mit andern als ihren
jetzigen Organen vereinigen läßt: ob ſie in
dem Kopfe eines andern Thieres nicht vielmehr gar nicht, als anders empfinden würde. Allein einen großen Theil dieſes Zwei-
fels würde man doch ſo gleich wieder zurück
nehmen müßen, wenn man überlegte, daß
eine kleine Verderbung des Magens uns
das Brod bitter, eine kleine Unordnung in
den Säften des Auges uns den Schnee gelb
macht. Man würde hieraus folgern müßen,
daß da eine ſolche Veränderung die Empfindung nicht aufhebt, auch eine auf andere
Art mit den Organen vorgenommene es
nicht thun würde, daß es alſo an ſich nicht
unmöglich ſeyn dürfte, daß eine menſchliche
Seele

Seele mit gantz andern Organen vereinigt,
noch das Vermögen zu empfinden beybehält.

Auch auf den Ideen-Gang hat der
Körper Einfluß. Hievon ist schon im ersten Theile gelegentlich verschiedenes angemerkt, und zugleich bestimmt worden, daß
dieser Einfluß darin besteht, daß die Folge
der Ideen durch die Beschaffenheit des Körpers langsamer, oder geschwinder gemacht
wird. Auch die Ordnung im Ideen-Gange
hängt von der Beschaffenheit des Körpers
ab, ein sehr müder, und ein durch starke
Getränke erhitzter Mensch können beyde ihre
Ideen gleich wenig in Ordnung halten, beyde gleich wenig eine Idee lange verfolgen;
beyde gleich wenig eine Sache gehörig überlegen. Der erste, weil jede neue Idee
gleich wieder bey ihm verlöscht, weil die Organe zu sehr erschlaffet sind, als daß sie
lange in einerley Lage bleiben könnten; der
andere, weil die Ideen sich zu geschwind einander vertreiben, weil die Organe in einer
zu lebhaften, und unordentlichen Bewegung sind.

Wie sehr die Einbildungskraft von dem
jedesmahligen Zustande des Körpers ab-

hängt,

hängt, weiß man aus täglichen Erfahrungen fast zu gut, als daß ich es hier wiederhohlen dürfte. Hat man sich durch vieles Nachdenken, oder durch förperliche Arbeiten ermüdet: so kann man kein einziges
Bild sich vorzeichnen; hat man ein wenig
Wein getrunken: so stellt man sich auch,
ohne es zu wollen, alles lebhaft unter Bildern vor; bringt man das Blut durch eine
mäßige Bewegung in stärkern Umlauf: so
sind auch gleich lebhaftere Bilder da.

Diejenigen, die wegen gewißer Verber-
bungen des Blutes, oder des gehinderten
Umlaufes der Säfte im Unterleibe, Puckel
zu haben, von Glas zu seyn glauben; diejenigen, die wegen ausgetretener Feuchtigkeit im Gehirne entweder alle Denkkraft verlohren haben, oder gar wüten, beweisen,
daß auch die Ausübung der Verstandes-
Kräfte von der Beschaffenheit des Körpers abhängt.

Diejenigen endlich, die wider ihren Willen zum Lachen, oder zum Tantzen und
Springen hingerißen werden; diejenigen,
die in der Waßerscheu andere gewarnet, haben sich vor ihnen in Acht zu nehmen, weil
sie

ſie ſie auch wider ihren Willen beißen, ſchla-
gen, müßten; diejenigen, die in der Hypo-
chondrie ohne alle Veranlaßung munter oder
niedergeſchlagen werden; beweiſen, daß unſer Körper auch in unſern Entſchließungen
großen Einfluß hat. Mit einem Worte
alſo, es giebt keine Seelen-Kraft, auf deren Aeuſerung der Körper nicht wirken ſollte;
es iſt alſo auch klar, daß wir in allen
Stücken weit mehr von unſerm Körper abhängen, als wir gemeiniglich von ihm ab-
zuhängen glauben. Jede dieſer Stücke werden noch hernach an ihren eigentlichen Orten näher betrachtet, und mit neuen Bey-
ſpielen beſtätigt werden. Hier habe ich ſie
nur kurz anführen müßen, um die Lehre
vom Einfluße des Körpers in die Seele im
Ganzen überſehen zu können.

II) Umgekehrt würkt aber auch die Seele auf den Körper. In den meiſten philoſophiſchen Syſtemen rechnet man hieher nichts
als die willführliche Bewegung, weil ſie
am auffallendſten iſt, und vielleicht auch,
weil man alles erklärt zu haben glaubt,
wenn man nur ihre Entſtehung angegeben hat.

Es

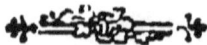

Es gehören aber außer ihr, auch noch
die Sensationen hieher; deren Verfälschung, oder Verhinderung sehr oft von der
jedesmahligen Lage der Seele abhängt.
Die Verfälschung entsteht am gewöhnlichsten
daher, daß wir von einem Sinn auf den
andern schließen; eine Sache riecht nicht
gut, wir folgern, also schmeckt sie auch nicht
gut, und finden würklich ihren Geschmack
unerträglich, indeßen daß andere, die sich
an diesen Geruch gewöhnt haben, ihn vortrefflich finden. Eine Sache sieht häßlich
aus, also, schließen wir, schmeckt und riecht
sie auch häßlich; Frösche und Bärenfleisch
sind blos deswegen den meisten höchst eckel-
haft, weil ihre Einbildungskraft einmahl
widerliche Ideen mit diesen Dingen verknüpft
hat. Es giebt Leute, die sich willführlich
in gewiße Eckstasen versetzen, oder auch ohnmächtig machen, und dadurch alle Sensationen hindern können.

Die Bewegung des Herzens und des
Blutes hängt gleichfalls von dem Zustande
der Seele ab, angenehme Sensationen,
Erinnerungen an angenehme oder unangenehme Sensationen, sehnliche Erwartung
ange-

angenehmer Senfationen, Leidenſchaften und
Affekten bringen durch das Herz und die
Schlag-Adern das Blut manchmahl in ſtär-
kern Umlauf, und manchmahl hemmen ſie
auch ſeine Bewegung.

Eben dieſe Dinge wirken auch auf die
Bewegung des Magens und der Eingeweide. Man weiß, daß traurige nieder-
geſchlagene Leute wenig eßen, daß eine ſehr
große Betrübniß alle Eßluſt vertreibt. Man
weiß, daß eine angenehme Geſellſchaft den
Appetit, und auch den Geſchmack der Speiſen erhöhet. Man weiß, daß der bloße
Anblick widerlicher, oder fürchterlicher Gegenſtände, als der Spinnen, Kröten, u. ſ. w.
bey manchen allen Appetit vertreibt, bey
manchen auch ſo gar den Magen in die hef-
tigſten Convulſionen verſetzt.

Manche Vorſtellungen bringen auch im
Zwerchfelle Empfindungen hervor. Eine
lächerliche Idee kützelt, eine Idee von Unan-
ſtändigkeit, Beleidigung, ſticht, und andere
Ideen rühren das Zwerchfell auf andere Art.
Daher kommt es, daß manche Leidenſchaften,
als Liebe, Furcht, Zorn, auch auf die Re-

II. Theil.   A a   ſpira-

ſpiration wirken, indem ſie durch das Zwerchfell auf die Werkzeuge des Athemhohlens
Einfluß haben.

Dieſer gegenſeitige Einfluß nun zwiſchen
Leib und Seele, wie geſchieht er? Ueber
jeden Schritt, den man in der Erklärung
dieſes Geheimnißes thut, ſind die Meynungen getheilt, und jeder Schritt hat gleich
wenig Beweiſe für ſich, und gleich viele
Schwierigkeiten gegen ſich. Dies kann man
zum voraus ſchon aus dem ſehen, was oben
von dem Uebergange körperlicher Eindrücke
zur Seele geſagt iſt, und wodurch man die
erſte Hälfte dieſer Frage, nemlich, wie wirkt
der Körper auf die Seele? zu beantworten
glaubte. Auch kann man das hieraus errathen, daß die andere Hälfte, nemlich, wie
wirkt die Seele auf den Körper? aus eben
den Grund-Sätzen beantwortet werden muß.
Und nunmehr kann man ſchon mit einem
hohen Grade von Zuverſicht von der Unzulänglichkeit, und Ungewißheit der erſtern
Erklärungsart auf die letztern den Schluß
machen.

So viel iſt indeß ausgemacht, daß die
Kraft, die dem Körper, dem Willen der Seele
gemäß

gemäß bewegt, vom Gehirn ausgeht. Man
unterbinde den Nerven eines gewißen Gliedes, und es wird unbeweglich; man drücke
ein Glied ſtark, und laße es dadurch in den
Zuſtand kommen, den man das Einſchlafen
nennt, und es wird unbeweglich. Warum?
Aus keiner andern Urſache, als weil die bewegende Kraft ſich hier nicht mehr äuſern
kann, als weil ſie vom Gehirne nicht freyen
Durchgang bis in das zu bewegende Glied
findet. *)

So viel iſt ferner ausgemacht, daß der
Wille der Seele da ſeyn muß, wenn der
Körper ſich bewegen ſoll. Zwar geſchehen
auch manche Bewegungen ohne, auch wider
den Willen der Seele; die meiſten aber und
gewöhnlichen erfordern doch allemahl auf
Befehl der Seele; und erfolgen nicht ohne
Befehl der Seele. So viel iſt endlich auch
ausgemacht, daß die Nerven das einzige
Mittel ſind, wodurch die Muskeln, und die
Muskeln das einzige Mittel, wodurch die
Glieder bewegt werden. So bald ein Ner-
ve abgeſchnitten, ſo bald ſeine Communika-

Aa 2 tion

*) Erfahrungen und Verſuche über den Men-
ſchen p. 22.

tion mit dem Gehirn gehemmt wird; so bald
hört auch alle willkührliche Bewegung desjenigen Gliedes auf, in deßen Muskeln dieser Nerve geht.

Die Frage also, wie bewegt die Seele
den Körper? löset sich in die beyden auf,
wie bewegt der Nerve den Muskel? und
wie bewegt die Seele den Nerven? Die
Antworten, die man auf beyde gegeben hat,
will ich nach der Reihe untersuchen, und
mit der ersten, als der deutlichsten, den Anfang machen.

Diejenigen, die die Vibration der Nerven
bey der Sensation angenommen haben, erklären auch durch sie die Muskeln-Bewe-
gung. Der Nerve, sagen sie, wird von
der Seele in eine vibrirende Bewegung gesetzt, diese geht bis zu dem Muskel fort,
bringt dadurch eine in ihm liegende anziehende Kraft in Bewegung, diese verkürzt
den Muskel, und der verkürzte Muskel zieht
das Glied an sich. *)

Beweise dieser Erklärung aus Erfahrungen führen sie nicht an; Schwierigkeiten und
Gegen-

*) Hartley Obſervations on Man T. I. p. 88.

Gegen = Gründe haben sie nicht: und legen
dadurch stillschweigend das deutlichste Bekenntniß ab, daß dies nichts als Hypothese,
und noch dazu sehr schwache Hypothese ist.
Der Muskel wird durch den Nerven in eine
vibrirende Bewegung gesetzt; und dadurch
verkürtzt: durch die Vibration selbst? —
Wer hat je gehört oder gesehen, daß die
Vibration einen Körper zusammenzieht? —
Durch die anziehende Kraft des Muskels,
die vermittelst der Vibration in Thätigkeit
gesetzt wird?— Wer hat je gehört oder gesehen, daß Vibration eine anziehende Kraft
in Bewegung bringt? Wer je gehört oder
gesehen, daß im Muskel eine anziehende
Kraft wohnt? Zwar eine Reitzbarkeit wohnt
in ihm, durch die er sich zusammenzieht, so
oft er von einem fremden Körper berührt
wird; aber Reitzbarkeit ist doch keine anziehende Kraft; und Reitzbarkeit ist eine unre-
gelmäßig wirkende Kraft, die den Muskel
nach mancherley Richtungen zusammenzieht,
nicht aber eine regelmäßige, einförmige
Verkürzung hervorbringt; und Reitzbarkeit
bringt nach einer augenblicklichen Zusam-
menziehung gleich wieder Erschlaffung her-

A a 3   vor;

vor; nicht aber eine manchmahl stundenlang
bauernde Verkürzung.

Diejenigen, die die Lebens = Geister zur
Senfation gebrauchen, gebrauchen fie auch
zur Muskeln = Bewegung. Die Seele, fagen
fie, schickt eine Menge Lebens = Geifter durch
den Nerven in den Muskel, diefer wird dadurch aufgeschwellt, durch die Aufschwellung
verkürtzt, und diefe Verkürtzung bewegt das
Glied. *)

Wenn dies ift, warf man ein: fo können
wir unmöglich zugleich ein Glied bewegen,
und mit eben dem Gliede empfinden. Denn
zur Empfindung müßen die Lebens = Geifter
aufwärts nach dem Gehirn, und zur Bewegung abwärts vom Gehirn gehen. Dann
begegnen fie fich nothwendig, dann hindert
nothwendig eine Bewegung die andere.

Falfch geschloßen, sprechen die Gegner,
denn was hindert uns, mehrere Arten von
Röhren in einem Nerven anzunehmen, deren einige blos zur Empfindung, andere
blos

*) Cartef. de Hom. p. 34. de Paffion. p. 17.
Mallebranche de la Recherche de la Verité.
Liv. II. part. 1. ch. 5.

bloß zur Bewegung dienen? *) Es hindert
uns nicht nur nichts, es hilft uns auch
noch manches. Man sehe nur die Erfahrungen an, da einerley Nerve die Empfindlichkeit verliehrt, und doch das Vermögen
zu bewegen behält; da ein Glied eingeschläfert wird, aufhört zu empfinden; aber doch
fortfährt, sich zu bewegen; **) da in der
Kriebel-Krankheit das angegriffene Glied
alle Empfindlichkeit verlohr, und sich doch
nach Willkühr bewegen konnte. ***) Wie
wäre dies möglich, wenn nicht die Röhren
in den Nerven, die zur Empfindung dienen,
verstopft würden, unterdeßen daß diejenigen,
die die Bewegung hervorbringen, offen blieben? Wie möglich, wenn nicht zweyerley
verschiedene Arten von Röhren in einem
Nerven wären?

So war denn dieser Angriff glücklich zurückgewiesen; damit aber war es noch ein
anderer nicht, den ich gleichfalls, ich weiß
nicht
Aa 4

*) Haller Comment. in Praelect. Boerhav.
Tom. II. p. 618.

**) Unzers Phisiologie p. 121. sqq.

***) Zimmermann von der Erfahrung Tom. II.
p. 249. sqq.

nicht mehr eigentlich wo, gefunden habe. Schwellt der Muskel auf: so vergrößert sich seine Maße; vergrößert sich seine Maße; so muß eine Hand, oder ein Fuß mit gespannten Muskeln mehr Raum einnehmen, als mit ungespannten, muß er dies: so muß eine solche Hand, ein solcher Fuß, das Wasser aus einem gefüllten Gefäße treiben, welches eine andere Hand, ein anderer Fuß nicht thun muß. Dies aber ist gegen alle Erfahrung, man hat nicht das geringste Ueberfließen, oder Steigen des Wasers in einem Gefäße bemerkt, wenn man die Muskeln gespannt hat.

Damit war es aber auch noch dieser nicht: daß bloße Reizung eines schon unterbundenen Nerven im Muskel Convulsionen erregt. Neue Lebens = Geister können hier vom Gehirn nicht zufließen, denn die sind durch das Unterbinden abgeschnitten, als wodurch die Seele die Macht durch den Nerven auf den Muskel zu wirken verliehrt. Also müßen blos die schon im Nerven vorhandenen Geister den Muskel aufblasen, oder ausdehnen, und diese wenigen sollten

einen

einen ganzen Muskel bis zu den heftigsten
Verzuckungen ausdehnen können?

Damit war es aber auch noch nicht dieser: daß nothwendig eine sehr große Menge
Lebens-Geister dazu gehört, alle Muskeln
des Körpers auszudehnen. Wie viele und
wie große Muskeln werden nicht angestrengt,
wenn ein Mensch ficht? die der Zehen, Füße,
Beine, des Rückgrades, der Arme, Finger,
des Kopfes, der Augen, kurtz wo nicht alle,
doch gewiß die allermeisten und allergrößten
am ganzen Körper. Wie viele Lebens-Geister erfordern nicht alle diese Muskeln, um
nicht nur ausgedehnt, sondern auch auf das
stärkste ausgedehnt, nicht nur auf das stärkste ausgedehnt, sondern auch in der stärksten
Ausdehnung erhalten zu werden? Und wie
groß muß nicht das Behältniß aller dieser
Lebens-Geister seyn? Welchen Platz müßen
sie nicht im Kopfe einnehmen? Und doch
sieht man von ihnen nichts; nichts an tob-
ten Körpern, nichts an lebendigen, denen
der Kopf geöffnet wird.

Dies oder etwas diesem ähnliches war
es auch, was Perrault bewog, die Hypothese von der Ausdehnung der Muskeln zu

ver-

verlaßen; und die Lebens-Geiſter blos zur
Erſchlaffung zu gebrauchen. Alle Sehnen,
ſagte er, ſind gleich geſpannt, alle Muskeln
haben mit ihren Antagoniſten gleiche ziehen-
de Kraft. Soll alſo ein Glied bewegt werden: ſo brauchts dazu weiter nichts, als
daß der eine Muskel nachgelaßen wird, denn
wird ſchon ſein Antagoniſt von ſelbſt ſeine
Pflicht thun. Dieſe Erſchlaffung nun geſchieht durch den Zufluß der Lebens-Geiſter,
welche die Fibern erweichen, durch Erweichen ſchlaff machen, und durch Erſchlaffung
dem entgegengeſetzten Muskel das Uebergewicht geben. *)

Sinnreich, wird man ſagen, — aber
auch gewiß nichts mehr als ſinnreich. Wenn
alle entgegengeſetzte Muskeln gleich ſtark ziehen: ſo müßen nothwendig die Arme, die
Finger, u. ſ. w. allemahl gerade vorwärts
ſtehen, und das thun ſie nie, um den Arm
aufrecht zu halten, müßen wir die Muskeln
anſtrengen, und ohne Mühe können wir nie
die Finger in einer geraden Stellung erhalten. — Das kommt vom Gewichte, kann
er

---

*) Perrault de la Mecanique des Animaux
  Part. II. chap. 2.

er einwenden; und damit den Einwurf von
sich weisen. Aber doch nicht heben, denn
nun kömmt er in einer neuen Gestalt mäch-
tiger wieder. Daß unsere Arme immer gerade am Leibe niederhangen, wenn wir sie
nicht ausdrücklich aufrichten, kommt nach
dieser Lehre daher, daß ihr Gewicht die zie-
hende Kraft des obern Muskels übertrifft;
und nicht daher, daß der untere Muskel sie
stärker als sein Antagonist herabzieht. Folglich ist dieser untere Muskel bey dem bloßen
Hängen der Arme nicht gespannt, folglich
kann er auch nicht nachgelaßen werden,
wenn man den Arm aufheben will; folglich
gehört zur Aufhebung des Arms etwas
mehr als bloße Erschlaffung des untern
Muskels, folglich macht diese Erschlaffung
die Bewegung der Glieder nicht. Ferner:
die natürliche Lage der Finger ist allemahl
die, daß sie nach der hohlen Hand zu ge-
krümmt sind; die obern Muskeln und Sehnen sind also in dieser Lage schon erschlaffet.
Nun lege man etwas in diese geschloßene
Hand, oder fase die gebogenen Finger an,
sie werden sich ohne Mühe gerade machen
laßen. Man strenge die Finger an, und sie
wer-

werden unbiegſam werden; woburch? Nicht
durch die Nachlaßung der obern Muſkeln,
denn die ſind ſchon erſchlaffet; alſo durch die
ſtärkere Zuſammenziehung der untern.

Aus dieſem allen iſt, glaube ich, ſo viel
klar, daß wir von der Art, wie die Bewegung der Muskeln hervorgebracht
wird, noch bis jetzt, nichts auf Erfahrung gegründetes, nichts durch Räſonne-
ment hinlänglich bewieſenes; auch nicht
einmahl etwas muthmaßlich befriedigendes wißen.

Aber vielleicht wißen wir mehr von der
andern Frage, wie der gegenſeitige Einfluß
zwiſchen Leib und Seele geſchieht? Auch dies
muß noch unterſucht werden. Das wißen
wir aus allen unſern Erfahrungen unleugbar; und das geben auch alle ſonſt noch ſo
ſehr verſchieden denkende Philoſophen zu, daß
auf gewiße Veränderungen im Körper Senſationen der Seele, und umgekehrt auf gewiße Veränderungen, oder Entſchließungen
der Seele, Bewegungen im Körper erfolgen.
Aber wie erfolgen ſie? So daß ſie von einem würklichen Einfluße beyder Subſtan-
zen auf einander herrühren? Oder ſo, daß
ſie

sie keinen physischen Einfluß voraussetzen?
Und wenn sie keinen physischen Einfluß voraussetzen; so daß der Wille Gottes in allgemeinen Natur-Gesetzen sie hervorbringt? Oder so, daß die eigenen Kräfte
beyder Substanzen vor sich alle Veränderungen wirken, und diese Veränderungen
durch die weise Einrichtung des Schöpfers auf das genaufte mit einander übereinstimmen?

Ueber diese Fragen sind die Meynungen
getheilt; in drey große Partheyen getheilt,
die sich aber jetzt immer mehr und mehr der
ältesten und natürlichsten nähern. Diese
älteste und natürlichste war die, daß Seele
und Körper einen reellen Einfluß auf einander haben, und daher nannte man sie das
System des physischen Einflußes. Die andere war, daß der Einfluß beyder Substanzen durch den göttlichen Willen geschehe,
ohne daß eine in die andere würklich wirkte;
Cartesius hatte sie vorgetragen, Mallebranche sie ausgebeßert, und mit dem Nahmen des Systems der veranlaßenden Ursachen belegt. Die dritte war, daß Seele
und Leib nicht würklich auf einander wirken,
son-

ſondern nur durch Gottes Anordnung in ih=
ren Wirkungen übereinſtimmend gemacht
ſind, ſie war von Leibnitz erfunden, und
das Syſtem der vorher beſtimmten Harmo=
nie genannt worden.

In den beyden letzten Syſtemen wird an=
genommen, daß Seele und Leib nicht auf
einander wirken können, und dieſe Behaup=
tung ruht auf dem Grunde, daß ſich nicht
die geringſte Art denken läßt, wie ein aus=
gedehntes Weſen auf ein einfaches, und ein
einfaches auf ein ausgedehntes wirken kann.
Was von dieſem Grunde zu halten ſey, habe
ich ſchon oben geſagt, ich wende mich alſo
zu dem andern. Die Materie, ſagt Malle=
branche, kann ſich nicht ſelbſt bewegen, ſich
nicht ſelbſt modificieren, wie kann ſie denn
einen Geiſt modificieren? *)

Dieſer Beweis wäre vortrefflich, wenn
es erſt ausgemacht wäre, daß ein Körper
durchaus nichts wirken, nichts hervorbrin=
gen kann — Das kann er auch nicht, ſagt
Mallebranche; ein Körper muß nothwendig
entweder in Ruhe, oder in Bewegung ſeyn,

es

*) Mallebranche Entretiens ſur la Metaphy-
ſique p. 219.

es giebt hier kein drittes. Wenn also Gott
will, daß Körper existieren: so muß er auch
nothwendig wollen, daß sie entweder ruhen,
oder sich bewegen. Folglich ist alle Ruhe
und alle Bewegung eine Folge des göttlichen
Willens, folglich hat kein Körper für sich
die Kraft, einen andern zu bewegen, und in
ihm die geringste Veränderung hervorzubringen. *)

Wie subtil, und doch, wie falsch geschloßen; Gott will, daß ein Körper von
einem andern bewegt werde, denn wenn er
es nicht wollte: so könnte es nicht geschehen.
Aber geschieht es denn darum schon, weil er
es selbst thut? Folgt denn schon daraus,
daß er selbst einen Körper durch den andern
bewegt, weil er will, daß ein Körper den
andern bewege? Mich dünkt, es ist ein
großer Unterschied unter wollen, daß eine
Sache durch die andere geschehe, und eine
Sache durch die andere selbst verrichten;
unter, einen Körper durch den andern bewegen laßen, und ihn durch den andern
selbst bewegen. Das eine folgt auf keine
Weise

*) Mallebranche Entretiens ſur la Metaphy-
ſique p. 230.

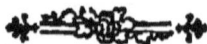

Weife aus dem andern, wenn es also auch gewiß ist, daß keine Bewegung ohne Gottes Willen geschieht: so ist es darum noch lange nicht gewiß, daß Gott alle Bewegung selbst, durch seine unmittelbare Wirkung hervorbringt. Und wenn nun Gott alle Bewegung selbst hervorbrächte, was würde das anders seyn, als eine Welt voll Wunderwerke?

Ich nehme sie auch nicht an diese unmittelbare Wirkung Gottes in jedem Falle, antwortet Mallebranche, ich vermehre die Wunderwerke nicht ohne Noth; ich sage vielmehr ausdrücklich, daß Gott gewiße allgemeine Gesetze der Bewegung gemacht hat, nach welchen er die Körper sich bewegen läßt. *)

Aber diese allgemeinen Gesetze, wozu helfen sie, wenn sie nicht Gott in jedem individuellen Fall ausübt? Kann ein Gesetz etwas ausrichten, ohne die Macht des Gesetzgebers? Kann also auch ein Stein von einem Dache herabfallen, nach dem allgemeinen Gesetze der Schwere, wenn nicht Gott selbst in diesem Falle das Gesetz vollzieht? Wenn

er

*) Mallebranche Entretiens sur la Metaphysique p. 244. sqq.

er nicht selbst den Stein herunterstößt? Die allgemeinen Gesetze sind also nichts als Blendwerk, dadurch Mallebranche sich selbst und andere Menschen die Ungereimtheit beständiger Wunderwerke entrücken wollte.

Allein, kann man sagen, Gott hat doch die Gesetze der Natur gemacht, durch seinen Willen geschieht also alles was geschieht. Gemacht, ohne Zweifel; aber wie gemacht? So daß er selbst in jedem Falle sie vollzieht? oder so, daß er den Substantzen in der Welt die Kräfte und Fähigkeiten mitgetheilt hat, sie zu vollziehen?

Dieser Beweis also hält nicht Probe, ein neuerer Hypermetaphysiker hat noch einige andere ausgedacht, auch diese müßen untersucht werden. Unser Wille, spricht er, ist nicht die Ursache der Bewegung unsers Körpers, denn er schließt keine Macht der Ausführung in sich; denn wir wißen nichts von dem, was dazu gehört, den Körper zu bewegen, und eine Ursache muß doch nothwendig wißen, was sie machen, und wie sie es machen will; denn unsere Glieder widersetzen sich oft dem Willen, oder führen ihn schlecht aus, der Wille ist also nicht die

II. Theil.   Bb   noth-

nothwendige Urfache der Bewegung des
Körpers. *)

Der Wille fchließt keine Macht der Ausführung in fich, als bloßer Wille freylich
nicht, denn zwifchen einem Vorfatze, einem
Entfchluße, und einer Bewegung ift nicht
die geringfte denkbare Verbindung. Aber
wie wenn nun diefer Wille nicht ohne Bewegung, wie wenn er felbft Bewegung wäre? Wie wenn allemahl die Seele fich in
Bewegung fetzte, fo oft fie etwas will?
Könnte denn nicht eine Bewegung die andere, ein Entfchluß als Bewegung, eine Bewegung des Körpers hervorbringen? Daß
aber eine folche Bewegung würklich mit dem
Willen verknüpft ift, kann man auch daraus fchon mit ziemlicher Wahrfcheinlichkeit
fchließen, daß wir allemahl eine gewiße Anftrengung fühlen, wenn wir ein Glied ftark
anftrengen wollen, daß wir zur äuferften
Anftrengung unferer Arme z. B. auch Anftrengung der Muskeln im Geficht, Zufam-
menbeißung der Zähne, Anhalten des Athems,
gebrauchen, und auch felbft inwendig im
Gehirn

*) Elemens de la Metaphyf. tirés de l'expe-
rience p. 145. fqq.

Gehirn-Anspannung empfinden. Ferner, daß ein starker fester Entschluß allemahl mit Unruhe, Ungeduld, der Seele verbunden ist.

Wir wißen nichts von dem, was dazu gehört, den Körper zu bewegen. Müßen wir denn auch nothwendig alles wißen, was wir thun sollen, um es thun zu können? — Aber wie kann man etwas verrichten, wenn man nicht weiß, wie es zu verrichten ist? — Bey unsern erworbenen Fähigkeiten und Künsten können wir das freylich nicht; daraus aber haben wir noch kein Recht zu folgern, daß wir es gar nicht können. Der Wilde in Amerika weiß nicht was schließen, urtheilen, denken ist, vielleicht hat er nicht einmahl Nahmen in seiner Sprache, diese Begriffe zu bezeichnen; und doch schließt, urtheilt, und denkt er. Ein kleines Kind weiß gewiß nicht was Liebe ist, und welche Gegenstände es lieben muß, und doch liebt es seine Mutter, eben so inbrünstig, als ob es die beste Abhandlung über die Liebe gelesen hätte.

Unsere Glieder verrichten das oft nicht, oft auch verkehrt, was der Wille beschloßen hat. Dies ist nicht nur nicht für, sondern

Bb 2   auch)

auch noch so gar gegen den guten Metaphysiker. Nicht für ihn, denn daraus folgt
nur, daß der Wille keine unumschränkte
Macht über den Körper, nicht aber, daß er
gar keine hat. Wie, wenn man so schließen
wollte: eine geworfene Kugel stößt nicht allemahl eine andere von der Stelle; also hat
sie gar keine Kraft, eine andere Kugel zu bewegen? Wenn doch die ehrlichen Subtili-
täten-Macher ihre Spitzfindigkeiten recht
überdenken möchten, ehe sie ihnen traxten!
Auch so gar wider ihn: denn daraus, daß
wir manche Bewegungen nicht gleich so machen, wie wir sie machen sollten, und wollten; daraus, daß wir sie durch Uebung besser und endlich vollkommen gut machen lernen, folgt, dünkt mich, offenbahr, daß wir
sie machen lernen; daraus, daß wir sie machen lernen, daß wir einiges dunkles Gefühl
von dem haben, was zu ihnen erfordert
wird; und hieraus endlich, daß wir nicht so
gantz unwißend in der Kunst, den Körper zu
bewegen, sind, als sein zweyter Einwurf
uns machen wollte.

Das Resultat dieser Betrachtungen ist
dieses: die Gründe, die den physischen

Ein-

Einfluß bestreiten sollen, beweisen entweder gar nichts, oder nur das, daß die
Seele nicht einfach seyn kann.

Einfach aber muß sie seyn, sagen Cartesius und Mallebranche; wie also aus diesem
Gedränge loskommen? Wie die Klippe des
Materialismus glücklich vorbeyschiffen? Wo
die Natur nicht helfen will, da mag Gott
helfen; und warum sollte er nicht, da seine
Allmacht und Weisheit ihm Mittel genug
darbieten zu helfen? Gott hat den Plan
der Welt angelegt; er hat von Ewigkeit her
gewollt, daß ich jetzt meine Finger zum
Schreiben bewegen sollte, und dies will er
noch jetzt; durch diesen Willen bewegen sich
meine Finger und schreiben. Er hat ferner
diese Bewegung meiner Finger nur dann gewollt, wenn ich mich entschließen würde zu
schreiben; da er also nach seiner Allwißenheit
weiß, daß ich jetzt schreiben will: so setzt er
meine Finger zum Schreiben in Bewegung.
Er hat endlich gewollt, daß meine Seele gewiße Empfindungen hätte, so oft meine Organe von außen modificiert werden; jetzt
wird mein Auge durch die Züge der Buchstaben auf dem Papiere modificiert, er theilt

Bb 3 · · · · · · also

also meiner Seele die Empfindungen dieser Buchstaben mit. *)

Weg mit diesen unaufhörlichen Wunderwerken, die der göttlichen Macht und Weisheit so wenig anständig sind, schrien alle einmüthig. Gott sollte solche mangelhafte Werke machen können, und machen wollen, die er immer selbst im Gange erhalten muß, an welchen er jede kleine Veränderung selbst hervorbringen muß! Ein Uhrmacher, der eine Uhr so einrichtet, daß er immer dabey sitzen, und jedes Rad herum drehen müßte, würde ein einfältiger Uhrmacher seyn; und der Schöpfer einer Welt, in welcher er selbst jeden Atom bewegen, auch so gar jeden Finger der Menschen selbst bewegen müßte, sollte ein weiser Schöpfer seyn? Beßer gar keine Erklärung, als eine solche, die den Knoten zerhauet, die offenbahr nur deswegen angenommen ist, weil Cartesius sich auf keine beßere besinnen konnte. Und hiemit ward das System der zufälligen Ursachen bey Seite gelegt, und liegt noch.

Die-

*) Mallebranche Entret. sur la Metaphysique p. 251. sqq.

Diesen Fehler des Cartesianischen Systems sahe Leibnitz, und verbeßerte ihn; einen Fehler sehen, und ihn verbeßern, war
bey Leibnitz fast eine und dieselbe Sache.
Eine andere als sinnreiche Verbeßerung
konnte Leibnitz nicht vorschlagen, und das
war auch diese in einem so hohen Grade,
daß der skoptische Bayle ihr die größten Lob-
sprüche ertheilte, und Leibnitz selbst sie unter
seine Lieblings-Entdeckungen rechnete. Wäre sie auch eben so wahr, wie viel hätten
wir denn nicht durch sie gewonnen? Wie
sehr würde denn nicht Leibnitz über alle übrigen Philosophen hervorragen? Unglücklicher
Weise ist sie dies nicht, und das haben nebst
manchen Gegnern auch manche Freunde Leibnitzens eingesehen. Aus dem vielen, was
gegen sie vorgebracht ist, und vorgebracht
werden kann, will ich nur kurz das in meinen Augen wichtigste anführen, wenn ich
vorher die Sache selbst werde deutlich gemacht haben.

Cartesius hatte vor Leibnitz gelehrt, daß
die Thiere nichts als bloße Maschinen ohne
Seelen, und auch ohne Empfindung wären;
er hatte es wahrscheinlich zu machen gesucht;

Bb 4 daß

daß ein Thier ohne Seele und Empfindung
vollkommen eben so handeln könnte, als ob
es beseelt und empfindend wäre. Diesen
Satz wandte Leibnitz zum Theil auf den
Menschen an, und setzte als Grund-Satz
fest, daß der menschliche Körper ohne Seele,
ohne Empfindung alles das thun könnte,
was wir ihn verrichten sehen. Leibnitz glaubte ferner mit Plato und Cartesius angebohrne Ideen, aber so, daß er sich mehr dem
Plato, der alle, als dem Cartesius näherte,
der nur einige Ideen als angebohren be-
trachtete. Mit Plato nahm er gleichfalls
an, daß alle unsere Kenntniße, alle unsere
Sensationen, sie mögen Nahmen haben wie
sie wollen, in der Seele selbst begraben liegen, und nur aus ihr entwickelt werden
dürfen. Hieraus folgte unmittelbar, daß
eine menschliche Seele alle ihre Ideen und
Empfindungen ohne allen sinnlichen Eindruck
aus sich selbst hervorbringen kann.

So hatte also Leibnitz einen Körper, der
ohne Seele sich bewegen, und fortleben; eine
Seele, die ohne Körper empfinden, und alle
ihre Kenntniße aus sich entwickeln kann.
Sollen nun beyde zusammen kommen und
gemein-

gemeinſchaftlich handeln: ſo wird dazu weiter nichts erfordert, als daß allemahl zu
der Zeit der Körper einen Eindruck von außen
bekömmt, wenn ſich in der Seele eine neue
Empfindung entwickelt; und daß allemahl
der Körper eine gewiße Bewegung macht,
wenn in der Seele eine Begierde, oder eine
Entſchließung entſteht. Wenn dieſe Dinge
genau mit einander übereinſtimmen: ſo wird
die Seele glauben, durch den Körper zu empfinden, und den Körper zu bewegen, ohne
daß jedoch eins von beyden würklich geſchieht.

Eine Seele und einen Körper in den ihren Wirkungen ſo harmoniſch zu machen,
dazu iſt weiter nichts nöthig, als daß die
Entwickelung aller Ideen und Empfindungen der Seele auf der einen, und alle Bewegungen und Eindrücke auf die körperlichen
Organe auf der andern Seite genau vorher
geſehen, und diejenigen Seelen und Körper
zuſammengebracht werden, die in allen ihren Verrichtungen vollkommen übereinſtimmend befunden werden. Von der Weißheit
und Vorherſehung Gottes, von der genaueſten und regelmäßigſten Anordnung aller

Bb 5 Dinge

Dinge in der Welt, hatte Leibnitz die erha=
bensten Begriffe, die je ein Philosoph ge=
habt hat; was war also natürlicher, als
daß er Gott diejenigen Seelen und Körper
vereinigen ließ, von welchen er vorherge=
sehen hatte, daß sie in allen Stücken voll=
kommen übereinstimmen mußten? Was na=
türlicher, als daß er und auch Bayle die
vorherbestimmte Harmonie als das erhaben=
ste Werk göttlicher Weisheit betrachteten?
Was natürlicher, als daß Leibnitz es Gott
beynahe zur Nothwendigkeit machte, die
Harmonie einzuführen, weil er sie für das
höchste der Weisheit hielt?

Auf drey Haupt=Stützen ruhet, wie man
leicht einsieht, dies ganze System, darauf,
daß Körper und Seele in allen ihren Hand=
lungen übereinstimmen; darauf, daß ein
Körper ohne Seele vollkommen so handeln
kann, als ob er von einer Seele regiert
wird; darauf endlich, daß eine Seele ohne
Einfluß des Körpers alle ihre Kenntniße aus
sich selbst entwickeln kann. Sind diese drey
Sätze zweifelhaft, oder gar falsch: so fällt
die ganze sinnreiche Hypothese dahin; und
das

daß möchten sie bey genaurer Untersuchung wol seyn.

Es ist falsch, daß die Seele in der genaueſten Harmonie mit dem Körper ſteht. Wir haben manche Convulſionen, wider unſern Willen; die Tanz-Krankheiten beweiſen, daß unſer Körper nicht nur einzelne, ſondern ganze Reihen von Bewegungen gegen den Befehl der Seele, macht; daß Leute ſtundenlang ſpringen, hüpfen, und ihren Körper ſo bewegen, als ob die Seele Antheil daran hätte. *) Auch darin übertritt der Körper manchmahl den Befehl der Seele, wenn er ihm gemäß zu handeln ſcheint, und die Seele glaubt, er habe ihr würklich gehorcht. Wie oft ſetzen wir nicht in Reden ein Wort an eine Stelle, wo es nicht ſtehen ſollte, und wo wir es auch nicht ſetzen wollten? Wie oft ſchreibt nicht die Hand anders als die Seele dachte, und ihr zu ſchreiben befahl?

Es ist falsch, daß der Körper ohne Seele vollkommen ſo handeln kann, als ob er beſeelt

---

*) Berliniſche Sammlungen Tom. V. p. 54. ſeq. Wepfer Obſervatt. Tom. I. p. 49?. Geſners Beobachtungen Tom. I. p. 186.

seelt wäre. Einen Menschen wird eine kurze
Frage vorgelegt; diese beantwortet er weitläuftig, weil sie von der Beschaffenheit ist,
daß eine kurze Antwort ihr nicht Genüge
thut. Hier müssen also die wenigen Töne
der Frage alle Fibern, Lebens = Geister, Nerven in Bewegung bringen, die zur Hervorbringung der weitläuftigen Antwort gehören.
Ist dies möglich? Ist dies Verhältniß zwischen Ursache und Wirkung? — Die Maschine des Körpers kann so gespannt seyn,
daß diese wenigen Töne, so viele Triebräder
in Bewegung setzen — Ich will dies einmahl
einräumen, ob ich gleich nicht sehe, wie alle
Mechanik in der Welt dies möglich machen
kann; ich will aber eben denselben Menschen,
dem die Frage vorgelegt wird, einmahl in
eine vornehme Gesellschaft setzen, wo er ohne Uebelstand nicht weitläuftig reden kann;
und das andere mahl in eine Gesellschaft von
Freunden, wo er so viel und so wenig sprechen darf, als ihm gefällt. Und nun frage
ich, wie kommt es, daß er im ersten
Falle wenig, im andern viel antwortet?
Wie daß ein mahl die Maschine anders
gestimmt ist, als das andere? Wie daß
die-

dieselbe Ursache nicht dieselbe Wirkung hervorbringt?

Ich setze ferner, daß ein Mensch ausgeht,
in der Absicht, ein Geschäft zu verrichten;
daß ihm mitten auf dem Wege einfällt, er
habe noch etwas vergeßen; daß er nun umkehrt, und das vergeßene verrichtet; und
frage nun; wie kann dies der Körper ohne
Einfluß der Seele? Wer stimmt hier die Maschine zu entgegengesetzten Bewegungen? Ein
äußerer Eindruck nicht, denn ich nehme an,
daß seine Sinne ihn nicht ◼ das Vergeßene
erinnern, daß ihn blos der ◼ seiner Ideen
darauf führt. Wie kann also die Maschine
umkehren? Was kann sie treiben, ihren Lauf
zu ändern? — Sie war so gestimmt, daß sie
den Lauf ändern mußte — Und diese Stim-
mung, hatte sie einen Grund, oder keinen?
Und wenn sie ihn hatte, müßte er nicht in
dem vorhergehenden Zustande der Maschine
liegen? Hierin aber kann er nicht liegen,
denn ich habe ausdrücklich allen sinnlichen
Eindruck weggenommen. Also kann eine
solche Umkehrung nach blos mechanischen
Gesetzen, ohne Bewußtseyn nicht erfolgen.

Es

Es ist endlich auch falsch, daß alle Gedanken der Seele sich ohne Beyhülfe des
Körpers entwickeln. Wir wißen aus unwi-
dersprechlichen Erfahrungen, daß ein wenig
zu viel Wein, ein Schlag auf den Kopf;
eine Verderbung der Säfte, und manche andere äusere Ursachen mehr, den Verstand verwirren. Nach Leibnizens Voraussetzung
thun sie dies nicht, und er kann diesen Erfahrungen nicht anders ausweichen, als dadurch, daß er sagt, die Unordnungen des
Verstandes kommen von der Seele selbst her.
Wenn er nun mir anzeigen soll, wie dies
geschieht, oder auch nur geschehen kann: so
wird er sich in einer großen Verlegenheit finden. Soll sich die Seele selbst rasend, närrisch,
wahnsinnig machen? Und wenn sie es soll,
wodurch soll sie es? Durch ihren Willen? —
Wer will gern wahnsinnig seyn? Wer wünscht
nicht vielmehr es nicht zu seyn? Durch die
Bestimmung des Schöpfers? — Wie kann
der einer Seele bestimmen, unsinnig zu seyn,
ohne in ihr die Ursachen des Unsinns zu legen? Und wie kann er die Ursachen des Un-
finns in ihr legen, ohne sie in ihren vorhergehenden Zustand zu legen? Der vorherge-

hende

henbe Zuſtand der Seele: aber wirkt hier
nichts, ein vorher am Verſtande ganz ge-
ſunder Menſch nimmt Opium, oder trinkt
zu viel Wein, gleich iſt ſein Verſtand krank,
wie kann hier die Urſache in der Seele
ſelbſt ſeyn?

Nicht nur an die Wahnſinnigen, ſondern
auch an die durch ihre Sinne betrogenen hat
Leibnitz nicht gedacht, als er ſeine Harmonie
ausdachte; ja ſo wenig hat er an ſie gedacht,
daß er die Betrügerey der Sinne zugab. Wie
können aber die Sinne trügen, wenn ſie auf
die Seele keinen Einfluß haben? Wie kann
man ſich förmlicher widerſprechen, als hier
Leibnitz? Geſetzt aber auch er hätte dies
nicht zugegeben: ſo würde es dennoch wider
ihn zeugen. Einerley Thurm ſehen wir in
der Ferne rund, in der Nähe viereckt, wie
geht dies zu? Nach Leibnitz nothwendig ſo,
daß ſich das erſtemahl die Idee des runden,
und das andere die des vierecktien in der Seele entwickelt. Nun aber ſehen wir einen
Thurm in der Ferne rund, von dem wir
ſchon vorher wißen, daß er viereckt iſt, und
können doch nicht anders als ihn rund ſehen.
Wie dies? Die Seele hat die Idee des vier-

eckten

eckten so wol, als die des runden; sie weiß
so gar gewiß, daß die des runden hier gar
nicht am rechten Orte steht, und doch kann
sie sie von dem Bilde des Thurmes nicht
trennen. Wer zwingt sie hier, sich wider
ihren Willen zu betrügen? Wer nöthigt sich
sich einen Gegenstand anders vorzustellen,
als sie gewiß weiß, daß er würklich ist? Sie
selbst gewiß nicht, die Entwickelung der Ideen
auch nicht, denn sie hat beyde Ideen des
runden und viereckten gegenwärtig; also
nichts anders, als die Sinne selbst, und
folglich haben die Sinne würklichen Einfluß
auf die Seele.

Am deutlichsten endlich erhellt dies daraus, daß es keine angebohrne Ideen giebt,
daß wir alle unsere Kenntniße aus Erfahrungen mühsam sammlen müßen; denn
wenn dies ist: so ist gar keine vorherbestimmte Harmonie möglich. Daß aber dies
ist, soll gleich im folgenden Hauptstücke dargethan werden.

Da also keine gelegentlichen Ursachen keine vorherbestimmte Harmonie den Einfluß
der Seele und des Leibes in einander erklären; da beyde Systeme nicht nur bloße Hy-

pothesen,

pothesen, sondern auch noch dazu falsche Hy=
pothesen sind: so bleibt nichts anders übrig
als zu sagen, daß Seele und Leib auf eine
physische Art in einander wirken. Fol=
gendes Raisonnement bestätigt dies hinläng=
lich: daß zwey Dinge als Ursache und Wir=
kung mit einander in Verbindung stehen,
können wir nicht anders als daher wißen,
daß das eine immer, und unmittelbar auf
das andere folgt, und nicht anders folgt,
als wenn das erstere da ist. Wenn eine
Kugel die andere in Bewegung setzt: so sor=
gen wir aus keiner andern Ursache, daß die
erste Ursache der Bewegung der letztern ist,
als weil wir die Bewegung der letztern un=
mittelbar auf die der erstern folgen sehen,
weil wir keine Bewegung der letztern erfol=
gen sehen, wenn nicht die der erstern vorher
gegangen ist. Von der eigentlichen Art, wie
die Dinge auf einander wirken, wißen wir
nichts, auch das simple alltägliche Faktum,
daß eine bewegte Kugel die andere fortstößt,
können wir nicht einmahl aus unsern allge=
meinen Ideen erklären. Gewiß würden wir
nie darauf gefallen seyn, daß eine Kugel,
oder überhaupt ein Körper den andern bewe=

II. Theil.   C c   gen

gen kann, wenn es uns nicht unsere Sinne
gesagt hätten. Da wir also kein anderes
Kriterium haben, die Causal-Verbindung
zu erkennen: da dies Kriterium auch bey
dem Einfluße des Leibes und der Seele auf
einander sich findet: sind wir da nicht vollkommen berechtigt zu schließen, daß beyde
Substanzen als Ursache und Wirkung, das
ist physisch, auf einander Einfluß haben?

Man frage aber ja nicht, worin dieser
Einfluß besteht? wie er eigentlich bewerkstel-
liget wird? denn davon läßt sich noch bis
jetzt nicht das geringste mit einiger Zuverläßigkeit sagen. Unsere eigene innere Empfindung lehrt uns nicht das mindeste davon; und die äusere auch bis jetzt noch so
gut als Nichts. Da wir noch nicht wißen,
ob Lebens-Geister, oder Nerven-Zitterun-
gen die Sensationen hervorbringen, wie können wir da wißen, wie die Sensationen der
Seele mitgetheilt werden? Da wir noch nicht
wißen was das wirkende Wesen ist, wie können wir da wißen wie es wirkt? Und gesetzt
auch es wäre schon ausgemacht, daß der
Nerven-Saft, oder die Nerven-Oscillation
das Mittel ist, dadurch die Seele wirkt: so
kön-

können wir doch noch nicht erklären, wie
daraus Sensationen und willkührliche Bewegungen entspringen, weil wir nicht wißen,
welche Art von Veränderung die Seele durch
die Sensation leidet, und welche Art von
Bewegung ein Entschluß in und außer ihr
hervorbringt.

An eine genaue Erklärung ist hier gar
nicht zu denken. Allgemein können wir eben
so viel einsehen, daß die durch Sensation
bewegten Nerven die Seele auf eine gewiße
Art durch Bewegung modificieren, und daß
die durch einen Entschluß bewegte Seele
diese Bewegung den Nerven mittheilt.

Funfzehntes Hauptstück.

Von den angebohrnen Ideen.

Die Streitigkeiten, welche über die Frage, giebt es angebohrne Ideen? geführt worden sind, scheinen dem ersten Anblicke nach mehr zu den blos neugierigen
Spekulationen als nützlichen Untersuchungen
zu gehören. Denn wozu nützt es uns zu
wißen, ob sie es sind, oder nicht sind?

Cc 2   Wer-

Werden dadurch die Ideen anders, wenn sie
angebohren sind, als wenn sie es nicht sind?
Was haben wir also gewonnen, wenn wir
auch diese Frage auf das gewißeste entscheiden? — Was wir dadurch gewonnen haben? Gewiß sehr viel, denn es ist doch wol
großer Gewinnst, wenn man weis, ob man
den Ursprung aller unserer Kenntniße von der
Erfahrung herleiten soll, oder nicht; es ist
doch wol für die Seelenlehre höchst wichtig,
zu wißen, aus welchen Quellen sich unsere
Einsichten herleiten, und eine Psychologie,
die alles aus Erfahrungen ableitet, muß
nothwendig gantz anders aussehen, als die
alles angebohren seyn läßt. In diesem Lichte betrachtet, wird diese Frage eine der wich-
tigsten in der ganzen Seelenlehre; und in
diesem Lichte betrachteten sie auch würklich
einige von den sich über sie streitenden;
wenn es aber nicht alle thaten: so hätten
es doch wenigstens alle thun müßen. Locke
warf sie in keiner andern Absicht auf, und
war in keiner andern Absicht so sehr für ihre
Verneinung, als um seine Theorie von der
Entstehung und Entwickelung aller Kenntniße aus der Erfahrung außer allen Zweifel
zu

zu ſetzen. Leibnitz war aus keiner andern
Urſache Lockens Gegner in dieſem Punkte,
als weil er unſere Kenntniße aus andern
Quellen als der Erfahrung ableiten zu müſ-
ſen glaubte. Zwar haben manche dieſen
Punkt in der Hitze des Streites aus dem
Geſichte verlohren; allein ein neuerer ſehr
ſcharfſinniger Schriftſteller hat ſie wiederum
daran erinnert, *) und es iſt gut, dieſe
Erinnerung nicht vergeblich ſeyn zu laßen.

Da Plato die Präexiſtenz der Seele behauptete, und eine von den wichtigſten
Schwierigkeiten gegen dieſe Lehre darin fand,
daß wir von unſerm ehemaligen Zuſtande
jetzt nichts mehr wißen: ſo bemühte er ſich
dagegen zu beweiſen, daß dies falſch iſt, und
daß in der That unſer ganzes jetziges Wißen
nichts als Erinnerung an ehemahls erlangte
Wißenſchaft iſt. Ariſtoteles, Epikur, und mit
einem Worte, alle die die Präexiſtenz der Seele
leugneten, leugneten auch die angebohrnen
Kenntniße; ohne aber doch in einigen beträchtlichen Streit mit ihren Gegnern ſich einzulaßen, vielleicht weil ihnen die Frage nicht
Cc 3 wichtig

*) Hume Eſſais philoſophiques Tom. I.
eſſai 2. p. 46.

wichtig genug war, sich sehr darum zu zanken. Und das konnte sie auch ihnen nicht seyn; weil jeder Sekte nur solche Fragen wichtig sind, auf deren Beantwortung wo nicht ihr ganzes, doch wenigstens ein großer Theil ihres Systems ruhet. Ueber den Ursprung menschlicher Kenntniße hatten sie noch keine Lehr=Gebäude errichtet, alles was von ihnen darüber gesagt worden war, bestand, in einigen einzelnen hingeworfenen Bemerkungen und Folgerungen aus dem Satze, es giebt keine angebohrne Ideen; und diese Bemerkungen wirkten nie so sehr auf die Köpfe der entgegengesetzten Parthey, daß sie sie sehr stark hätten angreifen sollen.

In diesem Zustande blieb die Frage bis auf Cartesius Zeit=Alter. Weil dieser der mächtigste und angesehenste Gegner der Aristotelischen Philosophie war, weil sein System allen übrigen den Umsturz zu drohen schien: so stunden alle mächtig gerüstet gegen ihn auf; ließen keinen von seinen Sätzen unangefochten, und bestritten also die von ihm wieder erneuerten angebohrnen Ideen. Cartesius selbst hatte diese angebohrnen Kenntniße aus keiner andern Ursache wieder hervorge-

vorgefucht, als weil sie ihm ein vortreffliches Hülfsmittel zu seyn schienen, das Daseyn Gottes a priori zu beweisen. Die Idee von Gott, sagte er, ist zu groß, zu erhaben, als daß der kleine menschliche Verstand sie aus eigenen Kräften hätte bilden können; sie muß nothwendig von Gott selbst in unsere Seele gelegt seyn, und wenn das ist: so ist ein Gott. Einen andern Beweis der angebohrnen Ideen finde ich bey ihm nicht; auch er sahe also noch die Wichtigkeit der Frage, ob es angebohrne Kenntniße giebt? nicht ein.

Locke, der auf dem Wege der schärfsten und unermüdetsten Beobachtung gefunden hatte, daß sich die Entstehung aller unserer Kenntniße aus der Erfahrung sehr gut ableiten läßt, zog daraus die allgemeine Folgerung, daß es in uns keine angebohrne Ideen giebt. Hier fand er das Ansehen des Cartesius sich gerade entgegengesetzt, und er sahe leicht voraus, daß seine neue Theorie keinen Eingang finden würde, wenn er nicht alle seine Kräfte daran wendete, dieses Ansehen zu vernichten. Aus diesem Grunde widmete er einen beträchtlichen Theil seines

Wer-

Werkes über den menschlichen Verstand der
vorläufigen Untersuchung, ob einige von
unsern Kenntnißen angebohren sind, oder
nicht?

Plato und Cartesius hatten bis dahin gelehrt, die angebohrnen Ideen wären ganz
schon vollendete Begriffe und Kenntniße; auf
die wir nur einige Aufmerksamkeit wenden
dürften, um sie völlig zu entwickeln, und
zum deutlichen Bewußtseyn zu erheben.
Solche Ideen, sprach Locke, kann es gar
nicht geben, weil es widersprechend ist,
Ideen zu haben, und nicht zu wißen, daß
man sie hat. Von unserer Geburt an müssen wir uns der mit auf die Welt gebrach-
ten Kenntniße bewußt gewesen seyn, wenn
sie so ganz vollendet, und entwickelt wären;
daß wir nur an sie denken dürften, um sie
uns lebhaft zu machen. Wir müßen ferner auch genau wißen, wie groß die Anzahl
der angebohrnen Ideen ist, oder wenn auch
wir Layen dies nicht wüßten: so müßten es
doch wenigstens die wißen, die in die Geheimniße ihrer Seele so sehr eingeweihet zu
seyn vorgeben, daß sie in ihrer Seele ver-
borgene Schätze erblicken, die kein anderes
sterb-

ſterbliches Auge je darin geſehen hat. Allein auch die ſind unglücklicher Weiſe unei-
nig, der eine nimmt mehrere und andere
angebohrne Jdeen an, als der andere; was
folgt alſo richtiger, als daß ſie ſelbſt nicht
wißen, was angebohren und nicht angebohren iſt; mit andern Worten, daß es nichts
angebohrnes giebt.

Durch die Stärke dieſer und anderer
Gründe überwunden, fiengen ſchon einige
Carteſianer an, Ausflüchte zu ſuchen, und
unvermerkt dem Ausbrucke angebohrner
Jdeen eine andere Bedeutung unterzuſchie-
ben, als er anfangs gehabt hatte. Lockens
Gründe, ſagten ſie, ſchließen nicht, denn
angebohrne Jdeen ſind in der Seele, ſo wie
die Figuren im Wachſe ſind. Aus einem
gegebenen Stücke Wachs kann man alle
mögliche Körper = Geſtalten machen, ohne
daß besivegen alle würklich darin ſind; eben
ſo kann auch die Seele ohne alle vorherge-
gangene Erfahrung aus ſich alle mögliche
Jdeen hervorziehen, ohne daß ſie darum ſich
aller möglichen Jdeen bewußt iſt. *)

Cc 5 Lockens

*) La Forge de Mente human. p. 71.

Lockens Gründe schienen den meisten so
stark, und sein Ansehen ward so groß, daß
man auf diese Subtilität nicht achtete; vielleicht würde man sie gantz vergeßen haben,
hätte nicht ein Mann von großem Ansehen
ihr eben durch sein Ansehen mehr Gewicht
gegeben. Auch in den Streitigkeiten der
Vernunft gilt das Ansehen der Person, ein
wenig geachteter Schriftsteller trägt einen
Gedanken vor, und man achtet ihn wenig;
ein Mann von Ansehen wiederhohlt eben
das, und nun ist es wichtig, macht es Eindruck. Dieser Mann von Ansehen war hier
Leibnitz, er bediente sich eben dieser Distinktion, um die angebohrnen Ideen gegen
Lockens Gründe zu schützen. Die angebohrnen Ideen, sagte er, sind nicht solche,
deren wir uns bewußt sind, es sind Dispo-
sitionen, Virtualitäten, schlummernde Bilder, die nur eine kleine Anstrengung, eine
kleine Aufmerksamkeit erfordern, um zu lebendigen Kenntnißen zu werden. Man stelle
sich einen Marmorblock vor, deßen Adern
die Figur des Herkules abbilden; man setze,
daß ein Bildhauer nach dieser von der Natur
gemachten Zeichnung arbeite, und uns einen
voll-

vollkommenen Herkules darstelle; muß man
da nicht sagen, Herkules sey dem Steine
gleichsam angebohren? Gerade so verhält es
sich auch mit unsern Kenntnißen, sie liegen
alle in der Seele, sind alle in ihr abgezeichnet, nur muß Aufmerksamkeit und Nachdenken sie ausbilden, sie zu wahren lebhaften Kenntnißen machen. Nach diesen Grund-
Sätzen gab Leibnitz Locken alle seine Beweise
zu, und blieb doch bey seiner Meynung.
Sie zeigen, sagte er, nichts mehr, als daß
es keine solche angebohrne Ideen geben kann,
deren wir uns deutlich bewußt sind, und
solche angebohrne Ideen lehre ich auch nicht.
Wollte man ihm einwenden, es kann nichts
in der Seele geben, deßen wir uns nicht bewußt sind: so antwortete er, das ist falsch,
es giebt allerdings manche Ideen, von denen wir gar nichts wißen, das ist, schlummernde, dunkle Ideen. Bey dem Geräu-
sche der Meeres-Wellen hört man nichts als
ein verwirrtes Getöse, das Geräusch jeder
einzelnen Welle hört man nicht, und doch
muß man auch dies nothwendig hören, weil
man sonst das ganze Geräusch unmöglich
hören könnte.

Frug

Frug man ihn nach den Beweisen, daß es würklich solche Kenntniße giebt: so berief er sich auf folgende: wenn alle unsere Begriffe aus der Erfahrung entstehen, woher denn die allgemeinen? Auch aus der Erfahrung? Unmöglich, denn alle Erfahrung ist individuell, alle Erfahrung giebt individuelle Begriffe, giebt nichts als individuelle Begriffe. Also nicht unmittelbar aus der Erfahrung; auch nicht mittelbar, durch Allgemeinmachung mehrerer individueller Erfahrungen. Denn was ist ein allgemeiner Begriff? Nicht ein solcher, der von allen Individuis ohne Ausnahme gilt? wo kennen wir aber alle Individua? wie können wir alle mögliche Individua kennen? Wären allgemeine Ideen durch Abstraktion allgemein geworden: so könnten sie unmöglich vollkommen allgemein, unmöglich mit vollkommener Ueberzeugung als allgemein erkannt seyn. Es ist also gewiß, daß das vollkommen allgemeine in unsern Begriffen nicht aus Erfahrung, folglich aus einem uns angebohrnen Principio entsteht, das ist, daß allgemeine Begriffe schon von Natur in unserer Seele liegen, und nur durch einzelne

Erfah-

Erfahrungen aufgeweckt werden. Eben dieser Schluß läßt sich auch auf unsere allgemeinen, und nach mathematischer Strenge
und Gewißheit allgemein richtigen Sätze anwenden. Zwey mahl zwey sind vier, allemahl vier, nothwendig vier. Woher wißen
wir dies mit unumstößlicher Gewißheit?
Aus der Erfahrung? Durchaus nicht, denn
wenn ich auch in Millionen Rechnungen finde, daß zwey mahl zwey vier sind: so kann
ich doch daraus noch nicht folgern, nicht
mit unbeweglicher Gewißheit schließen, daß
zwey mahl zwey allemahl, ohne Ausnahme,
nothwendig, vier seyn müßen. Diese
Schlüße sind gantz der Feinheit des Leib-
nitzischen Geistes würdig; aber darum doch
nicht ohne Fehler. Ich glaube deren zween
zu finden, den ersten, daß die Allgemeinheit
unserer Begriffe und Sätze größer und stren-
ger angenommen wird, als sie würklich ist.
Unsere meisten allgemeinen Begriffe und
Sätze sind, wie es auch Leibnitz selbst durch
Lockens Gründe gezwungen zugiebt, offenbahr nichts, als provisionell allgemein, und
gelten nur unter der stillschweigenden Bedin-
gung, daß sich noch bisher keine Ausnahmen

men gefunden haben. Alles Gold ist gelb,
sagt nicht und kann nicht sagen, daß es kein
weißes Metall geben kann, dem die Eigenschaften des Goldes zukommen; weil wir
dies nicht wißen; er sagt und kann nichts
mehr sagen, als daß alles uns bisher bekannt gewordene Gold gelb ist. Und zu dieser Art der Allgemeinheit gehören, wo nicht
alle, doch gewiß die allermeisten unserer
Sätze und Begriffe von natürlichen, würklich vorhandenen Substantzen. — So bleiben aber doch noch manche andere allgemeine Begriffe und Sätze übrig, deren Allgemeinheit ungezweifelt ist, und woher die?
Woher, daß drey Seiten und drey Winkel
in den allgemeinen Begriff eines Dreyeckes
gehören? Woher die, daß jedes Dreyeck
drey Seiten und drey Winkel nothwendig
haben muß? — Daher, daß es uns einmahl gefallen hat, diesem Dinge diesen
Nahmen zu geben; nicht aber daher, daß
die Allgemeinheit dieses Satzes uns angebohren wäre. So bald der Sprach-Ge-
brauch einmahl festgesetzt hat, daß eine gewiße Figur mit drey Seiten und drey Winkeln ein Dreyeck heißen soll: so ist auch die
noth-

nothwendige Allgemeinheit dieſes Satzes
feſtgeſetzt; und um ihn mit völliger Gewißheit zu erkennen, darf man weder alle mögliche Dreyecke geſehen, noch auch eine angebohrne allgemeine Idee des Dreyeckes
haben.

Den andern, daß Leibnitz unrichtig annimmt, die Allgemeinheit mancher Säße ſey
deswegen angebohren, weil ſie nicht aus der
Erfahrung entſpringen könne. Daß zwey
mahl zwey vier ſind, läßt ſich durch Induc-
tion und alſo auch durch Erfahrung nicht in
ſeiner ganzen Strenge beweiſen; muß denn
darum dies Urtheil ſchon angebohren ſeyn?
Wie wenn es nun in ſeiner ganzen Strenge
aus der Vergleichung der Begriffe von zwey
und der Addition unmittelbahr folgt? Wie
wenn es widerſprechend und unbenkbar iſt,
daß zwey mahl zwey nicht vier ſind? Kann
nicht in dieſem Falle der Verſtand aus der
Natur der Begriffe ſelbſt die nothwendige,
und in allen möglichen Fällen richtige allgemeine Folgerung daraus ziehen, daß zwey
mahl zwey vier ſind? Und wenn er das kann,
warum wollen wir zum Angebohrnen unſere
Zuflucht nehmen?

Ob

Ob gleich nach Locken die meisten Philo=
sophen die angebohrnen Begriffe haben fah=
ren laßen; so hat es doch noch hin und wie=
der einige gegeben, die sie beyzubehalten
gesucht haben. Ihre Gründe aber sind
größtentheils entweder schon so oft wider=
legt, oder auch so seicht, daß es der Mühe
nicht werth ist, ihrer auch nur mit einem
Worte zu gedenken. Einen unter ihnen ha=
be ich aber doch scharfsinnig genug gefunden,
um ihn nicht gantz mit Stillschweigen über=
gehen zu dürfen. Er lautet so; es ist aus
allgemeinen Erfahrungen bekannt, daß die
Kinder sehr früh schon zu fühlen anfangen,
ob man ihnen Unrecht thut, oder nicht: es
ist ferner gewiß, daß diese Kinder vom Un=
recht und Recht, und überhaupt von allen
moralischen Verhältnißen aus Erfahrung
keine Begriffe haben; es ist also auch un=
leugbar, daß ihnen Ideen von Recht und
Unrecht angebohren seyn müßen. *)

Dieses Raisonnement hat den einzigen
kleinen Fehler, daß es uns nicht sagt, wie
alt die Kinder seyn müßen, um Gefühl von
Recht und Unrecht zu haben. Diesen also
muß

*) Le Theïsme Tom. I. p. 28.

muß ich zu ergänzen suchen, und dann wird
man bald sehen, ob er richtig schließt.
Von ganz kleinen Kindern, die eben auf
die Welt kommen, kann hier die Rede unmöglich seyn. Denn die wißen von sich
selbst noch nichts; also von solchen, die
schon einige Erfahrungen gemacht, und einige Ideen gebildet haben. Und diese nun,
in wie fern fühlen sie das Recht und Unrecht?
Als Recht und Unrecht? oder blos als Nicht-
Erfüllung ihres Willens? Ich fürchte sehr,
als das letzte, denn ein Kind wird nie unwillig, wenn man ihm seinen Willen läßt,
dieser Wille mag übrigens recht oder unrecht
seyn; nur dann wird es mißvergnügt, wenn
man das nicht thut, was es verlangt.
Hiemit fällt also schon ein großer Theil des
angebohrnen Gefühles von Recht und Unrecht dahin. — Aber noch nicht alles;
denn man strafe ein solches Kind mit Recht;
es wird sich zufrieden geben; mit Unrecht,
es wird einen innerlichen Unmuth darüber
blicken laßen — Ganz recht; aber fühlt es
darum auch was Recht und Unrecht ist?
Folgt daraus, daß wir dieß als Recht oder
Unrecht ansehen, daß auch das Kind es sich

II, Theil.   O h   unter

unter dieser Gestalt vorstellt? Mich dünkt, nein, denn sonst müßte auch ein Hund wissen, was Recht und Unrecht ist. Man schlage einen Hund, wenn er Sachen, die nicht für ihn da sind, anrührt, und das andere, oder dritte mahl, wird er sie entweder gar nicht, oder doch mit großer Furcht und Behutsamkeit anrühren, er wird auf das erste Wort, den ersten Wink zitternd zurückfahren: warum? Weil er weiß, daß er etwas thut, das er laßen sollte? Daß er Unrecht thut? Gewiß nicht, sondern weil er sich an seine vorigen Schläge erinnert: Gerade eben so verhält es sich auch mit dem Gefühle des Rechtes und Unrechtes bey den Kindern. Ein Kind, das jetzt wegen einer Handlung bestraft wird, worüber es schon vorher war gestraft worden, erinnert sich an diese Strafe, denkt, das muß so seyn, und beruhigt sich; ohne weitere Einsichten von der Rechtmäßigkeit dieser Strafe zu haben. Ein Kind, an dem man jetzt eine Handlung bestraft, die man sonst immer hat ungestraft hingehen laßen, oder die man wol gar gelobt, mit Beyfall angesehen hat, wird unwillig, weil es die jetzige Strafe dem Eigen-

sinne,

finne, der Feindschaft, der übeln Laune seiner Richter zuschreibt, und überzeugt ist,
daß es eben dies schon öfter ohne alle Ahn-
dung gethan hat.

So giebt es denn also gar keine angebohrne Kenntnisse? Die Ideen der Existenz,
Substanz, Dauer, und unserer eigenen Seelen-Fähigkeiten liegen die nicht nothwendig, nicht unzertrennlich in uns? Sind sie
nicht in alle unsere Handlungen, alle unsere
Beschaffenheiten unauflöslich verwebt, müssen also nicht die angebohren seyn?

Auch die nicht; denn ein anderes ist es,
in einem Subjekte liegen, und von einem
Subjekte als in ihm liegend erkannt werden.
Die Ideen der Dauer, Existenz, Substanz,
u. s. w. liegen in jedem Steine; aber deswegen werden sie nicht von jedem Steine
als in ihm liegend erkannt, deswegen sind
sie ihm nicht angebohren. — Ein Stein
denkt aber auch nicht — Ganz recht;
aber ein anderes ist es auch, von einem
lebenden denkenden Wesen gefühlt, und
von einem denkenden Wesen gedacht werden. Wir fühlen alle Tage daß wir existieren, allein deswegen haben wir so wenig

Dd 2

einen

einen genauen Begriff der Existenz, daß die
wenigsten nicht einmahl wißen was sie ist,
daß auch die größten Philosophen noch nicht
ausgemacht haben, was sie ist. Wir fühlen täglich, daß wir etwas wollen, wünschen,
hoffen, urtheilen, schließen; aber darum
wißen wir so wenig, was dies an sich ist,
daß die meisten davon gar keine, und auch
solche, die darüber nachgedacht hatten, oft
sehr unrichtige Vorstellungen haben. Ein
Hund fühlt ohne Zweifel daß er ist,
daß er dauert, daß er etwas will, etwas nicht will; aber weiß er darum auch,
was Existenz, Dauer, Wille ist? Allein
gesetzt auch dieß wäre falsch: so folgt doch
noch daraus, daß solche Ideen von uns unzertrennlich sind, daß wir sie ohne alle Erfahrung haben können. Kann ein Mensch
wißen, was wollen, denken, schließen ist,
wenn er nie gewollt, gedacht, geschloßen hat?
Mich dünkt, eben so wenig als er wißen kann,
was sehen ist, wenn er blind gebohren ist.
„Ohne Erfahrung also sind alle unsere Ideen
von unsern eigenen Seelen-Fähigkeiten
nichts. Kann ein Mensch wißen was Existenz, Dauer ist, wenn er wie seine Existenz

seine

seine Dauer gefühlt hat? Mich dünkt, eben
so wenig, als er wißen kann, was bitter oder
süß ist, wenn er es nie geschmeckt hat. Also
ohne Erfahrung sind auch die Ideen der
Existenz, der Dauer nichts.

So giebt es denn also gar keine angebohrne Kenntniße? — Gar keine, und dies wird
auf folgende Art bewiesen. 1) Sollen Ideen
angebohren seyn: so müßen es entweder einfache, oder zusammengesetzte seyn. Keine
einfache; denn sinnlich einfache sind es gewiß
nicht; ein Blindgebohrner kann sich nie durch
sich selbst Ideen vom Lichte und von den Farben; ein Taubgebohrner nie Ideen von Tönen, mit einem Worte, ein Mensch, dem alle
äusere Sinne fehlen, kann sich von den sinnlichen Beschaffenheiten der Dinge nicht die
geringste Vorstellung machen; sie hängen alle
unleugbar von der Erfahrung ab. Aber vielleicht sind es einfache Ideen des innern Sinnes? Auch die nicht; ein Mensch der nie Mit-
leiden, oder Eifersucht, oder es sey welcher
Affekt es wolle, empfunden hat, kann sich
auch von ihnen gar keine Vorstellung machen.
Ein Mensch, der nie gedacht, nie geurtheilt
hat, kann auch von diesen Seelen-Wirkungen

durch-

durchaus nichts wißen. Einfache Ideen des innern Sinnes, sind an sich nichts anders als Ideen von gewißen Wirkungen und Thätigkeiten der Seele; wie kann man aber Ideen von Wirkungen der Seele haben, ohne diese Wirkungen an sich erfahren zu haben? Wie kann die Seele eine Wirkung der Seele kennen, wenn es nicht an ihr selbst ist? Es ist widersprechend daß die Seele wißen soll, was ein Urtheil ist, ohne je selbst geurtheilt zu haben; denn heißt das nicht, sie soll wißen was bey dem Urtheile geschieht, wie dabey verfahren wird; und soll es auch nicht wißen? Nicht wißen nemlich, weil sie das Verfahren bey den Urtheilen unmöglich anders als durch sich selbst, das ist, durch ihre eigene Erfahrung kennen kann. Keine einfache Ideen also sind angebohren, also auch keine zusammengesetzte, also gar keine.

2) Giebt es angebohrne Ideen: so sind es entweder allgemeine oder individuelle. Nicht individuelle, denn die können wir eben so gut durch Erfahrung erlangen; die sind an der Zahl unendlich, und können nicht alle angebohren seyn; die werden fast täglich durch neue Erfahrungen und Beobachtungen erweitert

weitert und vermehret; die fallen endlich
ohne Sinnen und ohne Erfahrung gänz
weg. Also auch keine allgemeine; denn die
allgemeinen können ohne die individuellen
nicht seyn, wer nie individuelle Katzen oder
Hunde gesehen hat, weiß auch nicht was
eine Katze, ein Hund überhaupt ist. Also
gar keine.

Wenn es denn also keine angebohrne
Kenntniße giebt, woher kommen sie? Von
der Erfahrung ohne Zweifel, und so antwortete auch Locke im allgemeinen. Diese Erfahrung aber, durch welche Kanäle gelangt sie
zur Seele? Durch die Sinne, antwortet Locke.
Allein? Zwar behauptet Bonnet dies aus
dem Grunde, weil alle, auch die allerabstrak-
testen Ideen durch ihre Zeichen veranlaßt
werden, die Körper, nemlich Töne und Bewegungen sind. *) Allein er wird auch hoffentlich billig genug seyn, zu gestehen, daß
dies nur ein Schein-Beweis ist, wenn er
erwägt, daß zwar die Ideen durch Zeichen
erweckt werden, wenn sie einmahl da sind;
daß es aber ein anders ist, durch Zeichen
erweckt werden, und an Zeichen kleben, als

Dd 4 durch

*) Bonnet Essay analytique chap. 4.

durch Zeichen hervorgebracht werden, und von Zeichen als Ursachen abhängen. Die Idee des Denkens, Urtheilens, der Furcht, wird durch kein Zeichen, kein Wort, keinen Ton, keine Bewegung demjenigen mitgetheilt, der sie nicht schon anders woher erhalten hat. — Aber alle Ideen werden ja durch Nerven- und Fibern-Bewegungen mitgetheilt, und Nerven- und Fibern-Bewegungen sind ja sinnliche Bewegungen — Es sey: so muß er aber sagen, daß alle Ideen einen körperlichen, nicht aber einen sinnlichen Ursprung haben, denn die Bewegung der Fibern, dadurch wir uns einen abwesenden Gegenstand vor Augen mahlen, ist doch keine Empfindung, keine sinnliche Rührung. — Sie ist eine Rührung des innern Sinnes — So sind wir auch am Ende einig, denn auch Locke schloß die Empfindungen des innern Sinnes nicht aus.

Nicht also die äusern Sinne allein, sondern auch der innere Sinn oder das Bewußtseyn unserer eigenen Seelen-Thätigkeiten, sind die beyden Quellen aller unserer Begriffe. Die äusern Sinne geben uns Ideen von Farben, Tönen, Gerüchen,
u. s. w.;

u. f. w.; der innern aber vom denken, wollen, urtheilen, schließen, u. f. w.

In wie ferne aber? So daß beyde Quellen von einander unabhängig sind, oder so,
daß die eine ohne die andere nichts vermag?
Das erste ist gegen alle Erfahrung. Ein
Mensch der nicht sieht, hat keine Ideen von
Licht und Farben, einer der nicht hört, hat
keine Vorstellungen von Tönen, einer, der
nicht riecht, hat keine Begriffe von Gerüchen, mit einem Worte ohne alle äußere
Sinne fallen auch alle von außen kommende
Ideen weg. Und damit auch alle aus Reflexion entstehende; denn da diese aus den
Thätigkeiten der Seele entstehen; da diese
Thätigkeiten unthätig bleiben, wenn sie keinen Gegenstand ihrer Beschäftigung haben.
Da dieser Gegenstand gänzlich fehlt, wenn
die Seele nicht von außen modificiert wird;
so können auch keine Reflexions-Ideen gebildet werden. Ein Kind im Mutterleibe
lebt ohne Zweifel, und ist beseelt, aber dem
ohngeachtet hat es nicht die geringste Idee
von seinem Zustande; es sammlet sich in einigen Monaten nach seiner Geburt schon
Ideen; warum nicht auch in den Monaten
seiner

seiner Einschließung? Offenbahr darum,
weil seine Sinne noch nicht gebraucht werden, weil seine Seele nicht von außen in
Thätigkeit verfetzt wird; also darum, weil
ohne sinnliche Ideen auch keine Reflexions-
Ideen seyn können. Die Sinne setzen folglich die Seele zuerst in Thätigkeit, die sinnlichen Eindrücke veranlaßen sie, ihre innern
Kräfte zu üben, und aus dieser Uebung entstehen hernach die Reflexions-Ideen. Die
Sinne also sind die erste Quelle aller unserer Kenntniße.

Zusätze

zum ersten und andern Theile

der

Untersuchungen über den Menschen

zur

Beantwortung einiger Einwürfe

von

Dieterich Tiedemann

Profesor der alten Sprachen am Collegio Carolino
zu Caßel.

Vorbericht.

Des Wunsches, Einwürfe der Philosophen gegen die vornehmsten Sätze meiner Untersuchungen zu sehen, bin ich gewähret worden. Man hat theils aus wahrheitsliebenden, theils aber auch aus niedrigern Bewegungs-Gründen verschiedenes gegen mich eingewendet. Die erstern finde ich bey den Verfaßern der Erfurter und Jenaischen gelehrten Zeitungen; die letztern aber bey einem Recensenten der lemgoer Bibliothek. Jedem werde ich so, wie

sie

sie es verdienen, jetzt zu antworten suchen, den erstern, um der Wahrheit zu
dienen, dem letztern, um die Ungezogen-
heit zu hemmen, wenn sie sich den
Schein des Eifers für Wahrheit geben
will. Unter ihrer natürlichen Gestalt
würde ein mitleidvolles Stillschweigen
gegen sie das schicklichste Betragen seyn.
Von dem Lemgoer Recensenten muß ich,
weil er den ersten Theil kritisirt, zuerst
reden.

Der

Der Recensent im dreyzehnten Bande der
Lemgoer auserlesenen Bibliothek findet vornemlich folgende Fehler an meinen Untersuchungen: sie enthalten nichts Neues, viel
Unbestimmtes und Falsches; das ganze System ist unzusammenhangend und übel abgefaßt, es ist endlich höchstens für Anfänger in
der Philosophie brauchbar. Dabey schließt
er mich gänzlich von der Claße guter Schriftsteller aus, und läßt mir weiter nichts als
das Verdienst, gesammlet zu haben, was
man schon vorher wuste. In diesen und
noch stärkern Ausdrücken, worunter auch einige pöbelhafte sich mischen, ist die ganze
Recension abgefaßt. Wenn dieser Tadel gegründet wäre: so müste ich mich doch über die in
unsern Tagen nicht gewöhnliche Unhöflichkeit
des Ausdrucks beklagen. Nach dem Unwillen,
womit ganz Teutschland vor nicht gar vielen Jahren Grobheit im Kritisiren entstehen,
nach dem lauten Freudengeschrey, womit es

a 3　　　　sie

sie wieder untergehen sahe, nach dem allem,
was im satyrischen und ernsthaften Tone
über die Sitten der Kritiker gesagt ist, sollte
man glauben, es sey unmöglich, daß noch
jetzt Männer von Einsicht einen solchen Ton
annehmen könnten; glauben, daß die Furcht,
allgemeine Verachtung sich aufzuladen, jeden
auch noch so ungeschliffenen nöthigen müste,
in den Augen des Publikums wenigstens, eine
gesittetere Aufführung anzunehmen. Un-
glücklicherweise für alle Moral giebt es immer Leute, deren Herz entweder zu verhärtet
ist, um ihre Güte zu fühlen, oder zu stolz,
um sich ihr unterwerfen zu wollen. Die
heutige feinere Lebens-Art unserer Gelehrten,
und das weit mehr ausgebreitete Gefühl des
Wohlstandes läst mich jedoch hoffen, daß
man solche von Zeit zu Zeit sich emporhe-
bende Auswüchse mit Verachtung ansehen,
und eben dadurch vertilgen wird.

Wenn aber noch dazu diese gantze Kritik
in höchsten Grade ungerecht ist; wenn alle mir
angerechnete Fehler angedichtete sind; wenn
der Kunstrichter gerade da gegen alle Regeln
des Raisonnements sich versündigt, wo er
mir Fehler auflabet; kann und soll ich da
nicht

nicht etwas mehr als mich beklagen? Ist es
nicht da durchaus unvermeidlich, dem Recensenten in eben den Ausdrücken seine Fehler
vorzuhalten, in welchen er mir die meinigen
vorgeworfen hat? Kann man dem, der uns
vorwirft, daß wir Unphysiologen sind, und
gerade da Mangel an Kenntniß der Physiologie zeigt, anders antworten, als daß er selbst
ein Unphysiolog ist? Verständige Leser werden aus diesem Grunde, und der Billigkeit
des Wiedervergeltungs-Rechtes, den nicht
für einen Mann von schlechter Erziehung
halten, welcher eine Grobheit im Nothfalle
mit einer Grobheit erwiedert. So sehr als
irgend jemand von der feinen Welt haße ich
alles pöbelhafte Betragen, vornemlich an
Leuten, die durch ihre Aufführung so wie
durch ihre Kenntniße zeigen sollten, daß sie
mehr als Pöbel sind. Und ich hoffe, ein
unpartheiischer Leser wird mich der Ungezogen-
heit deswegen nicht beschuldigen, weil ich
aus unvermeidlicher Nothwendigkeit gleiches
mit gleichem vergelte.

Um aber auch hier noch die strengste Ge-
rechtigkeit zu beobachten, will ich nur mit
seinen eigenen Worten dem Recensenten ant-

worten. Die unterstrichenen Ausdrücke werden allemahl die meines Richters seyn. So wird hoffentlich weder er über Unbilligkeit, noch das Publikum über ungesittetes Betragen sich beschweren können.

Wer mein Recensent ist, weiß ich nicht, ich vermuthe aber aus allen Umständen in der Recension, daß er ein angehender Kritiker seyn muß. Disputationen aus Allgemein-Plätzen, seichtes Raisonnement, kühnes Urtheil über nicht verstandene Sachen, charakterisiren ihn als einen solchen. Sollte ich mich in dieser Vermuthung irren: so werde ich das mit Vergnügen gestehen, sobald es ihm gefallen wird, das Incognito zu verlaßen. Und darum bitte ich ihn angelegentlich; er ist es mir schuldig, damit ich wiße, gegen wen ich mich zu vertheidigen habe; er ist es dem Publikum schuldig, damit dieses ihn nicht für einen heimtückisch boshaften Mann halte.

Gleich der Anfang der Recension ist der deutlichste Beweis, daß der Recensent tadeln will, ohne zu wißen, was tadelnswerth ist. Er lautet so: Weil es denn der heutigen Welt Brauch und Gewohnheit so mit sich bringt, daß man

man einem unter neuen verführerischen Nahmen alte Sachen verkauft, und es gerade im
Fall der Schriftstellerey nur sehr großen Seelen vergönnt ist, nicht nachzuäffen: so tischt
uns auch Hr. T. unter dem angezogenen Titel
ein Gericht auf, welches im bekannten alten, seit Aristoteles erstaunlich angewachse-
nen Kochbuch Psychologie geheißen hat. Das
unmäßige Dehnen und die unerträgliche
Weitschweifigkeit sieht man dieser Periode
gleich an; dies und der erzwungene Bombast
verrathen unträglich, daß der Rec. selbst
nicht recht wußte, was er sagen wollte; weil
man gerade in diesem Falle den Styl am
meisten aufblähet, um sich das Ansehen zu
geben, sehr wichtige Sachen gesagt zu haben:
Und das Raisonnement! — Eines der magersten, die man seit Aristoteles je in der
Philosophie gesehen hat! Nach Wegnehmung
alles unnützen Wort-Schwalles bleibt weiter
nichts übrig, als daß ich nach der heutigen
Mode unter einem neuen Titel eine alte Wis-
senschaft abgehandelt habe. Der Recensent
kannte doch des Herrn von Irrwieg Werk wenigstens dem Nahmen nach, er wußte also, daß
mein Titel kein neuer war; doch daran wollte

er

er mit Fleiß nicht denken, um nicht den
schriftmäßigen Perioden zu verliehren. Und
wofern er nicht den Plan zu einem halben
Dutzend neuer Wißenschaften schon ausge-
heckt hat, wie es fast scheinen sollte: so wußte er auch, daß man in unsern Tagen nicht
leicht nagelneue Wißenschaften erfindet, daß
es also für einen Schriftsteller kein Tadel ist,
eine alte Wißenschaft unter einem schon bekannten Titel vorzutragen. Aber vielleicht
wollte er nicht das, sondern das sagen, daß
ich unter einem neuen Titel lauter alte Sachen vorgetragen habe. Auch in diesem Falle ist der Schluß so unzusammenhängend,
als einer a baculo ad angulum. Wer hat
wol je so schließen gelernt: es ist Mode, unter neuen Titeln alte Wißenschaften vorzutragen: also habe auch ich dies gethan? Hat
wol je ein Mann blos darum geschrieben, weil
es Mode ist zu schreiben?

Von demselben Schrot und Korn ist das
gleich darauf folgende: der Begriff Mensch,
ist zu schwankend, als daß er in irgend eines
Erdensohnes Kopf Deutlichkeit und Be-
stimmtheit zurücklaßen sollte. Er ist zu viel
umfaßend, als daß ihn je ein einzelner Mensch

umfaßen

umfaßen und erschöpfen wird. Das lehrt
denn auch der Zuschnitt und die Ausführung
des Buchs, welches den Menschen untersuchen soll, eigentlich aber nur einen Theil vom
Menschen, oder beßer, menschliche Meynungen über die menschliche Seele und ihre Operationen, untersucht. Der Recensent scheint
noch nicht zu wißen, daß der Philosoph, der
Arzt, und der Mathematiker, jeder einen gewißen Theil des Menschen zum Gegenstande
seiner Untersuchungen macht; daß man folglich, vermöge eines alten Herkommens, von
selbst schon weiß, was der Philosoph vom
Menschen zu betrachten hat. Daß meine Untersuchung philosophisch seyn sollte, lehrte
die Vorrede, also war der Titel so bestimmt,
als man ihn billigerweiser verlangen konnte.
Ein Mann von Verstand, und ein Philosoph
würde hierin nichts tadelnswerthes gefunden
haben. Nur denn würde er Recht gehabt haben, mich zu tadeln, wenn ich nach des Recensenten Vorschrift dem Buche folgenden Titel vorgesetzt hätte: philosophische Untersuchung über den Menschen, das ist, Betrachtung über die Natur und das Wesen seiner Seele, ihrer Operationen, Fähigkeiten, Kräfte
:   und

und Gesetze, nebst Untersuchung des Einflus-
ses des Körpers und der äusern Gegenstände,
auf die verschiedenen Aeuserungen menschlicher Seelen-Fähigkeiten, u. s. w. Es gehört
in der That ein hoher Grad von Dreistigkeit
dazu, solche allgemein hergebrachte Gewohn-
heiten bey einem Schriftsteller zu tadeln.
Entweder muß man die Titel der Tetensschen,
Irwiegschen, Helvetiusschen und fast aller
philosophischen Schriften gar nicht kennen,
oder eine ganz unwiderstehliche Neigung zum
Tadeln besitzen, oder endlich den getadelten
Schriftsteller persöhnlich haßen. Von diesen Fällen mag sich der Recensent denjenigen
wählen, der sein Gewißen am nächsten trifft.
    Damit er mir aber nicht den Vorwurf ma-
che, daß ich das Wörtlein Psychologie hätte gebrauchen sollen, will ich ihm noch eine Bemerkung vorlegen, die ihm, ob er sich gleich
der Weisheit demüthigen Schüler nennt,
von seiner Lehrmeisterin noch nicht entdeckt
zu seyn scheint. Psychologie ist seiner eigenthümlichen Bedeutung nach nichts weiter als
Seelen-Lehre, das ist, Betrachtung der See-
len-Operationen an sich, ohne Einfluß des
Körpers. Der Psycholog im strengen Ver-
                                    stande

ſtande darf alſo nichts weiter als die Begriffe der verſchiedenen Seelen-Kräfte analyſiren,
und daraus ihre Beſtandtheile, Verwandt-
ſchaften und Geſetze ableiten. Wenn man
aber auch zugleich den Einfluß des Körpers,
des Klima durch den Körper, mit unterſuchen will: ſo überſchreitet man ſchon die
Gränzen dieſer Wißenſchaft. Dies war meine Abſicht, und dies die Urſache, warum ich
mich des Wortes Pſychologie nicht bedienen
wollte. Ich weiß wohl, daß die Philoſophen
vielfältig auch die letztern Unterſuchungen zur
Pſychologie gezogen haben; ob das aber
recht iſt, iſt eine andere Frage. Mich dünkt
noch immer, daß die beyden Fragen: welches
ſind die Eigenſchaften und Thätigkeiten der
Seele nach den Begriffen, welche uns die
tägliche Erfahrung darbietet? und: was trägt
die Organiſation zu dieſen Wirkſamkeiten bey?
ſehr verſchieden, alſo auch verſchiedene Theile einer einzigen Wißenſchaft ſind.

Einen ſichtbaren Beweis, wie wenig die
Weisheit bey dieſem ihrem angeblichen Schüler Ehre eingelegt hat, giebt folgender Schluß:
Eine andere Abſicht hatte ſich Hr. T. nach ſeiner
eigenen Erklärung nicht vorgeſetzt, als eines und
das

das andere über die menſchliche Seele zu ſagen, was auch ſchon längſt, oft in einer beſ-
ſern Sprache, als die Tiedemannſche iſt, geſagt worden, und dann ſeinen Leſer ſeinem
Schickſale zu überlaßen. Denn ſo ſpricht
Hr. T.: daß in der Seelen-Lehre und Men-
ſchen-Kenntniß noch manche Lücken ſind, iſt
zu oft geſagt worden, als daß es eines neuen
Beweiſes bedürfte; worin aber dieſe Mängel
eigentlich beſtehen, darüber iſt man, ſo viel
ich weiß, noch nicht einig geworden, und
dies war doch das, worauf es eigentlich an-
kam, wenn dieſe Wißenſchaft in eine beßere
Geſtalt gebracht werden ſollte. Hätte der
weiſe Recenſent ſich mehr mit der Logik bekannt gemacht: ſo würde er gewußt haben,
daß in dieſen Worten gerade das Gegentheil
von dem liegt, was er daraus beweiſen will.
Wer von den Lücken einer Wißenſchaft mit
dem Wunſche ſpricht, daß ſie ergänzt werden mögen, der wird doch wol nicht auf allen Anſpruch, ſelbſt etwas ergänzt zu haben,
Verzicht thun wollen. Ein wenig mehr als
flüchtige Jugend-Aufmerkſamkeit auf das
Vorhergehende und Folgende würde ihn überzeugt haben, daß dies wirklich meine Abſicht
                                        gewe-

gewesen sey. Woher er den Zusatz, seinen Leser
seinem Schicksale überlaßen, genommen haben mag, begreife ich nicht. Im Buche be-
mühe ich mich allemahl, die mir gut scheinen-
den Entscheidungs-Gründe anzugeben, also
meinen Leser nicht seinem Schicksale zu überlaßen. Hier lege ich ihm wieder ein Paar
Alternativen vor, aus welchen er eine nach
Belieben wählen kann. Entweder er hat das
Buch nicht durchgelesen, sondern nur durch-
gelaufen, oder er hat mir vorsetzlich einen
Fehler angedichtet, um ihn tadeln zu können.
Unmittelbar an diesen Brey schließt sich
ein sehr tiefscheinendes Raisonnement, über
welches der Recensent eine sehr herzliche Freude gehabt haben mag. Ich hoffe dem Publikum einen kleinen Dienst zu erzeigen, wenn
ich ihm diese Freude ein wenig verderbe, und
dadurch dem großen Haufen ähnlicher Kritiker eine nicht undienliche Warnung aufstelle.
In seiner ganzen Ausdehnung kann ich dieß
Raisonnement unmöglich anführen, so gedehnt und äuserst mager ist es. Weil nicht
alle Menschen, so lautet es wesentlich, einerley Begriffe von den Dingen haben: so
muß ich nothwendig da Lücken sehen, wo

andre, und namentlich er, der demüthige
Schüler der Weisheit, keine sieht. Unmöglich also darf ich prätendiren, daß die
gantze psychologische Welt da Mangel, oder
Nichts wahrnehme, wo meine Augen Nichts
sehen. Eine ärgere und übler angebrachte
Disputation aus Allgemein-Plätzen wird
man schwerlich finden. Der Recensent,
der vermuthlich gantz kürtzlich in einem Collegio
gehört hatte, daß die Pyrrhonisten die Verschiedenheiten menschlicher Meynungen zur
Bestreitung ihrer Gewißheit gebrauchen, ergriff diese Gelegenheit, seine neue Weisheit
an den Mann zu bringen, mit beyden Händen, und vergaß vor Freuden, daß währen
Philosophen dies nichts neues, und daß es
an dem allerunschicklichsten Orte von der Welt
angebracht ist. Mir ist es nie eingefallen
zu behaupten, daß alle Welt da Lücken sehen sollte, wo ich sie sehe; wenigstens steht
weder in den von ihm vorher angeführten
Worten, noch an sonst einer Stelle meines
Buchs das geringste davon.

An einem desto unschicklichern Orte, da es
gerade gegen ihn selbst gerichtet ist. Er versichert gleich darauf, ich hätte meine Absicht,
die

die zerstreuten psychologischen Beobachtungen
zu sammlen, dadurch verfehlt, daß ich manche
äuserst elende und unbedeutende Schriften und
Meynungen angeführt und geprüft hätte.
Wie in aller Welt kann doch ein Mann von
gesetztem Verstande Meynungen und Schriften so entscheidend elend nennen, der kurz
vorher die Ungewißheit menschlicher Meynungen so klar bewiesen hat? der noch dazu diese
Meynungen und Schriften nirgends nahm-
haft macht, damit auch andere sich von der
Richtigkeit seines Urtheils überzeugen können?
Aus einer Stelle in der Folge erhellt, daß er
solche Schriften und Meynungen verstanden
hat, die nicht mehr Möde sind. (S. 627.)
Was für eine herrliche Philosophie haben wir nicht von diesem Schüler der
Weisheit zu erwarten, wenn er erst den
Grund-Satz festsetzen wird: diese oder jene
Meynung ist wichtig und gut, denn sie ist Mode; jene ist äuserst elend, denn sie ist nicht
mehr Möde? Ich habe immer geglaubt, bey
den Meynungen der Philosophen käme es
hauptsächlich auf die Gründe an, womit sie
sie unterstützt haben; und eine jede Meynung,
sie möge so ungereimt lauten wie sie wolle,

b   verdiene

verbiene eine Unterſuchung, ſo bald ſie mit
ſcharfſinnigen Gründen bewieſen würde. Und
dies habe ich deswegen geglaubt, weil philo-
ſophiſche Meynungen ihr inneres Gewicht
von der Beſchaffenheit ihrer Beweiſe, nicht
aber von äuſern Umſtänden erhalten. Dies
ließe ſich leicht weiter beweiſen, wenn ich nicht
befürchten müſte, meine Mühe ſehr übel bey einem ſüßen Herrchen anzuwenden, der mehr
als Stutzer, wie als teutſcher Philoſoph
ſpricht.

Nach dieſer Vorrede nimmt der Recenſent auf einmahl eine Amts-Miene an, und
verſpricht eine recht ſcharfe Kritik, in der ed-
len Abſicht, dem Publikum und mir dadurch
einen wahren Dienſt zu erweiſen. Er ver-
gißt aber dabey, daß eine Kritik auch gründlich ſeyn muß, wenn ſie nützen ſoll; oder vielleicht glaubt er gar, daß jede Kritik ſchon
gründlich iſt, wenn ſie nur ungezogen, oder,
nach ſeiner Sprache, ſcharf iſt. Bey dem
Abriße meines pſychologiſchen Syſtems, bemerkt er blos, daß es ein ſeyn ſollendes Syſtem iſt, und daß manche Worte gegen die
Sitte der ſchreibenden Welt beſtimmt ſind, ohne nur ein einziges Beyſpiel zum Beweiſe anzuführen.

zuführen. Wie sehr muß er nicht auf das
blinde Zutrauen des Publikum und sein eigenes Verdienst gerechnet haben, wenn er glaubte, daß sein bloßer Machtspruch schon als
End-Urtheil gelten würde! Doch dem, der
die Mode zum Kriterio der philosophischen
Meynungen macht, und dabey seine Mode
für die Mode der gantzen Welt hält, muß
man dergleichen Ungereimtheiten zu Gute halten. Dagegen wird er es auch nicht übel
nehmen, wenn ich ihn versichere, daß seine
diktatorische und mit leerer Aufgeblasenheit
angefüllte Art zu kritisiren ihn schlechter-
dings aus der Claße guter Kunstrichter,
seine philosophische Modesucht aber ihn schlech-
terbings aus der Claße guter Philosophen ver-
drängen wird.

In eben dem Tone fast er auch das Urtheil über das erste Hauptstück ab: es ist flüchtig und seicht gearbeitet; eine Meisterhand
hätte diese Untersuchung gantz anders entfal-
tet. Daraus soll der Leser schließen, daß
seine Hand gerade die Meisterhand ist, die
diese Untersuchung entfalten wird; ich fürchte aber, er wird das Gegentheil daraus folgern. Das, was ich von der Wahrheit der

innern

innern Gefühle gesagt habe, schickt sich, sagt
er, nicht zu der folgenden Untersuchung über
die Grund-Kraft der Seele. Den Uebergang
nennt er weiter unten gezwungen. Eben da=
durch legt er den deutlichsten Beweis ab, daß
er in den ersten Anfangs-Gründen der Logik
ein gänzlicher Fremdling ist. Zuerst ist es
falsch, daß ich hier von der Wahrheit der
innern Gefühle habe handeln wollen; wer
Verstand und Augen hat, wird leicht sehen,
daß ich nichts weiter als den Satz bevestigen
wollte: ich denke, also bin ich. Und dieser
Satz gehört nothwendig hieher: denn da
man nach sichern Grund-Sätzen der gründ=
lichen Art zu philosophiren von dem anfan=
gen muß, was vollkommen gewiß ist; da den
Zweiflern nichts gewißers als unsere eigene
Existenz entgegen gesetzt werden kann: so war
es nothwendig, diesen Satz zuerst dest zu stel=
len. Um desto nothwendiger bey einer Un=
tersuchung über den Menschen, da man nicht
eher eine Sache untersuchen kann, bis man
gewiß weiß, daß sie etwas wirkliches ist.
Hätte der Recensent den Gang des Cartesius
gekannt und überdacht: so würde er sich
diesen Vorwurf bey sich behalten haben. Es

aber

aber urtheilte er nach dem, was Mode ist, und fand diesen Satz heterogen, weil die meisten Modephilosophen ihn nicht berühren.

Nun wird man zweytens auch leicht einsehen, daß der Uebergang zu der folgenden Untersuchung nicht gezwungen, sondern genau allen logischen Vorschriften gemäß ist. Vielleicht bin ich so glücklich, ihm dies begreiflich zu machen, wenn ich die Folge der Sätze nach logischer Form hersetze. Es ist ausgemacht, daß ich bin; und eben so ausgemacht, daß ich denke, etwas will, etwas imaginire, u. s. w. daß endlich diese Worte verschiedene Thätigkeiten von mir ausdrücken. Diese Thätigkeiten sind Aeußerungen meiner Kräfte: also setzen sie entweder mehrere wirklich von einander verschiedene Kräfte, oder eine einzige Grund-Kraft voraus. Nicht das erste: also das letzte. Was in dieser Verbindung der Sätze gezwungenes liegen sollte, sehe ich nicht; nur darin liegt es, daß ich nicht alle diese Sätze nach einander syllogistisch hingesetzt habe, und daß mein erhabener Kunstrichter die Kunst Sätze aus einander zu folgern sich nicht genug bekannt gemacht hat, um sie aus dem Zusammenhan-

ge

ge zu ergänzen. Sicher also habe nicht ich,
sondern mein selbstgenugsamer Kunstrichter
hat nicht gedacht, als er dieses schrieb.

Nicht am mindesten gedacht, als er mir
den Vorwurf machte, daß ich nicht gezeigt
habe, wie der Satz: ich bin, aus dem folge,
daß ich denke. Wer die Verbindung zweyer
so sichtbar verknüpfter, und noch dazu von
den Cartesianern bis zum Ueberdruß entwi-
ckelter Sätze nicht sehen, und ihre Entwickelung noch verlangen kann, der muß doch
wahrhaftig, nach dem Sprüchworte, nicht
weiter denken können, als seine Nase reicht.

Darauf wird eine gantze Seite voll ge-
kritzelt, um mir zu beweisen, daß wir unser
Daseyn eben so unmittelbar als unser Denken erkennen. Der Beweis aber ist so seicht,
daß unmöglich ein Mann von gesetztem Verstande es wagen könnte, mit solchem Gewä-
sche dem Publikum unter die Augen zu treten.
Unser Daseyn, sagt er, erkennen wir nicht
durch das Denken, sondern durch ein unmittelbares Gefühl. Darauf hatte ich schon
geantwortet, daß ein solches Gefühl ohne
mancherley in uns vorgehende Veränderungen unmöglich sey, das ist, daß wir unmöglich

lich fühlen können, daß wir sind, wofern
wir nicht durch mancherley äusere und innere Empfindungen und Thätigkeiten das Bewußtseyn von uns selbst, und dadurch auch
von unserm Daseyn erlangen. Dies ist,
dünkt mich), so sonnenklar, als nur in der
Philosophie etwas seyn kann. Wenn alle
unsere thätigen und leidenden Fähigkeiten in
einer vollkommenen Ruhe wären: so würden
wir von uns selbst, also auch von unserm
Daseyn, eben so wenig Gefühl als ein Stein
oder ein Kloß von dem ihrigen haben können. Offenbahr also ist das Gefühl unsers
Daseyns kein unmittelbares, sondern ein aus
dem Gefühle unserer Thätigkeiten und unserer Leiden abgeleitetes Gefühl. Unleugbar
daher auch, daß wir unser Daseyn nicht
durch sich selbst, sondern durch die mancherley in uns vorgehenden Veränderungen erkennen. Was antwortet nun der meisterhaf-
te Recensent hierauf? Nichts mehr und nichts
weniger als dies, daß es auch innere Veränderungen der Organe giebt, daß wir also
unsere Existenz durch unsere innern Thätigkeiten fühlen würden. Hät je unter der Sonne ein Einwurf nichts gesagt: so ist es gewiß

b 4   dieser;

dieſer; denn er ſagt gerade das, was auch
ich geſagt habe, und mit beyden Händen gern
zugebe. Wer die Lehre von den verſchiedenen Arten entgegengeſetzter Sätze ſtudirt hat, wird wiſ-
ſen, daß er nicht dies, ſondern das hätte ſagen
müßen, daß das Gefühl unſers Daſeyns von
allen, auch innern Veränderungen unabhängig
iſt. So ſind aber einmahl unſere jungen Mode-
philoſophen; ſie kündigen ſich mit großem Ge-
ſchrey als demüthige Schüler der Weisheit
an, ſprechen von Meiſterhand, von Genie,
von tiefen Unterſuchungen; und ſagen mit der
weiſeſten Miene die gröſten Ungereimtheiten.

Und dahin gehört denn auch der kluge
Rath, welchen er mir gleich darauf giebt,
daß ich bey der Empfindung hätte anfangen, und ſo ſchließen ſollen; ich empfinde,
alſo bin ich; weil Empfindung ein höherer
Begriff iſt, als denken. Nach welchen neuen
Regeln dieſe Claſſification gemacht ſeyn mag,
begreife ich nicht. Etwas weniges muß ich
dagegen erinnern, um dieſer babyloniſchen
Verwirrung, nicht der Wortbedeutungen,
ſondern der Begriffe ſelbſt, zu ſteuern. Empfinden iſt in der eigentlichen Bedeutung nichts
anders, als durch gewiſſe äuſere Organe Ver-
änderun-

änderungen gewahr werden; und denken ſie,
Verhältniße oder Beziehungen zwiſchen den
gemachten Eindrücken gewahr nehmen: beyde alſo ſind Neben-Gattungen, und keine
höher als das andere. Aber vielleicht nennt
er hier das Empfinden, was andere Bewuſtſeyn bisher genannt haben! — dann iſt dieſe Verwirrung noch mehr als babyloniſch;
anſtatt daß man bisher richtig geſagt hat,
ich bin mir bewuſt, daß ich empfinde, muß
man nun ſagen, ich empfinde, daß ich empfinde.

Bey den Beweiſen, daß die Vorſtellungs-
Kraft die Grund-Kraft der Seele iſt, macht
er mir den Vorwurf, daß ich nicht alle Seelen-Kräfte aufgezählt, und auf die Vorſtel-
lungs-Kraft zurückgeführt habe. Wenn er
doch nur einen Schritt rückwärts an das in
der Vorrede entworfene Syſtem gedacht hätte! Wenn er doch nur einen Schritt vorwärts daran gedacht hätte, daß dieſe Operation ſtückweiſe bey der Abhandlung jeder
einzelnen Seelen-Kraft vorkommen müſte!
Aber welcher Recenſent von Profeßion, und
welcher Modekritiker wird ſich um die Abſicht und den Plan der zu beurtheilenden

Schrift

Schrift bekümmern! Woher bekämen sie sonst
Anlaß, ihre unreife Weisheit in tadelsüchtigen
Anmerkungen auszuschütten, wenn sie nicht
die Sätze abgerißen beurtheilen, und über ge-
trennte Brocken faseln wollten?

Bey Gelegenheit meiner Widerlegung der
Helvetiußschen Hypothese, daß Empfindlichkeit die letzte Grund-Kraft der Seele sey, kann
sich der Recensent nicht enthalten, einige Ge-
gen-Anmerkungen zu machen. Aus Liebe zu
ihm wünschte ich, daß er diese seine Weisheit
möchte zurückgehalten haben; sie ist so sehr von
der Oberfläche abgeschäumt, und so mager,
daß schwerlich irgend eine Weisheit sie ihrem
Urheber eingegeben haben kann. Sensibilität, sagt er, ist in dem Verstande Grund-
Kraft der Seele, daß ohne sie keine andere
Seelen-Kraft im Menschen Statt haben würde. Sehr sonderbar, und auffallend, wie
alles, was die neuesten Modephilosophen sagen! Verstand, Vernunft, Gedächtniß, u. s.
w. haben sich bisher alle teutsche Philosophen ohne Sensibilität denken können. Es
hat Leute gegeben, die in der Starrsucht alle
unsere Empfindlichkeit gänzlich verlohren, und
doch dabey lange Reden gehalten haben. Man
setze

setze einen Menschen, dem durch Schlagflüße
alle Organe der äusern Sinne gelähmt sind,
und frage, ob daraus der Verlust aller übrigen Seelen-Kräfte nothwendig folgt? Dies
alles hindert unsern kühnen Philosophen nicht,
das Gegentheil zu behaupten; denn darin besteht heutiges Tages die größte Stärke des
Genies, daß man, Trotz allen Erfahrungen
und den allereinleuchtendsten Gründen, seine
Paradoxa mit Unverschämtheit und Selbst-
lobe ausschreyt. Kann man denn nun noch
einen oder den andern Satz hinwerfen, der
die Gestalt eines Beweises hat: so schreyt man
laut triumph, und spricht dem bescheidenen
Philosophen Hohn. Ohngefähr so etwas
Beweisähnliches hat auch dieser Recensent hier
angeflickt: man härte einmahl die Nerven
des Körpers ab, sagt er, man verwüste oder
stähle das Gehirn, und man läst weder Verstand, noch Gedächtniß, noch irgend eine Seelen-Kraft übrig. — Das heißt mit andern
Worten, man schlage den Menschen todt,
und sehe, ob er nun noch denkt. Hätte er
nur die geringste Bekanntschaft mit den
Schriftstellern gemacht, die gegen den Materialismus gestritten haben: so müste er
wißen,

wissen, daß man aus dem Verluste gewisser
Seelen-Fähigkeiten bey gewissen körperlichen
Beschädigungen noch lange nicht schließen
darf: oder hängen sie gänzlich von der körperlichen Einrichtung ab.

Weil er einmahl in den Ton des Rai-
sonnirens gekommen ist, so berichtet er nun
auch noch, daß Sensibilität ohne Urtheils-
Kraft nicht seyn kann. Urtheil, hatte ich
gesagt, ist Vergleichung, und Vergleichung
ist nicht Empfindnng. Nein, sagt er, Urtheil ist ursprünglich weiter nichts, als die
Wahrnehmung von ein Paar gleichzeitigen
Eindrücken auf unsere Empfindungs-Werkzeuge. Gewahrnehmung gleichzeitiger Eindrücke ist Vergleichung. Man sieht aus dieser Probe, daß er im Definiren nicht glücklicher ist, als im Raisonniren. Wo hat
man je gehört, daß ein Paar gleichzeitige
Eindrücke auf unsere Empfindungs-Werkzeuge gewahrnehmen, schon urtheilen sey? Ich
höre einen Wagen vorbeyfahren, und sehe
das Papier, auf welches ich schreibe: urtheile ich darum, daß eins nicht das andere
ist? Das schöne Exempelchen hätte ich bald
anzuführen vergessen: man lasse in einem Ne-

ben-

ben Zimmer ein Konzert aufführen, und im
andern Wölfe heulen, der Eindruck beyder
Empfindungen ist das Urtheil, das Konzert
ist schön, das Geheul gräßlich. Wenn unter diesen Umständen alle empfindende Wesen
dies Urtheil fällten: so ließe sich noch mit einiger Wahrscheinlichkeit die Folgerung behaupten. Wenn aber ein Kind, oder ein Hund,
oder ein anderes noch gescheuteres Thier, in
das mittlere Zimmer gestellt, zuverlässig nicht
so urtheilen: so sehe ich nicht, wie der Recensent seine Behauptung rechtfertigen will.
Alles, was im gegenwärtigen Falle aus der
Empfindung entstehen kann, ist, daß das
Wölfegeheule Furcht, das Konzert Vergnügen erweckt; daß folglich das zuhörende
Subjekt successive in ein sich fürchtendes,
und vergnügendes Wesen verwandelt wird.
Nun aber weiß man, daß man sich fürchten
kann, ohne zu urtheilen, der Gegenstand sey
fürchterlich, und sich vergnügen, ohne zu
urtheilen, der Gegenstand sey schön. Nur
denn erst entsteht das Urtheil, wenn wir uns
gefürchtet oder vergnügt haben, auf diese
vergangene Zustände zurück sehen, dadurch
Empfindungen in Ideen, und Verbindungen
der

der Empfindungen in Verhältniße der Ideen,
das ist, in Urtheile verwandeln.

So viel von der Definition, nun vom
Raisonnement. Der Recensent will gegen
mich darthun, daß Empfindung und Urtheil
wesentlich einerley ist. Sein Schluß muß
also nothwendig dieser seyn: Gewahrnehmung von ein Paar gleichzeitigen Eindrücken
auf unsere Empfindungs-Werkzeuge ist Vergleichung; nun aber ist Vergleichung Urtheil:
also u. f. w. Statt dessen rührt er folgenden
Brey zusammen: Urtheil ist ursprünglich
nichts, als die Wahrnehmung von ein Paar
gleichzeitigen Eindrücken auf unsre Empfindungs-Werkzeuge. Gewahrnehmung gleichzeitiger Eindrücke ist Vergleichung. Wer
Beyspiele von verunglückten Raisonnements
haben will, wird sie in dieser Recension reich-
lich vorfinden. Und so ein Mann spricht
von Meisterhand, und von mißlungenen Beweisen, wie eine Pythie vom heiligen Dreyfuße!

Was er gegen meinen Satz, daß die Erneuerung einer Empfindung keine Empfindung ist, vorbringt, ist nichts als die aller-
elendeste Sophisterey, und noch dazu nicht
ein

einmahl auf seinem Boden gewachsene Sophisterey. Die Erneuerung einer Empfindung
geschieht durch eine erneuerte Erschütterung
und Bewegung des innern Organs, welches
ehedem bey der Empfindung erschüttert wurde. Aber diese neue Erschütterung eines Organs ist doch offenbahr eine Empfindung.
Also wenn er, Recensent, auf seinem Lehnstuhle sich an einen gestrigen Spaßiergang,
an alles, was er da gesehen und gehört hat,
erinnert: so empfindet er das alles, was
er gestern im freyen Felde empfand. Ist dies
nicht babylonische, und mehr als babylonische Sprach-Verwirrung: so weiß ich nicht,
was Sprach-Verwirrung seyn soll.

Die Erfahrungen, mit denen ich den
Satz, daß alle Seelen-Kräfte mit einander
verbunden sind, zu beweisen gesucht habe, sind
ihm alle falsch. Kein Wunder, da er an ihnen so lange drehet, bis er sie endlich ver-
drehet, und nun unrichtig findet. Wie schief
er meine Sätze beurtheilt, und wie wenig
er sie verstanden hat, davon ist dies ein
sichtbares Beyspiel. Leute von stumpfen
Sinnen, hatte ich gesagt, sind auch einfältig; also, folgert er, müßen Leute von schar-

fen

fen Sinnen viel Verstand haben, und den haben sie scharfsinnlichen Wilden nicht. Die Consequenzenmacherey ist schon lange als ein Kunststück seichter Köpfe bekannt; durch welches sie Sätze verdächtig machen, die sich geradezu nicht angreifen laßen. Zum Glücke für die Wahrheit tragen solche Consequenzen das Gepräge ihrer Schwachheit immer an der Stirne, weil sie den Probir-Stein des scharfen Raisonnements nicht vertragen. Und das ist auch hier der Fall. Aus dem Satze: Leute von stumpfen Sinnen haben wenig Verstand, folgt noch lange nicht der, daß Leute von scharfen Sinnen deßen viel haben müssen. Völlig genau ausgedrückt, muß der Satz so lauten: Menschen von stumpfen Sinnen können nicht viel Verstand haben: daraus folgt, also haben sie nicht viel. Vermöge des Gegensatzes also der andere so: Leute von scharfen Sinnen können viel Verstand haben, daraus folgt aber noch nicht also haben sie ihn. Man sieht hieraus deutlich, daß aus dem Satze, Menschen mit stumpfen Sinnen haben wenig Verstand, noch lange sein Gegentheil nicht folgt. Seine Wilden also hätte der Recensent immer weg-

laßen

laßen können, und würde es auch vielleicht
gethan haben, wenn ihn nicht gerade in diesem Absaße der Kützel gelehrt zu scheinen ange-
wandelt hätte. Blos darum setzt er Mura-
tori, Bonnet, Haller meinem Saße entgegen, daß Menschen, deren Verstand durch
die zu tiefe Einprägung einer Idee verrückt
ist, zugleich des Vermögens beraubt sind,
sich die Gegenstände richtig vorzustellen, und
zu imaginiren. Er hätte, wenn er mehr
medicinische Beobachter gelesen hätte, mir
sicherlich noch ein halbes Dutzend andere
Beyspiele entgegenstellt, und damit doch im
Grunde eben so wenig gegen mich bewiesen.
Der von mir behauptete Saß ist, vermöge des
Zusammenhanges genau bestimmt, dieser:
Menschen, deren Verstand durch die zu tiefe
Einprägung einer falschen Idee verrückt ist,
können sich nicht alles richtig vorstellen, und
imaginiren. Seine Beyspiele beweisen weiter
nichts, als daß sie sich nicht alles unrichtig
vorstellen. Beyde Säße sind also einander nicht
entgegengesetzt, und damit die ganße Gelehr-
samkeit des Recensenten hier sehr übel angebracht. Jeder aufmerksame Leser wird
hier dem Recensenten sagen, er habe

C   den

den Satz, den er widerlegt, nicht verstanden.

Bey der Kritik über das andere Hauptstück entschließt er sich weißlich, das Widerlegen bleiben zu laßen, vermuthlich weil auch
die so übel zusammenhängenden, und sämt-
lich gegen alle Regeln der Logik sündigenden
Schlüße, die er bisher vorgebracht hat, sein
armes Gehirn schon zu sehr abgemattet hatten.
Diese anfangende Erschlaffung ist im gantzen
Absatze daran sichtbar, daß er mir Widersprüche und Meynungen andichtet, von welchen
ich himmelweit entfernt bin. So findet er
die beyden Sätze, alle Ursachen von Vorstellungen liegen außer der Seele, und es giebt
Vorstellungen, die wir im genauesten Verstande als Modifikationen der Seele denken, widersprechend. Kein Vernünftiger wird hierin
den geringsten Widerspruch, weder in Ansehung der Worte, noch der Sachen sehen können. Um so weniger sehen können, da der
erste Satz weiter nichts sagt, als daß alle Veranlaßungen Vorstellungen zu machen, alle
Antriebe dazu von außen hergenommen werden. Z. B. ich sehe ein Dreyeck, ich bilde
daraus die Vorstellung eines Dreyecks, daraus

aus die Vorstellung von der Vorstellung, daraus die von der Vorstellungs-Kraft und ihren Operationen. Das Dreyeck als Ursache
der letzten Vorstellungen liegt außer der Seele; die Vorstellung von der Vorstellung, von
den Operationen der Vorstellungs-Kraft ist
im strengsten Verstande Vorstellung von einer Modifikation der Seele. Wie widerspricht nun das letzte dem ersten? Eben so
dichtet er mir einen Satz an, deßen Gegentheil ich nicht nur ausdrücklich behauptet,
sondern auch sogar auf 5 Seiten bewiesen
habe: den, daß es Modifikationen ohne Bewußtseyn giebt. Modifikationen ohne Bewußtseyn, oder Leibnitzische dunkle Ideen, sagt
er, halte ich für Widersprüche. Gantz gewiß hat er bey Durchlesung dieser gantzen
Stelle eine Anwandlung vom Schlafe gehabt, und das pathetische Epiphonema, daß er
die dunkeln Ideen bey meinen bey weitem
nicht tödtlichen Stößen nicht fahren laßen
will, ist ein Ausbruch eines anfangenden
Traumes.

In dem folgenden Absatze dauert dieser
Anfall vom Schlaf noch fort, denn mein weiser Kunstrichter wiederhohlt mit andern Wor-

ten eben das, was ich gesagt habe, und beschuldigt mich doch, die Sache nicht recht verstanden zu haben. Den Streit über die Frage, ob die Seele beständig denkt, in welchen
sich Descartes und Leibnitz auf der einen und
Locke auf der andern Seite verwickelten, entscheidet der B. dahin, sagt er, daß die erstern
Seelenmodifikationen ohne Bewußtseyn, Locke hingegen Modifikationen mit Bewußtseyn,
unter dem Worte denken verstanden haben.
Wenn ich jene Philosophen auch nicht gelesen
hätte: so könnte ich schon voraussehen, daß
es dieser Entscheidung an Genauigkeit fehlt.
Descartes und Leibnitz halten die Operation
des Denkens für eine Beschäftigung; sie nennen aber auch die Beschäftigung der Seele
mit dunkeln Ideen, deren Daseyn der letztere aus Faktis darthut, Denken; da Locke
das Wort nur von der Beschäftigung mit
klaren Ideen gebraucht. Nun frage ich einen jeden, der Leibnitzen gelesen hat, ob nicht seine dunkle Ideen Modifikationen ohne Bewußtseyn sind? Ich frage selbst meinen erhabenen
Kunstrichter, ob er vergeßen hat, daß er auf
der vorhergehenden Seite Leibnitzens dunkle
Ideen Modifikationen ohne Bewußtseyn genannt

nannt hat? Ich frage ferner, ob nicht sich
mit dunkeln Ideen beschäftigen eben so viel
ist, als Modifikationen ohne Bewustseyn
haben? ob also nicht dies gerade mein Satz,
mit andern Worten ausgedruckt, ist?

Am Ende der Kritik über das Kapitel vom
Bewustseyn verläst den Recensenten sein
Schlaf; denn nun fängt er wieder an zu widerlegen, doch nur noch im Gähnen. Es
fällt ihm ein, daß er das Gefühl der Personalität, das Bewustseyn der Kraft in seinem
Kopfe unter die Rubrik vom Bewustseyn gebracht hat; und da er davon hier nichts findet: so nennt er diesen Artikel unvollständig,
gerade als wenn ich nicht einen andern und
vielleicht noch bequemern Platz zu ihrer Behandlung hätte bestimmt haben können. Bewustseyn der Personalität hängt doch wol offenbahr vom Gedächtniße ab, weil es mit
ihm vergeht und entsteht: also war es natürlicher, unter diesem Hauptstücke davon zu
handeln. Das unerhörte Gefühl der Indi-
bidualität, von dem hier noch gesprochen
wird, dürfte doch wohl am Ende nichts weiter als das Bewustseyn der Personalität unter einem neuen Nahmen seyn. Denn wenn

ich

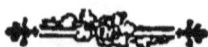

ich) weiß, daß ich noch dieselbe Perſohn bin: ſo weiß ich auch nothwendig, daß ich noch daßelbe Individuum bin. Bewuſtſeyn der Kraft gehört gar nicht hieher; denn der Kräfte ſind wir uns bewuſt, weil wir ſie fühlen, alſo kam dies unter die Rubrik von den Gefühlen. Die Großmuth, womit er mir im Nahmen der Leſer dieſe Auslaßungs-Sünde verzeiht, verbitte ich mir diesmahl.

Um ſeine Gelehrſamkeit abermahl zu zeigen, reiſt er darauf einen Satz aus dem Zuſammenhange, und findet ihn natürlicherweiſe falſch. Meinen Satz, daß die Natur keine Nerven von dem Hertze, den Eingeweiden u. ſ. w. zum Gehirn gezogen habe, die durch die Bewegung dieſer Theile afficirt werden, nennt er eine Behauptung eines Pſeudophyſiologen. Ich hatte unmittelbar vorher geſagt, daß wir in kränklichem Zuſtande allerdings die Veränderungen dieſer Theile empfinden; alſo war der Satz durchaus nicht anders als ſo zu verſtehen: daß die zwiſchen ihnen und dem Gehirn befindlichen Nerven nicht von ihrer gewöhnlichen Bewegung afficirt werden. Und dies wird doch hoffentlich weder er noch der Herr von Haße leugnen;

leugnen; sie müsten denn behaupten wollen,
daß sie auch die wurmförmige Bewegung der
Eingeweide, und die des verdauenden Ma‹
gens empfinden.

In seinem halbwachenden Zustande schaft
sich mein demüthiger Schüler der Weisheit
Popanze, mit denen er streiten könne. Daß
ein Orang-Outang deswegen wahrscheinlicher‹
weise keinen Menschen = Verstand bekommen
könne, weil er ganz anders als Menschen
empfinde, hatte ich gesagt. Gegen diese
Vermuthung ficht er, als ob sie eine Demon‹
stration seyn sollte; und setzt mir Dinge ent‹
gegen, die ich ihm im Buche selbst gar nicht ab‹
geleugnet habe. Woher weiß ich, fragt er, daß
er ganz verschieden vom Menschen empfindet?
Daß ich es nicht wiße, hatte ich ja selbst gesagt,
und dabey gewünscht, daß man über diesen Um‹
stand mehr Erfahrungen anstellen möchte.
Aus der Analogie, daß andere Thiere andere
Sachen angenehm oder unangenehm finden,
hatte ich bloß die Vermuthung gezogen, daß
es mit dem Orang-Outang nicht anders seyn
möchte. Kann man wol sichtbarere Bewei‹
se verlangen als diese, daß der Recensent
mit halb offenen Augen gelesen, und mit

halb

halb schlafendem Verstande geschrieben hat? Was er von der Falschheit des Raisonnements sagt, daß der Orang-Outang nicht Menschen-Verstand bekommen werde, weil er ihn noch bis jetzt nicht bekommen habe, trifft ebenfalls nicht. Ich hatte ja diesen Schluß nicht für einen demonstrativen, sondern blos für einen wahrscheinlichen ausgegeben. Er hätte also zeigen müßen, daß dies auch nicht einmahl wahrscheinlich sey; und dies würde ihm nicht so leicht geworden seyn, als sein Bischen Sophisterey aus Allgemein-Plätzen. Es ist doch wol immer sehr wahrscheinlich, daß das, was in ganzen 5000 Jahren (oder noch mehr, wenn man der Erdkugel ein höheres Alterthum geben will,) das Orang-Outang-Geschlecht nicht hat ausrichten können, es auch in den folgenden Jahrtausenden nicht ausführen wird.

Die Beweise der Sätze, daß die Fragen, wie viel Vorstellungen können wir zugleich, und wie lange können wir sie haben? unnütz sind; daß ich die Einwendung, die Empfindung sagt uns nicht, daß Percepion und Apperception wirklich von einander getrennt sind,

sind, nicht gründlich genug beantwortet habe; daß ich die Kriterien der verschiedenen
Arten von Aufmerksamkeit durcheinander geworfen habe; daß ich die Selbstmacht der
Seele über die Aufmerksamkeit nicht gut genug
bewiesen habe, ist der Recensent schuldig geblieben. Ich wollte ihn sehr bitten, sie noch
nachzuhohlen, wenn ich nicht befürchten müs-
ste, daß sein armes Gehirn durch diese Anstrengung gänzlich zerrüttet werden möchte.
Und das wäre doch ewig Schade (für die
Weisheit, die er uns noch künftig lehren, und
die Muster von Recensionen, womit er uns
noch künftig beschenken wird. Was für ein
unersetzlicher Verlust würde es nicht der ganzen Philosophie seyn, wenn die von ihm zu
erwartende Beschreibung der Seelen-Organe
in einer vollkommen philosophisch-deutlichen
Sprache dadurch vernichtet werden sollte!
denn liefern wird er sie uns doch vermuthlich,
weil er es an mir tadelt, daß ich sie nicht be-
schrieben habe, und zugleich bemerkt, in andern Philosophen komme auch keine befriedigende Erklärung davon vor. Ich konnte sie
hier nicht beschreiben weil ich sie theils nicht
kannte, und theils an einem bequemern Orte

C 5   darthun

darthun wollte, daß wir sie gar nicht kennen.
Sehr zu beklagen wäre auch der Verlust seiner
Entwickelung der Lehre von der Klarheit, Dunkelheit, Deutlichkeit und Vollständigkeit der
Vorstellungen. Seine Entdeckungen hierin müf-
fen gewiß außerordentlich seyn, da er es mir zum
Vorwurfe macht, daß die meinige nach dem
gewöhnlichen Schlage ist; gerade als wenn
es meine Schuld wäre, daß ich nicht so wie
er gesehen habe. Vielleicht würde er durch
die genauere Entwickelung seiner Begriffe alsdenn auch, das einsehen, was er jetzt noch
nicht begreifen kann, daß eine Vorstellung an
sich weder dunkel noch klar, sondern als Ab-
druck eines gewißen Originals, beydes sey.
Ihm dieses ein wenig zu erleichtern, wieder-
hohle ich aus dem Buche folgendes: Wenn
wir in der Ferne einen Gegenstand sehen, aber
so, daß wir nicht entscheiden können, ob es
ein Mensch, ein Thier, oder ein Baum ist;
so sagen wir, die Vorstellung sey dunkel. Als
Vorstellung an sich ist sie dies nicht; denn
das Bild auf der Netzhaut und in der Phantasie ist ein Bild von einer bestimmten Größe, Dicke, Länge und Höhe; also ein völlig
klares und bestimmtes Bild. In Rücksicht

aber auf den Gegenſtand, von dem es her-
kommt, iſt es dunkel; denn es enthält nicht alle
Theile dieſes Originals, und drückt dieſe Theile nicht ſo aus, daß man mit völliger Zuverſicht ſagen könne, was das geſehene eigentlich
für ein Ding iſt.

Eine ähnliche Schwäche des Verſtandes
verräth er, da er behauptet, der Ausdruck,
die Organe überbringen der Seele etwas, ſage nichts, und man pflege heut zu Tage mit
ſolchen Redens - Arten die Welt oft zu täu-
ſchen. Er wird doch von der Schule her wenigſtens noch wißen, daß die meiſten Philoſophen die Seele für ein vom Körper verſchiedenes Weſen halten, daß ſehr viele unter ihnen eine phyſiſche Wirkung des Körpers auf
die Seele annehmen, daß folglich dieſer Ausdruck folgenden beſtimmten Sinn hat: die
Seele wird einen Gegenſtand durch die Wirkung der Organe auf ſie gewahr.

Nun folgt ein langer Abſatz, worin ich
beſchuldigt werde, das Wort Ideen - Aſſociation nicht recht verſtanden zu haben. Der
Leſer wird aus dem ſchon geſagten leicht die
Folge ziehen, daß der Recenſent mich nicht
verſtanden haben wird. Aſſociation der Ideen
nenne

nenne ich den Uebergang von natürlicherweise
nicht als Ursache und Wirkung verbundenen
Ideen zu einander; und verstehe dadurch diejenige Verbindung der Vorstellungen, vermöge welcher eine die andere hervorzieht, ohne
die wirkende Ursache derselben zu seyn. Gerade das ist, nach meines Richters Bemerkung, Association in der Sprache aller Philosophen. Associirt, sagt er, nennt man ein
Paar Begriffe, von denen der eine entweder
gar nicht, oder doch nicht leicht aufgeweckt
wird, ohne daß er den andern nicht zugleich
mit zum Bewustseyn erheben sollte. Wenn
er daher mich beschuldigt, ich habe die Causal-Verbindung nicht für Association gehalten: so hat er entweder sehr flüchtig gelesen,
oder einen sehr dumpfen Verstand. Die Causal-Verbindung, welche ich von der Association ausgeschlossen habe, ist derjenige Uebergang, der von der Wirkung der Gegenstände
auf uns hervorgebracht wird, wenn z. B.
die Vorstellungen eines Menschen, eines Hun-
des, eines Wagens, deswegen auf einander
folgen, weil die Gegenstände in dieser Ordnung auf uns wirken.

Die

Die Behauptung, daß das Verhältniß
des Nebeneinanderseyns mehrerer Begriffe,
die wie Theile in ein Ganzes verkettet werden, keine Ideenreihen giebt, ist wol ein wenig zu jugendlich aufgegriffen. Wenn ich
von einem weitläuftigen Gebäude zuerst ein
Zimmer, dann das andere, u. s. w. in Gedanken durchlaufe: so ist das doch ohne Zweifel eine Ideenreihe. Auch nach seiner eigenen Bestimmung eine Ideenreihe, weil hier
Ideen auf einander folgen. Damit fällt also die unreife Beschuldigung, daß ich Ideenreihen mit Ideen-Association vermengt habe,
von selbst weg.

Gegen meine Beweise, daß die Seele auch
ohne Organe die Kraft hat, Vorstellungen
zu verknüpfen, werden die gewöhnlichen Einwürfe wieder aufgewärmt; und zwar auf eine so lahme sophistische Art, daß ein jeder
Unpartheyischer dem Recensenten sagen wird,
er habe blos zanken wollen. Meinen ersten
Grund, daß die Seele ein vom Körper verschiedenes Wesen ist, glaubt er durch den
Machtspruch, daß diese Voraussetzung prä-
kär ist, umzustoßen. Sahe er denn nicht,
daß ich ihn hier blos hypothetisch gebrauch-
te,

te, weil hier noch der Ort nicht war ihn zu
beweisen? Daß sich die Verbindung eines andern Wesens mit unserm Gehirne nicht leicht
begreifen läßt, hat man lange gewußt; man
hat aber auch noch das dabey gewußt, daß
eine Sache nicht darum nicht sey, weil sie
sich nicht leicht begreifen läße. Auch noch
das gewußt, daß das Denken des Gehirns
sich wenigstens eben so schwer als seine Vereinigung mit einem andern Wesen begreifen
laße. Es gehört wahrlich ein großer Grad
von Verhärtung der Stirne dazu, wenn man
mit solchen tausendmahl widerlegten Gemein-
Oertern etwas zu beweisen suchen will. Gegen meinen andern Grund, daß die Association sich aus der Fertigkeit im Zusammense-
tzen erklären läßt; erinnert er: man dürfe ein
Paar Ideen nur ein einzigmahl zusammen haben: so kleben sie ohne Wiederhohlung an
einander. Dies ist offenbahr gegen alle Erfahrung; denn wenn wir etwas auswendig
lernen wollen, müßen wir es nothwendig
durch Wiederhohlung thun. Könnte also
ohne Wiederhohlung die Seele Ideen an einander knüpfen: so müste sie auch ohne Wiederhohlung memoriren können. Zwar hängen

gen sich oft Ideen gleich auf das erstemahl
an einander; aber dann ist auch gleich bey
diesem ersten Zusammenseyn die Wiederhoh=
lung gebraucht worden. Nie werden sich
Ideen anreihen, wenn sie nicht einige Zeit zu=
sammen der Seele gegenwärtig gewesen sind;
je flüchtiger die Eindrücke sind, desto weniger
Association. Also ist allemahl zur Anreihung
Wiederhohlung nothwendig. Gegen meinen
letztenBeweis, daß nemlich die Seele ungeachtet
der Schwäche und Ermattung der körperlichen
Werkzeuge Vorstellungen an einander knüpft,
werden verschiedene magere und alltägliche
Erinnerungen gemacht. Erstlich, sagt der
Recensent, kann man gegen eine solche Erfah=
rung hundert andere aufweisen, wo in kör=
perlichen Krankheiten auch die Seele zerrüt=
tet wird. — Und was folgt aus dieser wich=
tigen Bemerkung? Etwa, daß die Seele oh=
ne Hülfe des Körpers nichts vermag? In der
Logik des Recensenten vielleicht, nicht aber
in der gründlich denkender Philosophen. Nach
dieser kann die Conclusion nicht anders als
so lauten: es giebt mehrere Fälle, da die
Seele durch Zerrüttung des Körpers leidet,
als da sie nicht leidet. Dies also trifft mei=

ne

ne Behauptung nicht.   Zweytens, fährt er
fort, es folgt nicht, daß bey Krankheiten des
Körpers und der gröbern Theile deßelben,
auch das Gehirn eben so krank seyn muß.
Es giebt Krankheiten, in denen das Gehirn
völlig gesund ist, bey den tödtlichsten Verletzungen des übrigen Körpers. Von andern
Krankheiten hingegen, von denen man weiß,
daß sie die Nerven und das Gehirn angreifen,
kann man es voraus sagen, daß die Seelen-
Kräfte gerade durch die Schwächung der Ge-
hirn-Organen geschwächt und völlig verdorben sind. Mitten im Paroxysmus hat noch
kein Fieberhafter erbaulich und vernünftig
sprechen können, weil gerade in hitzigen Fiebern das Gehirn leidet. Der letztere Satz
beweiset, daß der Recensent, bey allem seinem
physiologischen Aufblähen, doch die medicinischen Beobachter nicht gelesen hat, sonst
würde er wißen, daß Leute im Fieber-Paro-
xysmus nicht nur erbaulich und vernünftig
geredet, sondern auch sogar förmliche Syl-
logismos gemacht haben. Falsch also ist das
ganze Raisonnement, daß in den Krankheiten, wo die Nerven leiden, auch die Seelen-
Kräfte allemahl geschwächt und verdorben sind.

Um

Um noch ein übriges zu thun, trägt er
einen Beweis vor, daß die Seele ohne körperliche Organe keine Ideen verbinden kann;
und zwar einen solchen, wie seine übrigen alle
sind. Der Recensent, spricht er, pflegt sich
zum Beweise des Satzes, den der Verfaßer
bestreitet, auch auf die Phänomene des Traumes, des sichern Merkmahles von der Kränklichkeit des Körpers, entweder in Ansehung seiner flüßigen, oder der festen Theile, oder des
Gehirns, zu berufen. Die Seele müße eine
höchst schwache Kreatur seyn, wenn sie ohne
die Hülfe der äusern Organe des Körpers, die
im Schlafe größtentheils ruhen, dergleichen
bizarre Zusammensetzungen der Ideen machen
müße. Im Vorbeygehen bemerke man hier
das Gedehnte. Der Satz, daß der Traum
ein Merkmahl von der Kränklichkeit des Körpers ist, gehört gar nicht zur Sache. Und
nun, was beweiset der Schluß? Daß die Seele ohne Organe keine Ideen verbinden kann?
Weit gefehlt; nichts mehr und nichts weniger,
als daß auch im Traume die innern Organe
mitwirken. Hatte ich das geleugnet? Und gesetzt auch, er bewiese, daß wir ohne Hülfe
des Körpers keine Ideen anreihen können: so
hätte

hätte er doch noch gegen mich nichts gewon=
nen, weil ich nicht von dem, was geschieht,
sondern von dem, was geschehen kann, von
dem Vermögen der Seele, ohne Hülfe der
Organe Ideen anzureihen, geredet habe.

Wenn der Recensent in meinen Beweisen
gegen die mechanische Erklärung der Ideen=
Anreihung keine bestimmte mechanische Gese=
ße angeführt gefunden hat: so hat er aber=
mahls geschlummert. Die mechanische Er=
klärungs=Art im allgemeinen habe ich nie
leugnen wollen; nur habe ich gesucht zu zei=
gen, daß sie im Detail bey weitem nicht zu=
reichte. Sein Ausspruch also, daß ich hier
als ein Unphysiolog rede, ist ein Machtspruch
eines Schlaftrunkenen. Eben so auch der, daß
es ungereimt sey, eine Idee eine Fertigkeit
der Seele zu nennen. Daß er dies, seitdem
er denkt, nie bey dem Worte Idee gedacht
hat, möchte wol eben kein Beweis gegen mich
seyn, weil sich noch sehr zweifeln läst, ob er
je gründlich gedacht habe. Genetische Defi=
nitionen muß er wenigstens gar nicht kennen
gelernt haben, sonst würde er wißen, daß es
gerade so ungereimt ist, eine Idee eine Fertig=
keit der Seele zu nennen, als einen Zirkel die

Bewe=

Bewegung einer Linie um einen festen Punkt
zu heißen.

Leibnitzens von mir angenommener Satz,
daß wir keine vollkommen individuelle Ideen
haben, laße sich, meint er, durch Entkräf-
tung seines Beweises leicht umstoßen. Es
sey ja nicht nothwendig, daß ein Individuum mit allen möglichen Individuen verglichen werde, um eine individuelle Idee
zu geben. Diejenigen Individuen, die man
nicht kennt, seyn ja für uns Menschen (da
doch von menschlichen individuellen Ideen
die Rede ist,) so gut als gar nicht. Beweises genug, daß er den großen Mann, den
er widerlegen will, nicht verstanden hat.
Er giebt zu, daß eine solche Idee nicht so individuell ist, als sie werden kann, weil sie
bey jeder Kenntniß eines neuen Individuums
noch individueller wird. Und dies eben wollte Leibnitz beweisen.

Wenn doch ein Mann, der in einer zwey
Bogen langen Recension kein einziges richtiges Raisonnement geführt hat, die Verthei-
digung der Demonstrir-Methode nicht über-
nommen hätte! Wenn er doch, da er mich
als einen Lästerer derselben darstellen wollte,

b 2   ein

ein wenig genauer auf die von mir angeführten Beyspiele gesehen hätte! so würde er gefunden haben, daß ich nicht alle und jede
Demonstrir-Methode, sondern nur die habe
tadeln wollen, die im Anfange dieses Jahr-
hunderts so viel lächerliche, jetzt vergeßene
Geburten erzeugte.

Ich glaube durch alle diese Beyspiele
zum Ueberfluß dargethan zu haben, daß dieser
hochweise Kunstrichter, mit aller seiner Groß-
sprecherey, mich entweder gar nicht versteht,
oder mir die magersten, unlogischsten Schlüs-
se entgegensetzt. Man wird also nicht länger
zweifeln können, daß er nicht einer von den
unbärtigen After-Kunstrichtern seyn sollte,
mit welchen Teutschland jetzt so sehr heimge-
sucht wird. Seinetwegen würde ich kein Wort
gesagt haben, wenn ich nicht geglaubt hätte,
daß es den Wißenschaften überhaupt nützlich
wäre, die unverschämte Dreistigkeit solcher
Knaben aufzudecken, und das Publikum zu
warnen, sich von ihnen nicht äffen zu laßen.

Der Recensent des 7ten Stücks der diesjährigen Erfurtischen gelehrten Zeitungen hat
sich über meine Behandlung des Idealismus
vorzüglich ausgebreitet. Seine Einwürfe
gehen

gehen theils auf das Historische, und theils
auf das Philosophische in der Streitigkeit gegen die Idealisten. Zuerst sucht er darzuthun, daß ich nicht zuerst gegen den Idealismus mit Raisonnement gestritten habe, da
schon Andela, Collier und andere sich eben dieser Waffen bedient haben. Dies ist nun eigentlich nicht gegen mich, weil ich nirgends
mich für den ersten ausgebe, der diesen Weg
betreten hat. Wenn ich sage, man hat bisher die idealistischen Beweise für so unüberwindlich gehalten, daß man den Weg des
Raisonnements ganz verlaßen hat: so heißt
das nichts anders, als daß alles, was biß
jetzt gegen die Idealisten gesagt ist, noch nicht
hinreichend gewesen ist, ihn zu zerstören, und daß
man wegen der Unzulänglichkeit dieser Gründe mit Raisonnement gar nichts ausrichten
zu können geglaubt hat. Es mag also Andela, oder Collier, oder wie sie sonst heißen,
so viel Raisonnement gebraucht haben wie er
will: so ist dies alles bisher fruchtlos geblieben, und deswegen wird es nothwendig,
denselben Weg von neuem wieder zu betreten.

D 3

Wenn

Wenn ich darauf ferner sage, man müße
sich nicht auf den gemeinen Menschen-Verstand
berufen, sondern mit Schlüßen den Gegner
angreifen: so versichert er, auch dies sey
nichts besonderes, sondern gerade das, was
auch die Vertheidiger des gemeinen Menschen-
Verstandes gethan haben; meine Gründe
kommen am Ende alle auf den gemeinen Menschen-Verstand zurück. Eine kleine Verwirrung der Begriffe erlaube mir der Rec. hier
zu bemerken. Ein anders ist es, zu sagen,
dies oder jenes ist wahr und unleugbar, weil
es der gemeine Menschen-Verstand glaubt;
ein anders, aus den Grund-Sätzen des gemeinen Menschen-Verstandes durch Raisonnement die Wahrheit einer Sache entwickeln.
Ihm kann nicht unbekannt seyn, daß Oswald
den gemeinen Menschen-Verstand als ein solches Kriterium der Wahrheit ansieht, welches
ohne Raisonnement alles entscheidet; daß er
den gemeinen Menschen-Verstand beim Raisonnement beständig entgegensetzt, und seine
Perceptionen für Intuitionen hält, die nicht weiter entwickelt und bewiesen werden dürfen. Ein
solcher Vertheidiger des gemeinen Menschen-
Verstandes kann die Idealisten nicht anders

als

als so angreifen: der gemeine Menschen-Verstand entscheidet ausdrücklich, daß es Materie giebt, also bist du Idealist nicht gescheut, wenn du das Gegentheil behauptest. Daß eine solche Art zu verfahren den Philosophen nicht befriedigen kann, wird hoffentlich jeder Philosoph zugestehen müßen. Zugestehen, daß mein Verfahren nicht dies Verfahren ist, da ich aus solchen Empfindungen, die auch der Idealist nicht leugnen kann, das Gegentheil seiner Behauptung durch Raisonnement abzuleiten mich bemühet habe.

Allein, sagt er, hat nicht Reid eben das gethan? Um dies völlig zu entscheiden, müste ich das Buch zur Hand haben, und das habe ich nicht. Er mag es also gethan haben; dann aber ist er seinen Grund-Sätzen nicht getreu geblieben. Will man dem Skepticismus und Idealismus gemeinen Menschen-Verstand entgegen setzen: so muß man das Raisonniren bleiben laßen, oder man sagt mit seinem Menschen-Verstande gar nichts. Am Ende kommt es denn doch wieder darauf an, weßen Raisonnement das bündigste ist; und so ist man wieder da, wo man vorher schon war, und wo man nicht seyn wollte.

Gegen

Gegen meinen Beweis, daß Gott uns
nicht Ideen geben könne, weil er das nicht
geben kann, was er nicht hat, und weil er
solche eingeschränkte Ideen als unsere nicht
habe, trägt der Recensent sehr scharfsinnige
Einwürfe vor. Bey einer genauern Erwägung aber glaube ich deutlich zu sehen, daß
sie meinen Beweis nicht treffen. Alles kommt
darauf hinaus, was bedeutet der Satz: Gott
giebt den Menschen Ideen? In meinem Beweise, und wo ich nicht irre, auch beym Berkeley, hat er den Sinn: Gott läßt die Ideen
von seinem Verstande in den unsrigen übergehen; er stellt unserm Verstande die Ideen dar,
so wie er sie hat. In diesem Sinne ist es,
dünkt mich, einleuchtend genug, daß Gott
uns keine Ideen geben kann, weil unwidersprechlich folgt, daß er gerade solche eingeschränkte Ideen haben muß, als die unsrigen
sind.

Durch diesen Grund also gebe ich, wie
der Rec. glaubt, Berkeley das Schwerdt nicht
in die Hände. Das Argument, welches er
ihm in den Mund legt, trifft mich nicht. Es
ist dies: wer gab der Materie ihr Wesen, Ex-
tension und Organisation? War es Gottes

so muß er diese Eigenschaften selbst gehabt
haben; wie könnte er sie sonst geben? Das ist
ja absurd. Wo mag hier der Verfaßer hin-
gedacht haben? — Gerade dahin, wohin
der Recensent hätte denken sollen, daß nemlich Berkeley dies unmöglich sagen könnte.
Er hätte nemlich, als ein subtiler Kopf, gleich
eingesehen, daß der Satz, Gott giebt der
Materie Ausdehnung und Organisation,
nichts anders heist, als, Gott ist Ursache der
Ausdehnung und Organisation der Materie;
eingesehen, daß man eine Ursache von etwas
seyn kann, das man selbst nicht an sich hat;
eingesehen endlich, daß der Satz, Gott giebt
der Materie Ausdehnung und Organisation,
einen ganz andern Sinn hat, als der, Gott
giebt den Menschen Ideen. Denn wollte er
damit weiter nichts sagen, als Gott ist Ursache der menschlichen Ideen: so sagte er etwas,
das auch seine Gegner eben so gut sagen konnten, weil auch sie annehmen müßen, daß unsere Ideen uns durch die Materie von Gott
mitgetheilt werden.

Berkeley würde ferner eingesehen haben,
daß auch der andere Beweis des Rec. den

mei-

meinigen nicht umstoße. Es lautet so, und
wenn er den Satz auch nur bloß von Ideen
verstanden wißen will, daß Gott der Seele
deswegen keine Ideen habe mittheilen können
von sinnlichen Dingen, weil er sie gar nicht
kennt, indem es eingeschränkte Ideen wären:
so geben wir ihm als Nicht-Idealisten die ersten Gründe der Metaphysik zu bedenken:
daß ein freyhandelndes Wesen, wenn es wirkt,
die Wirkung vorher muß percipirt und gedacht haben. Gott schuf die Materie, und
legte in uns zwar nicht die Ideen, aber die
Ursachen derselben, und muste also die Wirkungen dieser Ursachen kennen, das heist, er
muste es wißen, wie sich der Mensch nach
der Lage seines Körpers die Welt vorstellen
würde; und das heist wiederum nichts anders, als Gott muste die menschlichen Begriffe kennen. Wie folgt denn aber daraus, also
empfindet, schmeckt, und riecht derselbe? Ehe
Berkeley mir diesen Einwurf machte, würde
er sich gefragt haben, ob nicht Gott wißen
könne, wie sich der Mensch die Welt vorstellen würde, ohne gerade wie der Mensch zu
empfinden? Darauf würde ihm sein Scharf-
sinn zur Antwort gegeben haben, daß dies
aller-

allerdings möglich sey. Gott nemlich dürfe nur aus der Natur des Menschen wißen, ob jeder Eindruck auf ihn dieser seiner Natur gemäß, oder nicht gemäß, und in welchem Grade er ihr gemäß oder nicht gemäß sey: so könne er daraus die Summe und den Grad der angenehmen oder unangenehmen Empfindungen bestimmen, ohne sie selbst zu haben; er könne eben daraus erkennen, wie die menschlichen Vorstellungen der Dinge sich gegen die seinigen verhalten würden, ohne daß er grade solche Empfindungen und Eindrücke von den Gegenständen bekäme, als die unsrigen.

Dies alles also würde Berkeley mir wahrscheinlich nicht entgegengestellt haben. Er würde vielmehr so gesagt haben: der Ausdruck, Gott giebt den Menschen ihre Ideen, heißt nicht, er läßt sie von seinem Verstande in den unsrigen übergehen, sondern, er bringt sie durch gewiße Wirkungen auf uns hervor. Hiedurch hätte er meinen Beweis, so wie er da steht, entkräftet; denn nun kann Gott uns durch seinen Einfluß Ideen und Empfindungen geben, die er selbst nicht hat.

Weil ·

Weil ich an diese Ausflucht, auf welche
mich des Recensenten Einwürfe geleitet haben, bey Verfertigung des Buches nicht dachte: so will ich sie jetzt ein wenig genauer untersuchen. Vielleicht findet sichs, daß auch
sie nicht Probe hält. Ich schränke mich hie-
bey allein auf die Empfindungen ein, weil
diese allein schon hinreichend sind, den Streit
zu entscheiden.

Nach dem Idealistischen System existirt
weiter nichts als Gott und niedere Geister;
und Gott theilt den Geistern die Empfindungen durch seine unmittelbare Einwirkung mit.
In den göttlichen Absichten sind also nicht
blos Empfindungen überhaupt, sondern ganz
genau nach allen individuellen Umständen bestimmte Empfindungen enthalten; und Gott
muß jedesmahl vorher bestimmt wißen, nicht
nur daß er eine angenehme oder unangenehme, sondern auch, daß er gerade diese angenehme oder unangenehme Empfindung hervorbringen will. Er würde sich sonst unter
der großen Anzahl von Modifikationen, die
die Empfindungen ausmachen, oft vergrei-
fen, und anstatt der Empfindung von dem
Brennen des Feuers die des Brennens einer

Neßel,

Neßel, oder des Stechens einer Nadel hervorbringen. Nun aber kann man keine Empfindung gantz genau und individuell kennen,
ohne sie als Empfindung zu kennen; das ist,
ohne sie selbst zu empfinden. Folglich muß
Gott, um den Menschen-Seelen alle Empfindungen unmittelbar selbst mittheilen zu
können, selbst empfinden: und das ist ungereimt.

Gesetzt auch, Gott kennte alle mögliche
Arten, die Seelen zu modificiren, er wüste
durch diese Kenntniß, welche Empfindungen
der Natur gemäß, und welche es nicht sind:
so würde doch diese Kenntniß in diesem Falle
bey weitem nicht zureichen. Ein Wesen, welches die Absicht hat, die Empfindung von
dem Geschmacke der Citrone hervorzubringen,
muß nicht nur die Modifikation der Seele kennen, in welcher diese Empfindung besteht,
sondern es muß auch genau die Art wißen,
wie die Seele diese Modifikation appercipirt.
Denn bekanntermaßen sind die Empfindungen von ihren Eindrücken nicht nur auf die
Nerven, sondern auch auf die Seele sehr verschieden. Wer den Eindruck eines brennenden Eisens auf die Nerven, und durch die

Nerven

Nerven auf die Seele kennt, der weiß darum noch nicht, wie das empfindende Wesen diesen Eindruck fühlen wird; und kann es nicht wißen, ohne es selbst gefühlt zu haben.

Aber, könnte vielleicht der Recensent sagen, dies läßt sich auch auf die Anlage des Welt-Plans anwenden: auch hier muste Gott alle Empfindungen menschlicher Seelen kennen. — Ich denke nein, und zwar deswegen, weil zu dieser Anlage eine allgemeine Kenntniß hinlänglich ist. Zu dieser Anlage gehört weiter nichts, als daß die Summe der angenehmen und unangenehmen Empfindungen bestimmt, und darnach jedes menschliche Geschöpf in die Lage gesetzt werde, worin es den ihm zuträglichsten Theil von beyden erhält.

Die Anmerkungen des Rec. vom 6ten Stücke der diesjährigen Jenaischen gelehrten Zeitungen betreffen hauptsächlich die Lehre von der Einfachheit der Seele, und sollen meine Gründe vor die Ausdehnung des Seelenwesens entkräften. In meinen Beweisen hatte ich durchgehends vorausgesetzt, daß ein einfaches Wesen nicht solide, oder impenetrabel sey;

der

der Rec. nimmt die entgegengeſetzte Voraus-
ſetzung an, und ſo werden freylich die meiſten Gründe entkräftet. Denn nun läſt ſich
die Möglichkeit der gegenſeitigen Wirkung
einfacher und körperlicher Weſen einigermaßen
erklären; nun läſt ſich die Seele von einem
mathematiſchen Punkte unterſcheiden; nun
ſind einfache Weſen nicht mehr undenkbar.
Ich hatte ferner geſagt, ein impenetrables
Weſen ſey auch ausgedehnt. Auch dies leugnet der Rec.; und dadurch fällt ein anderer
meiner Gründe weg. Noch einen andern
entkräftet er durch eine Ideal-Ausdehnung.

Ehe ich alſo mich auf die einzelnen Ge-
genbemerkungen einlaßen kann, wird die Frage unterſucht werden müßen, ob Impenetra-
bilität ſich ohne Ausdehnung denken läſt?
Daraus wird ſich von ſelbſt ergeben, ob einfache Weſen undurchdringlich ſeyn können?
Ob ich gleich hievon im Buche ſelbſt einen Beweis gegeben habe, den aber der Recenſent nur
durch Anführung anderer Philoſophen widerlegt; ſo will ich doch hier noch einige andere hin-
zuſetzen. Geſetzt, ein undurchdringliches nicht
ausgedehntes Weſen befindet ſich auf dieſem
Papiere für ſich allein; ſo muß es vermöge ſeiner

Undurch-

Undurchdringlichkeit jedes andere Wesen von
dem Platze ausschließen, welchen es einnimmt.
In demselben Raume also, worin es existirt,
kann sich kein anderes Wesen aufhalten.
Folglich nimmt es von dem großen allgemeinen Raume einen Theil ein; das ist, der
Raum umschließt es an allen Seiten. Also
berührt er es an allen Seiten; also hat es
verschiedene Seiten; also ist es ausgedehnt;
und eben so weit ausgedehnt, als seine undurchdringliche Substanz reicht.

Ferner, ein nicht ausgedehntes Wesen
nimmt keinen Raum ein: ein Wesen, das keinen Raum einnimmt, kann auch von dem
Orte, wo es ist, nicht andere Wesen ausschließen. Denn eben weil es keinen Raum
einnimmt, können an demselben Orte, wo
es sich befindet, unzählige andere Wesen sich
aufhalten. Ein solches Wesen aber ist nicht
undurchdringlich. Also muß ein undurchdringliches Wesen nothwendig ausgedehnt
seyn.

Denn: man setze, ein nicht ausgedehntes
undurchdringliches Wesen sey in der Mitte
eines leeren Raumes aufgehängt. Man laß
se sich von zwo entgegegesetzten Seiten ein Paar

Körper

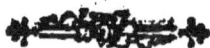

Körper in gerader Linie auf dieß unausge-
dehnte Wesen zu bewegen. Entweder werden sich diese beyden Körper an allen ihren
Punkten unmittelbar berühren, oder nicht.
Ist das erste: so ist dies Wesen nicht undurchdringlich, weil die Theile der beyden Körper
den gantzen Raum einnehmen, in welchem
sich dies Wesen befindet. Ist das letzte: so
bleibt zwischen beyden Körpern eine Entfernung, und folglich ist das undurchdringliche
Wesen auch ausgedehnt.

Endlich, stelle man sich einen vollkommen soliden Körper vor, welcher gar keine
Poros hat. Man laße gegen diesen Körper
ein nicht ausgedehntes unburchdringliches
Wesen mit solcher Gewalt geschnellet werden, daß es in ihn eindringt. Entweder
wird es die vorher zusammenhangenden Theile
des Körpers trennen, oder nicht. Ist das
letzte: so ist es nicht unburchdringlich, weil
es alsdann mit den Theilen dieses vollkommen soliden Körpers einen Raum einnimmt.
Ist aber das erste: so ist es ausgedehnt, weil
es zwischen den vorher verbundenen Theilen
dieses Körpers einen leeren Raum hervorbringt.

e   Die

Die Folge also, daß ein undurchdring⸗
ches Wesen auch ausgedehnt ist, ist nicht un⸗
bewiesen, wie der Recensent sich ein wenig zu
übereilt ausdrückt. Auch im Buche selbst
nicht unbewiesen, wie einem jeden die Ansicht
sagen wird. Seine Bemerkung, daß aus
dem dort angeführten, folglich auch aus den ge⸗
genwärtigen Beweisen keine Real-Ausdehnung
folgt, ist nicht gegen, sondern für mich. Sie
beweiset, daß er eher geurtheilt, als bis zu Ende
gelesen hat. Denn Hennings in seiner See⸗
len-Geschichte, (welchen der Recensent hier
zu sehr gelegener Zeit anführt,) und mehrere
andere mit ihm, erklären die Real-Ausdeh⸗
nung als eine solche, die mehrere in ein⸗
fortgehende Theile erfordert, welche durch
das Gefühl unserer Sinne unterschieden wer⸗
den können, und reell theilbar sind; die
Ideal-Ausdehnung hingegen als eine solche,
vermöge der ein Objekt in mehreren Orten,
oder wo, welche man sich als nächst beysam⸗
men denkt, anzutreffen ist, obschon dasjeni⸗
ge, was in den verschiedenen Orten existirt,
nicht reell trennbar ist. Nun frage ich einen
jeden, der mein Buch selbst, oder auch nur
die Folge der Recension gelesen hat, ob ich

nicht

nicht eben diese letztere Art von Ausdehnung
von der Seele zu behaupten gesucht habe?
Da also der Recensent am Ende doch mir meine Conclusion zugiebt, wozu disputirt er gegen die einzelnen Gründe? Und ist es nicht
sonderbar, in einer einzigen Periode erst die
Folge unbewiesen zu nennen, und hernach sie
zuzugestehen?

Nun wird es leicht seyn, die einzelnen
Gegen-Gründe des Recensenten, in so fern sie
sich um diese Angel drehen, als wenig bedeu-
tend zu erkennen. Wenn ich gesagt hatte,
ein einfaches Wesen und ein Körper könnten
unmöglich auf einander wirken: so setzt er
mir die unumstößlichen Gründe entgegen, womit manche neuere Philosophen die Möglichkeit der Sache dargethan haben. Statt aller will ich hier nur diejenige Erklärung berühren, die die Henningsche Seelen-Geschichte
enthält. Eine einfache Substantz, sagt er, wirkt
zunächst in einen einfachen Theil des Körpers;
durch deßen Veränderungen werden die übrigen Theile wegen des genauen Zusammenhanges gleichermaßen eine Veränderung erdul-
den müßen. Daß diese Erklärung noch nicht
umgestoßen ist, wundert mich nicht wenig,

da

ba der kleinste Hauch sie zerstieben kann.
Denn

Einmahl sind die einfachen Theile der
Körper noch lange so erwiesen nicht, daß
man sie zur Erklärung eines eben so unterwiesenen Satzes gebrauchen könnte.

Zweytens folgt daraus unmittelbar, daß
jedes einfache Wesen Kraft genug hat, das
ganze Welt-System über den Haufen zu werfen. Ein jedes einfache Wesen kann jeden
einfachen Theil eines Körpers in Bewegung
setzen; durch dessen Bewegung kann es, vermöge des genauen Zusammenhanges der
Theile, den ganzen Körper bewegen. Also
kann jedes einfache Wesen die ganze Sonne,
das ganze Planeten-System, ganze Welt-System verrücken. Will man diese Folge
nicht zugeben: so sehe man, was daraus
entsteht. Kann jedes einfache Wesen nicht
jeden einfachen Theil eines Körpers in Bewegung setzen, weil die andern einfachen Theile
desselben Körpers diesen zurückhalten: so kann
kein einfaches Wesen einen Körper bewegen, er
sey so klein, wie er wolle. Ein Körper aus
zwey einfachen Wesen bestehend, widersteht
der Bewegung mehr als ein einziges einfaches
Wesen;

Wesen; ein einfaches Wesen also kann ihn
nicht von der Stelle bringen, also keinen Körper bewegen, also auf keinen Körper wirken,
weil in aller Wirkung auf Körper Bewegung
hervorgebracht werden muß.

Was der Recensent gegen meinen andern
Beweis von dem Mangel alles Unterschiedes
zwischen einfachen Seelen sagt, ist sehr gegründet. Bey genauerer Erwegung mancher Erfahrungen habe ich gefunden, daß die
vollkommene Gleichheit aller menschlichen
Seelen, so wie sie aus den Händen der Natur kommen, noch manchen Zweifeln ausge-
setzt ist. Damahls war ich mehr geneigt,
die ursprüngliche Gleichheit aller Seelen zu
vertheidigen, und in dieser Voraussetzung
war mein Beweis richtig genug.

Was er aber gegen den dritten Grund
einwendet, ist theils nicht genug überdacht,
und theils auch nicht gegen meine Conclusion.
An einem untheilbaren Punkte des Gehirns
kann die Seele nicht empfinden, hatte ich gesagt, weil die Nerven sich nicht in einen Punkt
concentriren können. Diese Schwierigkeit,
antwortet er, hebt sich durch den subtilen
Nerven-Geist. Allein alles genau erwogen,

hebt

hebt es sich nicht, es schiebt sich nur weiter
hinaus. Denn es ist unläugbar, daß wir
zugleich etwas sehen und etwas hören oder
fühlen können, daß folglich die Ströme des
Nerven-Geistes aus den Gehör- und Gesichts-
Nerven sich zugleich nach der Seele zu ergies-
sen. Nun füllt entweder der Strom aus
den Gesichts-Nerven den ganzen Platz der
Seele, oder nicht. Ist das erste: so muß
der Strom aus den Gehör-Nerven vorbeygehen; folglich müßen wir, so lange wir sehen, nicht hören können, welches gegen die
Erfahrung ist. Ist das letzte: so wird die
Seele von zweyen Linien von Nerven-Geist
an zween verschiedenen Punkten berührt, und
ist also ausgedehnt. Dies folglich war zu
geschwind eingeworfen. Ferner wendet er
ein, macht eine Ideal-Ausdehnung der Seele diese Bedenklichkeit auflöslich; eben dies
habe ich durch diesen, so wie durch alle übrige Gründe darthun wollen. Dies folglich
trifft mich nicht, und bestätigt im Gegentheil
meine Behauptung.

Dadurch, daß die Seele undurchbringlich, ein mathematischer Punkt aber durch-
bringlich ist, sucht er meinen vierten Grund,
daß

daß die einfache Seele ein mathematischer
Punkt ist, umzustoßen. Eine kleine Rücksicht auf das oben gesagte entkräftet diesen
Einwand. Ist die Seele unausgedehnt: so
ist sie ein mathematischer Punkt; ist sie aber
undurchdringlich: so ist sie auch ausgedehnt.

Die Folge ist falsch, sagt er, bey dem
fünften Beweise, daß Empfindung Berührung, folglich Ausdehnung erfordert. Wie
er dies sagen konnte, begreife ich nicht, da
er einige Zeilen vorher zugegeben hatte, daß
aus der Unmöglichkeit, an einem untheilbaren Punkte des Gehirns zu empfinden, die
Ideal-Ausdehnung folgt; da er eben dies
gleich unten noch einmahl eingesteht,